JN229266

イラスト・アニメ・VR・映像など幅広い制作現場で使える

実践！ユニティちゃんトゥーンシェーダー2.0 スーパー使いこなし術

ntny、浦上真輝、前島、あいんつ、ぽんでろ、
小林信行（Unity Technologies Japan）著

本書のダウンロードデータと書籍情報について

本書に掲載した一部のモデルデータや素材は、ボーンデジタルのウェブサイトの本書の書籍ページ、または書籍のサポートページからダウンロードいただけます。

https://www.borndigital.co.jp/book/

また、本書のウェブページでは、発売日以降に判明した正誤情報やその他の更新情報を掲載しています。本書に関するお問い合わせの際は、一度当ページをご確認ください。

■ユニティちゃん公式ページ

ユニティちゃんのモデルデータは、以下の公式ページよりダウンロードできます。

http://unity-chan.com/

ご利用にあたっては、以下の「ユニティちゃんライセンス条項」をご確認ください。

http://unity-chan.com/contents/guideline/

■UTS2 公式リポジトリ

最新の UTS2 は、以下の GitHub リポジトリよりダウンロードできます。

https://github.com/unity3d-jp/UnityChanToonShaderVer2_project

はじめに

『実践！ユニティちゃんトゥーンシェーダー 2.0 スーパー使いこなし術』お買い上げ、誠にありがとうございます。

本書は、ゲームエンジン「Unity」向けのリアルタイムトゥーンシェーダーである「ユニティちゃんトゥーンシェーダー 2.0」（以下、UTS2）を使ったキャラクターセッティングの極意を、浦上真輝さん、前島さん、あいんつさん、ぽんでろさん、そして我が同僚の ntny さんを含む、5 人のスーパー 3D アーティストの皆様に徹底的に解説していただいた書籍です。

UTS2 は、現在、プロのアニメーション制作の現場から、日々 VRChat を楽しむホビーストの皆様の手元まで、幅広く使われる汎用トゥーンシェーダーとして知られています。また UTS2 を使った絵作りは、まさに「融通無碍（ゆうずうむげ）」の一言が表すかのように、アーティストの創造力でいくらでも広げることができるものです。

これらもすべて、アーティストの創造力を妨げないように、そしてアーティストが表現をする上で必要とするさまざまな機能を、シンプルかつロバストに搭載してきた結果かと考えております。そしてたくさんのアーティストの皆様が、UTS2 を使う上での素晴らしい工夫や味わった苦労を、開発者にまで直接ご連絡していただいた結果でもあります。

UTS2 は、これを使うアーティストの皆様自身が育てたようなものです。これは、Unity Technologies が設立当初より社是として掲げる 3 つの使命「開発の民主化（Democratize Development）」「難しい問題の解決（Solve Hard Problems）」「成功へ導く（Enable Success）」が、3D アーティストにとって普段から使う「筆や絵の具」に匹敵する「シェーダー」の分野で具現化した、素晴らしい成果の 1 つとも言えるでしょう。

UTS2 が現れるまでは、商業レベルのトゥーンシェーダーやセルシェーダーは、技術的な概要の解説はあっても、それはプロジェクト外には非公開なものであり、ごく限られた人達にしか触れないものでした。そのような状況を、Unity Technologies Japan では、『ユニティちゃんプロジェクト』を通じて、1 つ 1 つ解決していきました。

その成果が、昨今の日本における素晴らしいキャラクター表現文化へとつながり、今では国境を越えて世界へと羽ばたいています。

また、本書の作品ギャラリーコーナーでもわかるとおり、たくさんのホビーストの皆様が、今まではごく一部のコンシューマゲームの中でしか見られなかったようなたいへん素晴らしいクオリティの3Dモデルを頒布してくれており、それらの作品を実際に手に取って見ることも可能な時代となりました。
『ユニティちゃんプロジェクト』を始めた頃に、「こんな世界になるといいね」と願った世界がついにやってきたのです。

最後に、UTS2の少し先の未来のお話をしましょう。

UTS2は、この本が発売されてしばらくすると、Unityの次世代レンダリングパイプラインである「SRP（スクリプタブルレンダーパイプライン）」に正式対応することになっています。これにより、みなさんにとって、もっと便利に日々使える形で提供される可能性が出てきました。
これが実現すれば、UTS2は「Unity-chan Toon Shader」から、正式に「Universal Toon Shader」として、お使いいただけるようになるはずです。今、スタッフ一同それに向けて、鋭意作業を進めております。

次に、次世代トゥーンシェーダー向けUTS2の最新展開として、「DXR（リアルタイムレイトレーシング）ハードシャドウ」に対応したUTS2が完成しました。これは、Unite Tokyo 2019でお披露目されることになっています。
DXRは、まだまだ未来の技術に属するものですが、DXRハードシャドウを搭載したUTS2は、今まで以上に美しくメリハリの効いた影を楽しむことが可能です。これらの最新技術を使ったアニメ作品も、やがて登場することでしょう。
そういえば、Unite Tokyo 2018での「トゥーンシェーダー徹底トーク」で、トゥーンシェーダー開発者のみなさんといっしょに出した未来予測がまさに、「リアルタイムレイトレースを使ったトゥーンシェーダー」でしたが、ここで1つ実現されたことになりますね。

本書が、たくさんのアーティストの皆様にとって、今の時代を切り拓き、次の未来へと進むための一助となることを祈りつつ――

Unity Technologies Japan
Community Evangelist / UTS2 Author
Nobuyuki Kobayashi

2019/08/22

コンセプト編 | UTS2 &ユニティちゃん

執筆・モデル制作：ntny

入門編　ユニティちゃんカスタマイズ

執筆・モデル制作：浦上 真輝

応用編　UTS2キャラクター制作

執筆・モデル制作：浦上 真輝

応用編　UTS2 キャラクター制作

執筆・モデル制作：浦上 真輝

作例編 1 | UTS2 キャラクター制作

セル調キャラクターモデル制作と、静画の作例

執筆・作例制作：前島

作例編 2 UTS2キャラクター制作

Matcapの活用事例

執筆・作例制作：あいんつ

作例編 3 UTS2キャラクター制作

VRアバター3Dモデルのデザインとシェーダー設定

執筆・作例制作：ぼんでろ

リファレンス編 UTS2 全機能の徹底紹介

ユニティちゃん トゥーンシェーダー 2.0 v.2.0.7

執筆：小林 信行（Unity Technologies Japan）

UTS2& ユニティちゃん
コンセプト編

執筆・モデル制作： ntny（Twiiter：@nd_ntny）
使用モデル： Unitychan_Sport、Unitychan_Count0、WorkerMegh-Ranger、OldmanCornelius

はいドーモ、ntny です。
今回は、UTS2.0 のハウツー本と言うことで、正直執筆陣が豪華すぎて「書くことあるのか〜！？」と思ってますが、「まぁ何かあるでしょ」くらいのノリで書いていこうと思う。
そんなわけで〜、イッテミヨ〜！

プロフィール

1981 年生まれの O 型らしい O 型。FlightUNIT にて、数々のキャラクターモデリングを担当し、現在はユニティ・テクノロジーズ・ジャパンに所属するアーティスト。キャラクターのデザインからモデリング、アニメーションまで幅広く手がける。自著に『ローポリ スーパーテクニック』（SB クリエイティブ刊）がある。

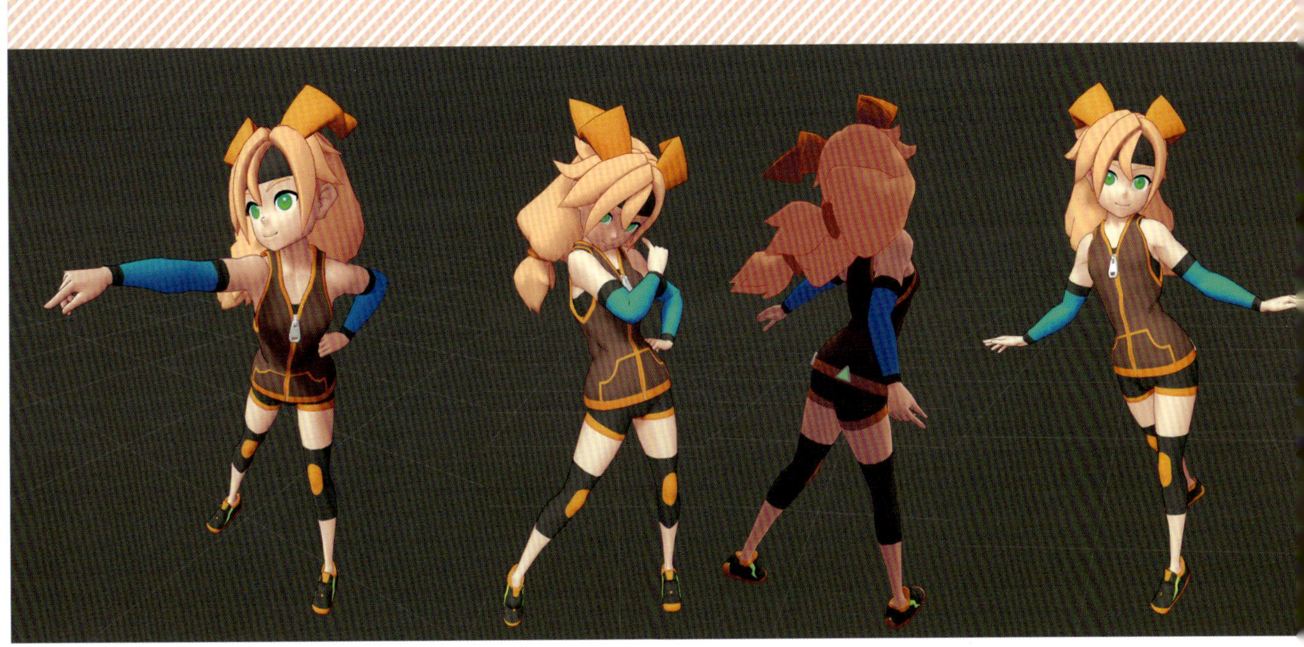

アーバンストリートスタイル ユニティちゃん

結局「UTS」って何が良いの？

こういうのは結論から行くのがよい。

Unity で使えるトゥーンシェーダーは、AssetStore や BOOTH などで手に入る物も含め、実にたくさんの種類が存在し、各々特徴を持っている。

UTS 自体、今でこそ VRChat 向けのアバターなどでよく見る名前になったが、開発の発端は VRChat とは何の関係もない。純粋な本格トゥーンシェーダーとして、Unity 向けに開発された超汎用型シェーダーだ。

と言うわけで、先ずは UTS を選ぶメリットから紹介しよう。

アーティストが狙ったものを、狙った通りに作れる

しばしば誤解されやすいが、このワードの意味するところは「表現がシェーダーのパラメータに束縛されない」と言う意味である。

UTS 自体が多機能であるという話でもあるが、アーティストが「こうしたい」と思った時に、その方法が用意されている、またはちょっとしたテクニックによって再現ができるのが大きい。

過去のノウハウが活かせる

これまでセル調のアートを作って来た人であれば、過去の知識やセッティングがほぼそのまま活かせる設計になっている。

これは､ほかのツールから設定をインポート／エクスポートできると言う意味ではなく、複数光源対応を含め、従来 Maya や Max といった DCC ツールで作られていた光源設定に対し、ほぼ同じ挙動を返すように作られているということ。

パラメータの多さもそれ故であるが、一度これに慣れるとグラデーションランプ（Max の標準的な階調シェーディング手法）などで、トゥーン表現なんかしたくなくなる。

画作りにおいて、トライアンドエラーの快適さは何にも勝る。

図1 セルタッチとスムースタッチ

設計した Look が（概ね）どんな光源のシーンでも破綻しない

たとえば VRChat のように、シーン（ワールド）の構築が極めて自由である場において、設定された空間に対して正しい計算が行われる保証があるのは、非常に安心できる。

また、フィジカルベースで緻密に設計された空間であっても、光源の処理に対して正しい反応が起こるように設計されている。

フィジカルベース互換があるということは、背景を専門に設計する人が作ったシーンでも、齟齬が起きにくいということである。

これらは、運用サポートの面で非常に大きな影響があり、特に BOOTH などでデータ販売をする人にとっては強力な助けになってくれるはずだ。

実は背景でも結構使える

トゥーンシェーダーと言うとキャラクター専用のイメージがあるが、背景でも十分効果がでる。

結局のところ 3 枚のカラーマップをどう制御するかというシェーダーでしかないので、よりアーティスティックなビジュアルを作ることができるとも言える。

図2 UTSを背景に使った例1

図3 UTSを背景に使った例2

逆にデメリットはないの？

3D CG 初心者が使うには設定項目が多く、「すぐにサクっとそれっぽい」を求めると

コンセプト編

挫折しやすい。
　UI自体はスマート版が実装されて、敷居はだいぶ下がったかもしれないが、各種要素制御用のマップを用意する手間は変わらない。
　また、極めて手堅い設計になっているため、極端に尖ったことをしたい場合は選択肢から外れるだろう（たとえば、UTSでは、ParallaxMapを使った疑似奥行き表現や屈折表現はできない）。

COLUMN

「何でもできる」は「何もできない」？

　「何でもできる」ものは多くの場合、超汎用であり、そこには特化したものがない。その特化が必要な時に「何もできない」というのがこの言葉である。
　自分もたびたびこの表現を使うが、UTSもこのパターンに当てはまるケースはある。たとえばスペキュラー制御はいたって普通で、グリッター（ラメフレーク）表現や、視差マップなどは使えない。つまり、この図ようなグリッター表現は、UTSではできない。

UTS の特徴

さて、UTS を選ぶからには、UTS の特徴を知って乗りこなしたいものである。

このシェーダーは超汎用型であり、先述のとおり極めて多くのケースに対応できることが最大の特徴である。概ね万事においてそれほど完璧にしないつもりで挑めば、表現のカバー率はとんでもない数値になる。

逆に言うと、限定条件下のみで最適化できればよい場合は、UTS を選ぶ必要はない。ではどんな目的がある時に、このシェーダーを選ぶとよい結果を得られるのか？

基本の基!セル調やスムース調を含む陰影の階調表現を柔軟に行いたい!

UTS では、色を 3 段階（ベースカラー＋ 1 影＋ 2 影）まで使うことができるので、2 影まで段階的に暗くして影を強調した絵作りもできるし、影は 1 つまでにして、2 影には環境反射色を入れるといった使い方もできる。

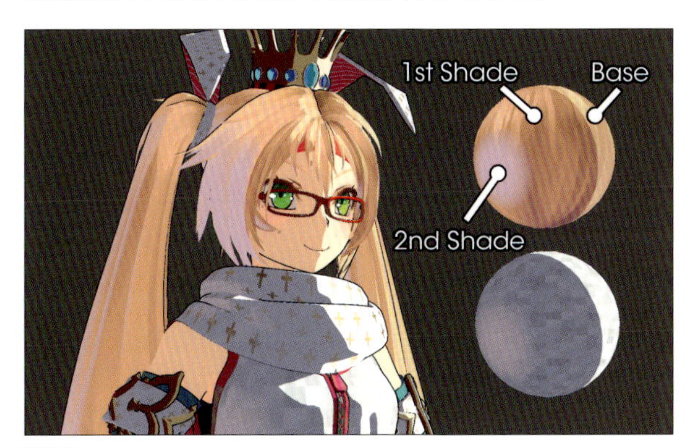

図4 ベースカラー＋1影＋2影でいろいろな効果が出せる

影にだけテクスチャを指定することで、ちょっと不思議な演出もできる

残念ながらこの機能を使って、ハッチングはできない。

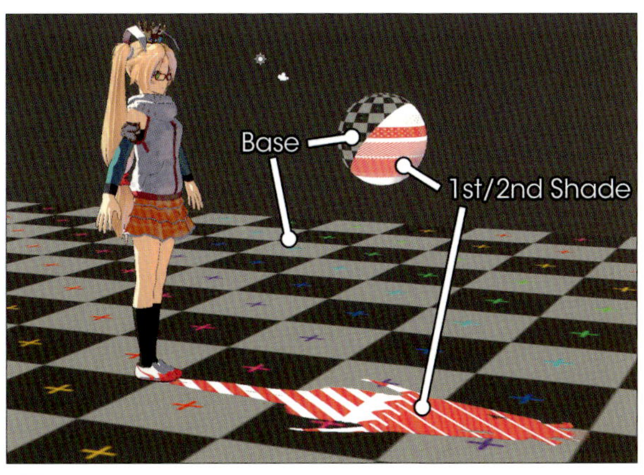

図5 影にテクスチャを指定した例

Unity の CastShadow は、お世辞にも綺麗とは言い難い

せっかく法線も調整して綺麗に陰影が入るようになったのに、落ち影のせいでガビガビに見えることも多い。

そんな時は、RecieveShadow を切ってしまおう。落ち影は掛からなくなるが、汚い情報が乗るくらいなら綺麗なままのキミでいたまえ…！

図6 RecieveShadowのON／OFFの比較

ノーマルマップを使わずにシワを表現したい

モノクロでシワを描いて ShadingGradeMap に当てることで、光の当たり方による影のでき方を調整できる。

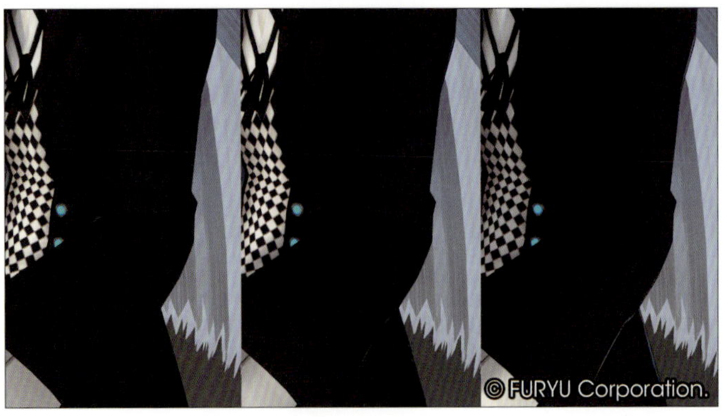

図7 ShadingGradeMapでのシワの表現

スマホゲーでよく見るリムライトを使った表現をしたい

UTS では、リムライトを二重に掛けられて、片方は DirectionalLight の方角の影響を付与できる。

リムライトを使えば、輪郭をよりシャープにしたり、キャラクターと背景に差をつけることでキャラクターを見やすくする表現にも使える。

図8 リムライトのON／OFFの比較

しかし、リムライトにも弱点はある。たとえば、極めてシルエットを強調してしまうので、ポリゴン数が少なかったり、ノーマルマップが当たっていない場合にのっぺりした絵になりやすい。

リムライトは、シルエットが華やかなモデルほど映えやすく、ポリゴン数が少ない場合は、ノーマルマップなどでちゃんと情報を足してあげよう。

図9 リムライト＋ノーマルマップのあり／なしの比較

COLUMN

要素の追加と調整

コンシューマーゲームモデルを９年ほど作り続けた経験上、多くの場合「凝視しないとわからない要素」は些細な表現でしかない。つまりなくしたところで、プレイヤーには何の不利益も生まれない。

逆を言うと、入れるからにはそれが入っていることを評価できるくらいの効果量でなければ意味がない、と言っても過言ではない。

作り手の満足度の話としては重要かもしれないが、「それにしたって」である。そして、このリムライトって奴はなかなか上手くいかない。リムライト機能を使って「リムライトっぽい」と感じる効果は、あまり得策とは言えない。

本来考えるべきなのは、「なぜリムライトを当てるのか」である。すべての機能には、その機能が存在する意味がある。つまり「機能を使ったような表現」ではなく、「表現のために機能を効果的に使う」ことが大事だ。

眉毛を前髪の上に出したい

　ステンシル機能を使うことで、いわゆるサーフェスピアッシングと呼ばれる「眉抜け」ができる。これは眉に限らず使えるので、マンガのような口の表現なども可能だ。

　眉が StencilMask で、髪が StencilOut。この表現をするためには、シェーダーを別けないといけない。

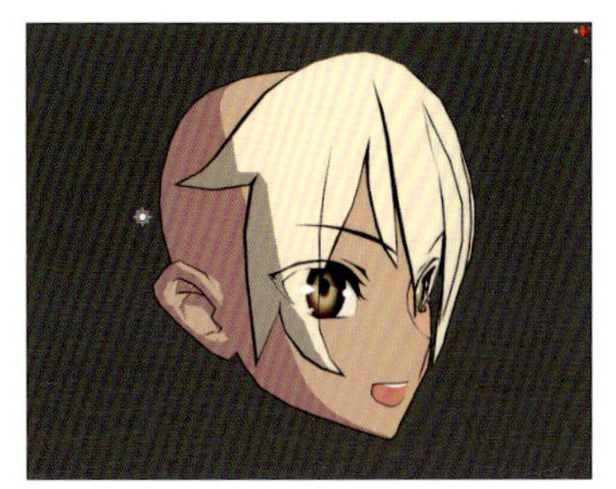

図10 「眉抜け」の例

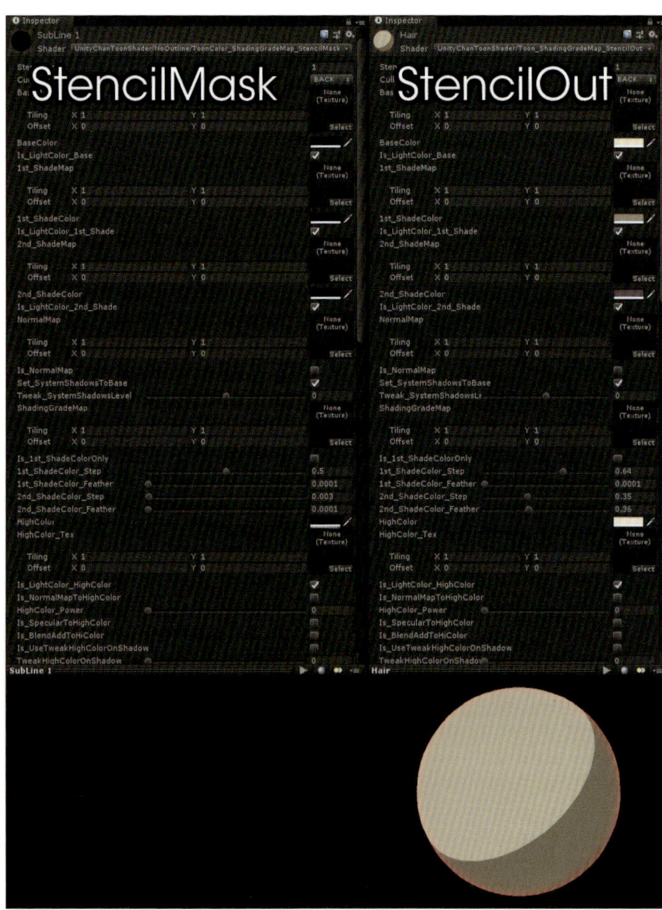

図11 StencilMaskとStencilOutのシェーダーを2つ用意する

Matcap を使って光源に縛られない表現をしたい

　UTS の Matcap は、画面端補正と回転補正が入っているので、VR 空間で見た時でも挙動がおかしくならない。

　Matcap 自体は簡単に実装できるが、この補正処理が入っているシェーダーは意外と少ない。

図12 Matcapの使用例

COLUMN

「良し悪し」ではなく「正誤」の話

用語と挙動を間違って認識すると後々（たとえば仕事にする時など）困ることになるので、敢えて書いておくがMatcapの挙動としては、UTSで実装されている方式が正しい。

画面端で歪んだり、視点の回転によってグリグリ動いてしまうタイプのものを「そういう表現」として使うのはよいが、実際にVRで見ると画面が非常に慌ただしくなる上、MatCap画像によっては画面端でエラーが見える。

ここでいうエラーとは、作った側が意図していない結果のことだ。「まぁこんな端っこなら別にいいか」などと、目をつぶるのは言語道断である。FoVが常に一定である保証はどこにもない。また、たまに混同される「Sphere（Spherical）Map」も、Matcapとは別のものである。

次の図は、Matcap補正が入ってないために起こる画面端の「エラー」だ。

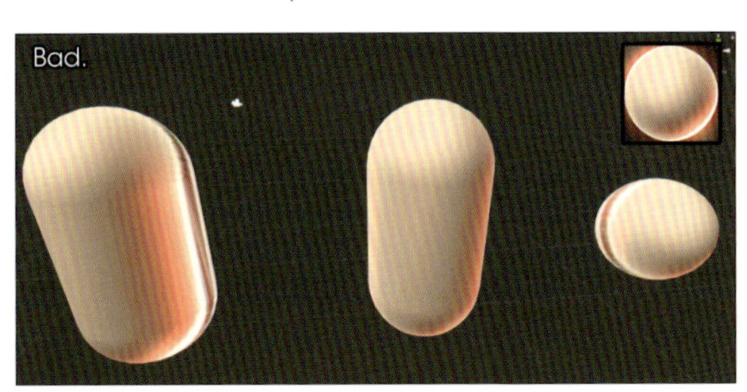

ちゃんと補正され、こうなるのが正しい。

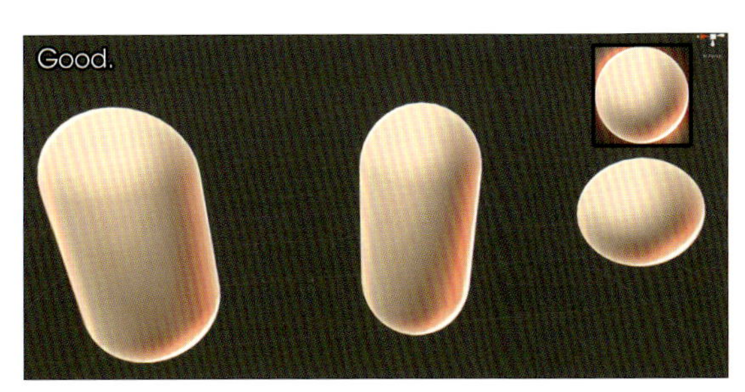

シェーダーの選び方

UTS には、非常にたくさんのシェーダーが入っているが、大枠は 4 つだ。

1 つは法線反転アウトラインが付いたもの、もう 1 つはアウトラインがないもの、そしてスマホなどのモバイル向けの軽量版、最後がハイエンド向けのテッセレーション機能があるものだ。

大目的として、ハイスペック PC ゲーや動画用でなければテッセレーションシリーズは無視してよいし、モバイル向けの出力でないなら、モバイル版も無視してよい。

となれば、後はアウトラインの有無だけだが、取りあえず「アウトラインあり」にして、暫定的に太さを 0 にしておけば後でアウトラインをつけたくなった時でも、数字を弄ればいいだけだから楽では？

残念ながら、そいつはキャラメルタピオカミルクティーよりも甘い考えだ！

NoOutline の場合は、そもそもアウトライン用の法線反転オブジェクトが存在しないが、「Thickness：0」の場合は厚みがないだけで、Outline 用のオブジェクトは存在するため、BackFaceCulling 時に裏側がアウトライン色になる。

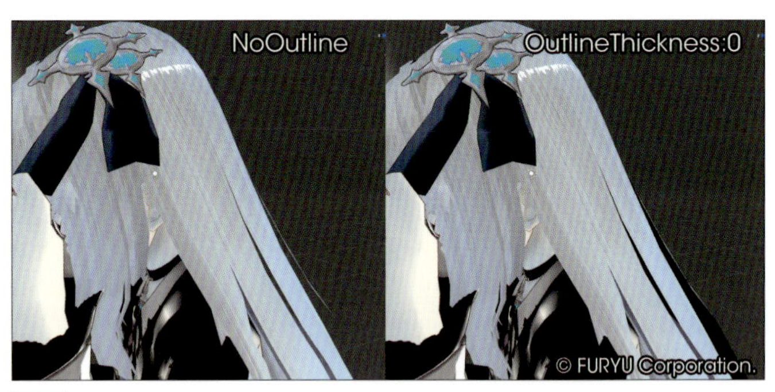

図13 「アウトラインあり」+「Thickness：0」では、髪の裏側に色が乗る

法線反転アウトラインは、元のモデルが持っている法線の影響を受ける。髪の毛など先の尖ったモデルでは、アウトラインが分離してしまうことがある。

これを回避するためには、髪モデルの法線を統合（ソフトエッジ化）するか、専用オブジェクトを用意する必要がある。

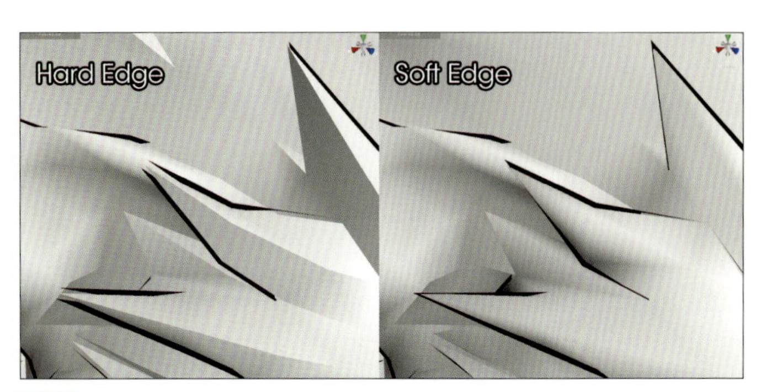

図14 ハードエッジとソフトエッジの違い

ハードエッジだとアウトラインがバラバラになってしまう。どうしてもエッジを出しつつアウトラインをまとめたかったら、メッシュの法線はソフトエッジにしてノーマルマップでエッジを立てよう。

今回の作例で使うユニティちゃんは、テッセレーションの効果を体感するのに最適。特に、太もものポリゴン感の緩和が素晴らしい。

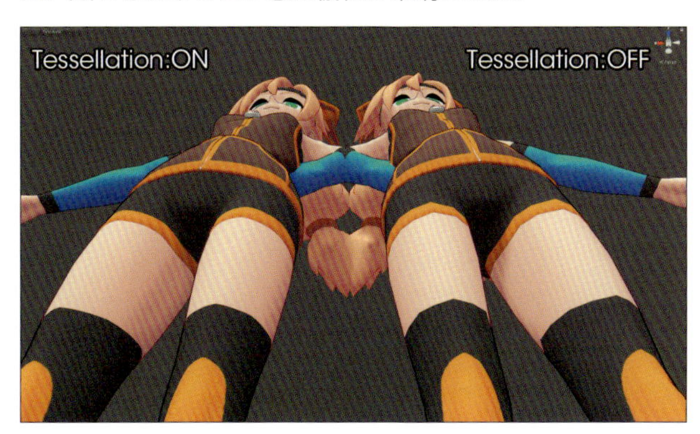

図15 テッセレーションのON／OFFの比較

すべての機能を使う必要はない

UTS は、非常に大量のパラメータが存在するが、あるからと言ってすべてを埋める必要はない。

大量のマップスロットやスライダを見てめまいを起すかもしれないが、各機能の効果さえわかれば「そのままでよい」と気づくだろう。

各機能の効果は、本書を読めばきっと理解できるはずだ。

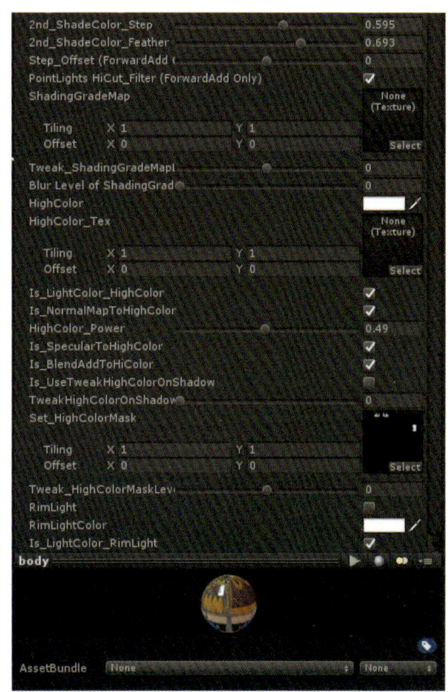

図16 UTSの設定項目

言われたとおりの使い方をする必要もない

UTSには膨大なパラメータがあるし、本書は原則その解説書であるが、必ずしも書かれているパラメータのとおりにセッティングする必要はない。

たとえば、普通は発光させるためのEmissiveMapだが、ThicknessMapを使うことで、疑似的なSSS効果を得ることもできる。

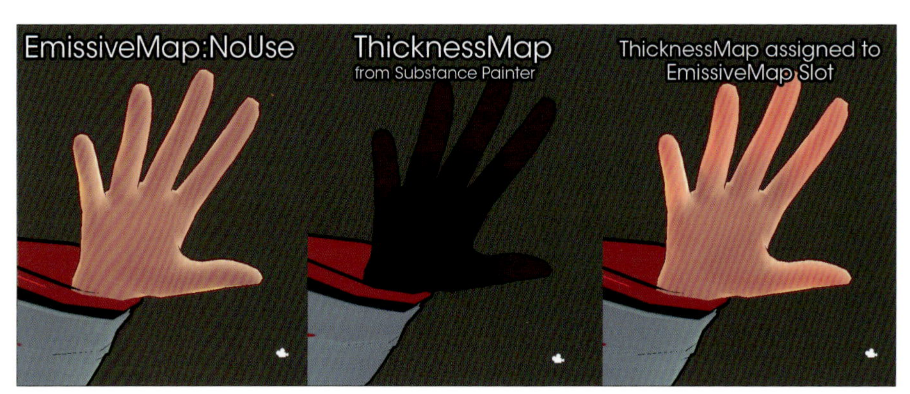

図17 EmissiveMap＋ThicknessMapの使用例

シェーディングが入るキャラクターモデリング

さて、せっかくUnity公式のUTS本なので、書籍用に新しくユニティちゃんを作ってみよう…と、言いたいところだが、本書はあくまでもUTSの本であって、モデリングハウツー本ではない。

なので、今回は今までと毛色が違うスムーズ調のシェーディングありきで、シェーダーが影響しやすいポイントにフォーカスする形で紹介していこうと思う。

デザイン

これまでとちょっと毛色の違うユニティちゃん。日本のマンガ／アニメではない文脈に立つユニティちゃんも欲しいなぁ、と思っていたところだったので、引っぱり出してきたカートゥーンユニティちゃんだ。

図18 新しいユニティちゃんのキャラクターデザイン

素体の作成

筋肉はすべてを解決し、頂点は嘘をつかない。今回は、言い訳不要のモデルにする必要があるので、あるべき物があるべき形を取らせる方向で作り進める。

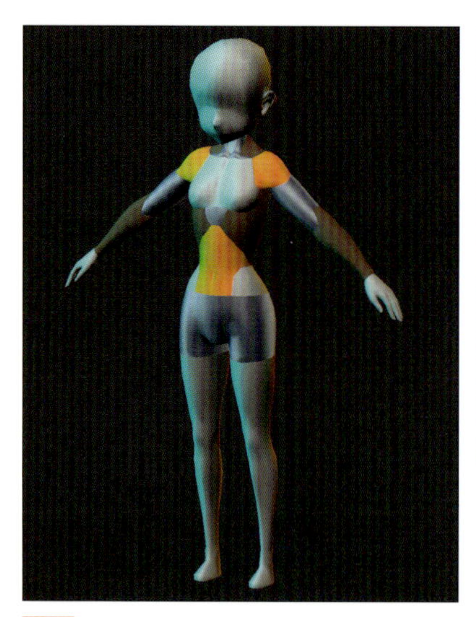

図19 ユニティちゃんの素体

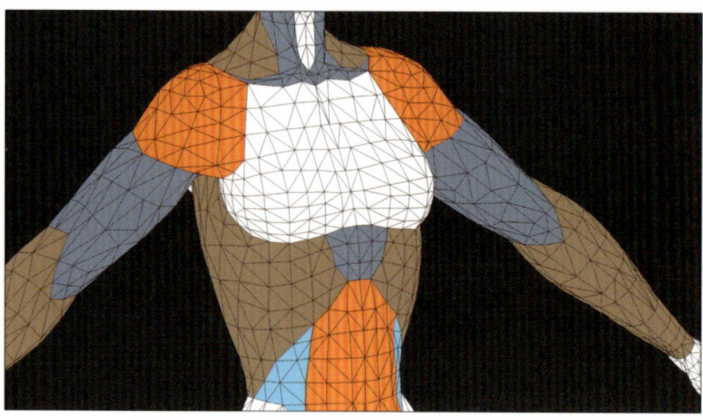

図20 ユニティちゃんの素体のメッシュ

「三角形」などというものは存在しない。あるのは「シルエットのためのライン」だけである。

たとえば、腕は何角柱で作るか、といった話は（特にモデリングをはじめたての人ほど）よくしたがるが、人間の腕はそもそも角柱ではない。

人間の腕のシルエットを表現するために、必要な造形を必要に応じて作り込む。

COLUMN

「アマチュアが作ったっぽいモデル」と「プロが作ったっぽいモデル」の違い

アマチュアが作ったっぽいモデルは、頂点の密度が極端にバラつく傾向がある。

なぜそうなるかと言うと、3Dモデルを作り慣れていない人は、小さいパーツを作る時に極端にズームして作ってしまう。

3DCGはピクセルではないので、どこまでもズームできてしまうがゆえに発生する現象だが、作り慣れている人は最終的な全体像から逆算して密度を調整するので、全体的な頂点密度が均一になりやすい。

しかし、これが必ずしもよいかと言われると、なかなか難しい。プロが作ったモデルは良くも悪くも「小綺麗」になりがちで、勢いや若さが足りないと思うこともしばしば。

きっちり綺麗に作る技術を身に付けた上で、パワフルで「生きた」モデルを作りたいものである。

服の作成

頂点数が少なかったころは、下地とメッシュを一致させる必要があったが、現在はそこまで必死にならずともよい（当然一致できるならそのほうがよいが）。

今回は素体を作ったので、着せ替えができるように、素体を残したまま上に服を作る。

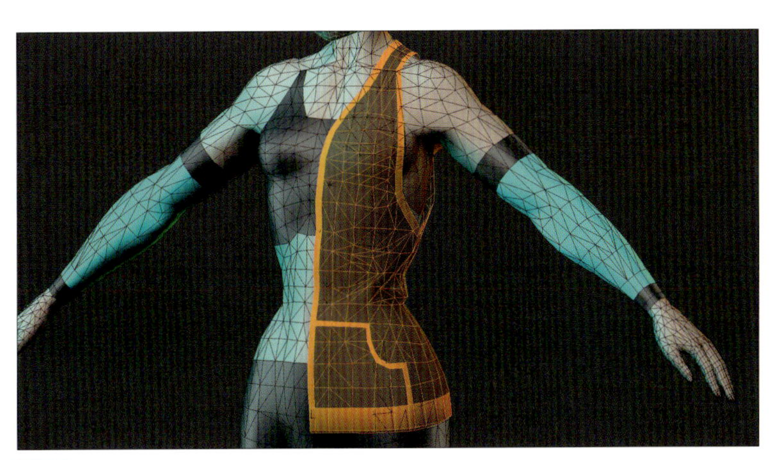

図21 素体の上に服を作って行く

着せ替え時にテクスチャをまとめやすくするために、ボディは下部、服は上部でUVを別ける。

図22 UVは、ボディと服で分ける

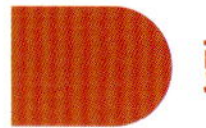

頭部の作成

UTSのサンプルとして、最適になるように均等なメッシュにする。

美しいトポロジーを作るコツは、あらゆる方角から入ってくるラインのゆがみを徹底的につぶすことにある。

口内。のどちんこは、最近のオシャレなのでちゃんと作らないとね！

顔は顔で、1枚テクスチャを持つ。後の編集を考えて、最終的に胴体、頭、髪の3つで構成される形にした。

図23 頭部のメッシュ

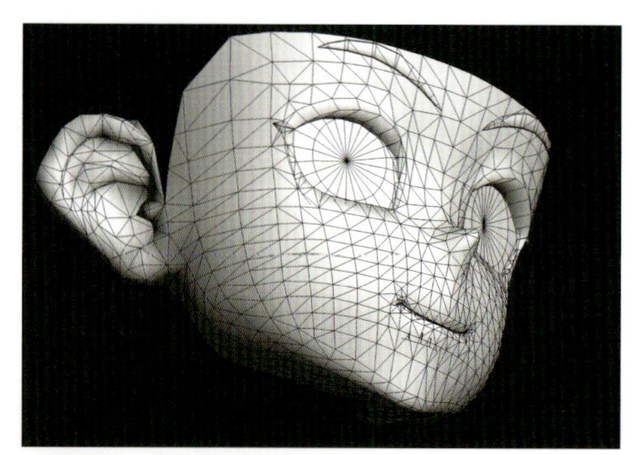

図24 さまざまな角度から見てメッシュを修正

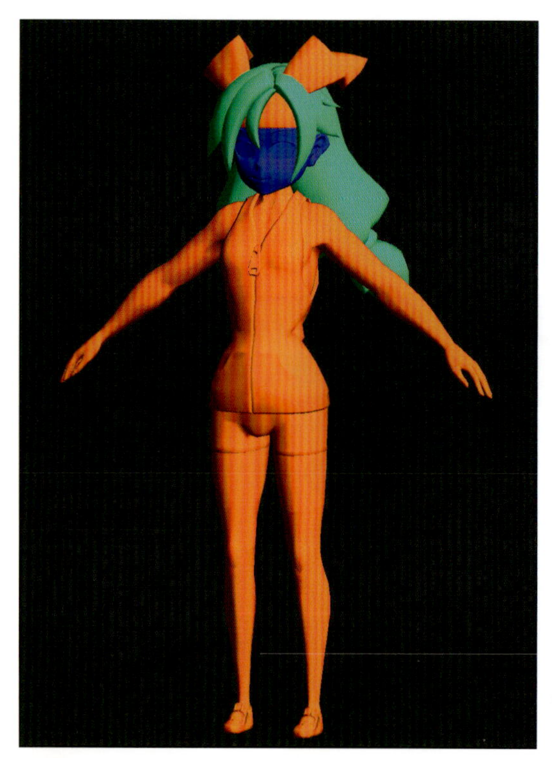

図26 胴体、頭、髪の3つのパーツで構成

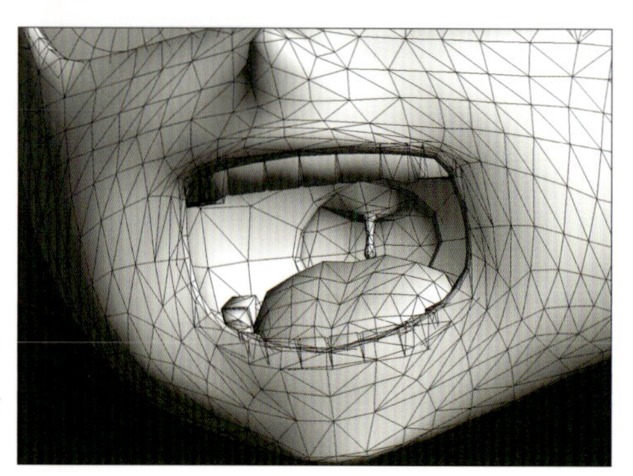

図25 口の中も作り込む

表情の作り込み

トポロジーのチェックのついでに、ちょっとオーバー気味に作る。抑えるのは簡単だからね。

図27 表情を作る

セットアップ

VRChatだとUpperChestが使えない制限がかかってしまうが、足すのは難しいけど除くのは簡単なので、今回は純Humanoidでセットアップ。

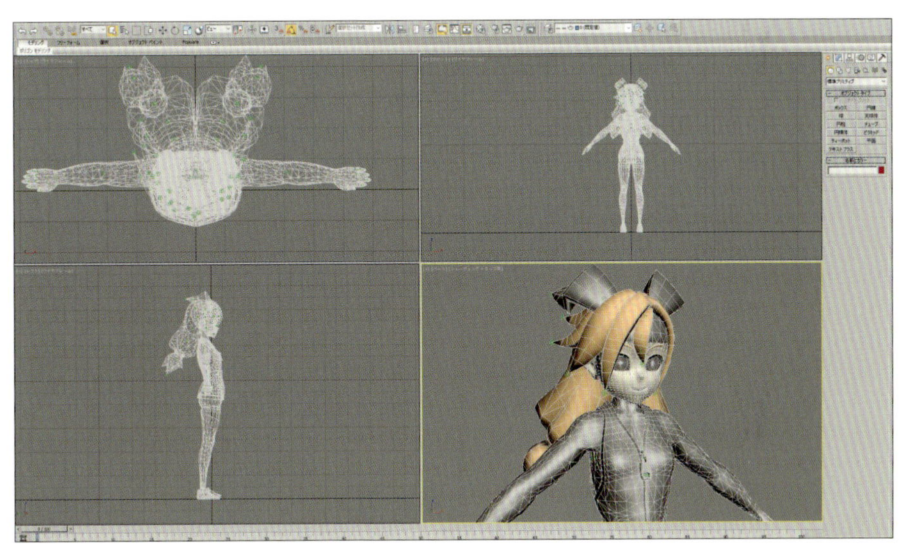

図28 Humanoidモデルとしてセットアップ

△分割の方向を都度調整しながら、筋や骨が中に入っているようなウェイトを振っていく。トポロジーが筋肉に沿っていると、極端な変形をしても違和感が減りやすい。

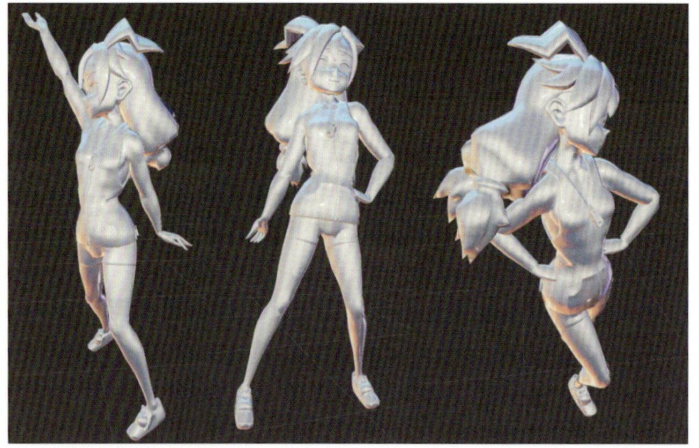

図29 さまざまなポーズで確認

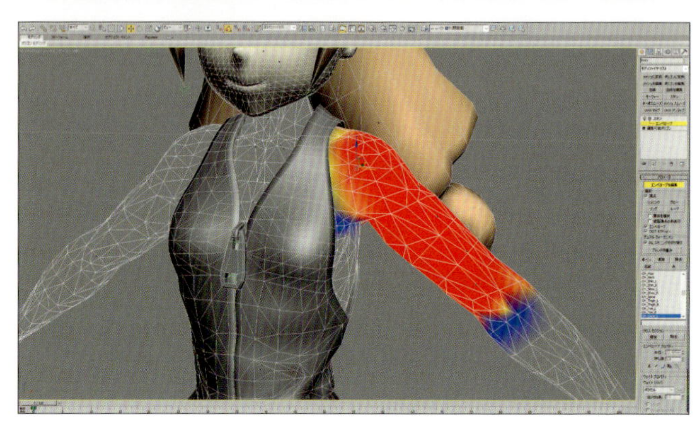

図30 ウェイトの割り振り

新しいユニティちゃんの完成

じゃじゃーん。このちょっと蝋人形っぽい質感が簡単に出せるのがUTSの楽しいところ。

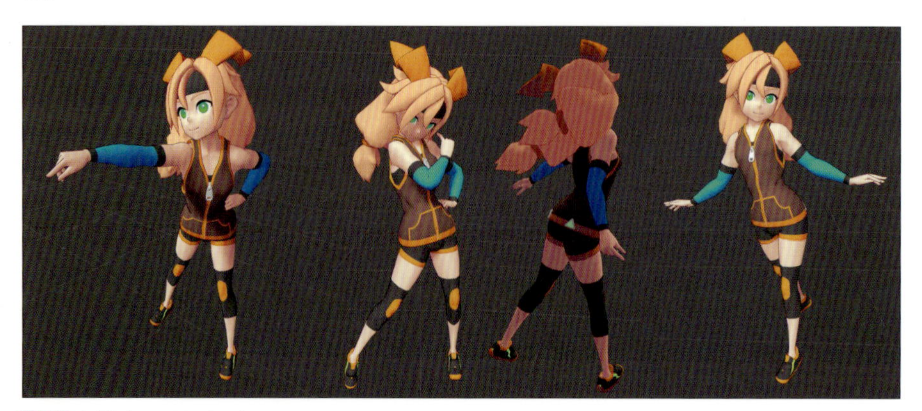

図31 完成したユニティちゃん

今回は、ずっと作りたかった「エキゾチックユニティちゃん」もバリエーションで作成した。ただ肌の色を変えるのではなく、ちゃんと髪型もクールに決めたかったのでちょっと頑張ってみた。

こういう髪型は、日本のアニメ文脈で作られたキャラにさせるのは難しい。今回のようなカートゥーンスタイルだからできたと言える。

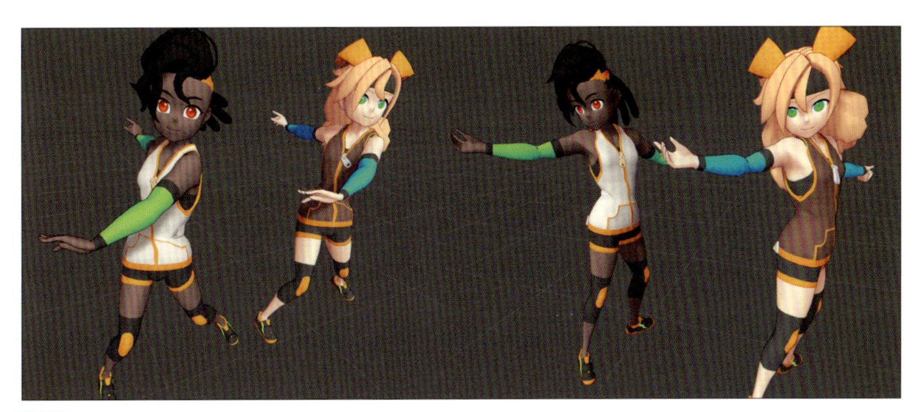

図32 エキゾチックユニティちゃん

Substance Painter × UTS

Substance Painter には、メッシュマップと呼ばれる 3D モデルが持つさまざまな情報をテクスチャに焼き込む機能がある。

ID、AO、カーブや厚みといった情報をテクスチャに焼き込めるので、それらを UTS で使う方法を紹介しよう。

モデルは Worker-Megh Ranger で、Unity の Standard Shader と UTS2.0 の比較。左は、純 PBR なので高級感があって大変よろしい。右の UTS 版も使っているテクスチャはまったく同じものだが、イラスト風な仕上がりになっている。

図33 Standard ShaderとUTS2.0の比較

全体的なマップの配置は、こんな感じ。金属部分はハイライトを使って、ザックリした光が入るようにしてある。

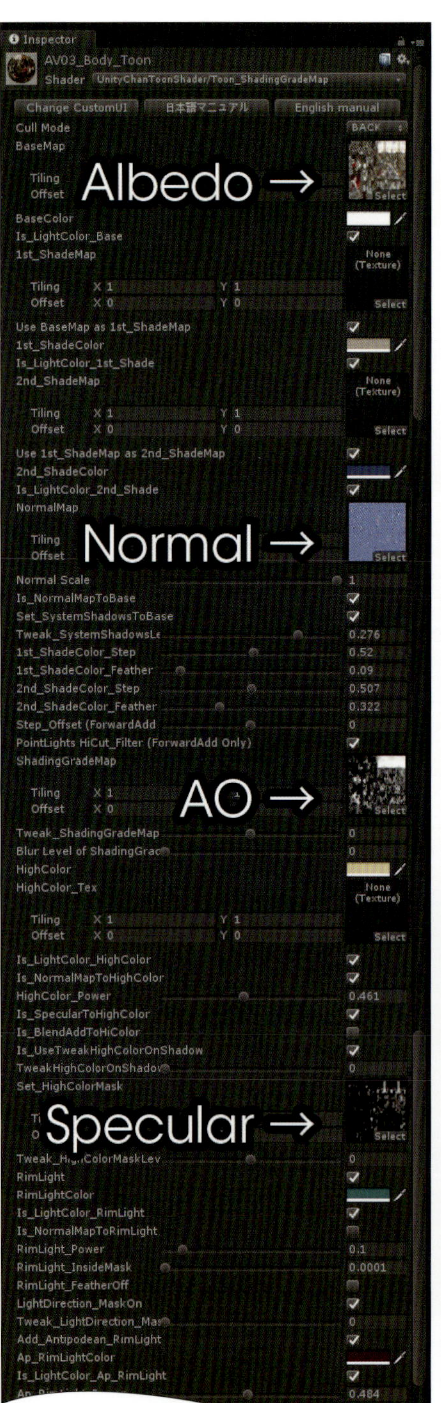

図34 UTS2.0の設定

UTSのスペキュラ設定はオプションが細かく、組み合わせによる効果の差が大きいので、コツを掴むのに少し手間取るかもしれない。

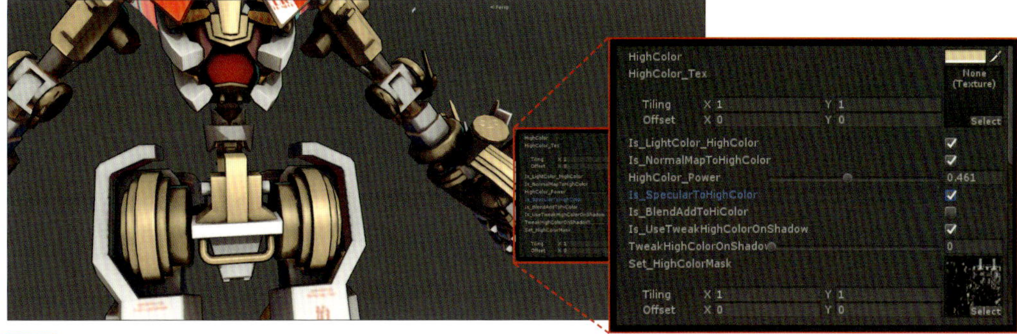

図35 UTSのスペキュラ設定

もう１つの例として、モデルはCGWORLD（2018年11月号）の表紙。この時の記事は、CGWORLDのWebサイトで見ることができるが、この作例のシェーダーもUTSである。

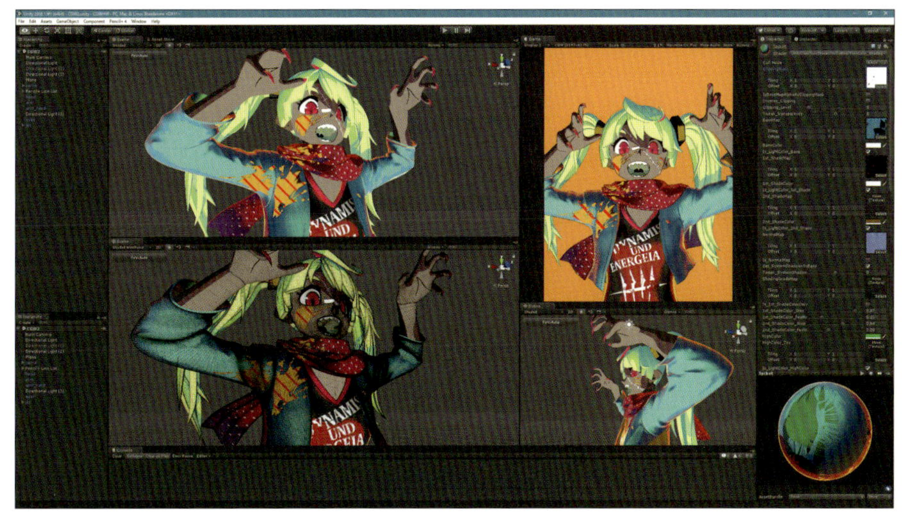

図36 UTS2.0の作例（「CGWORLD」誌）

まとめ

UTSは、超汎用型のNPRシェーダーであるが、各要素を制御するマップは、PBR向けに作られるものとほとんど変わらない。

言ってしまえば、PBR向けのツールであるSubstance Painterが使えるNPRシェーダーという非常にユニークな面も持つシェーダーである。

自分を含め、今回参加された執筆陣が書いた内容がUTSのすべてではない。

しかし、このくらいの本が書ける程度にはポテンシャルの高いシェーダーなので、自分流の使い方を編み出すキッカケしてもらえれば幸いだ。

ユニティちゃんカスタマイズ
入門編

執筆・モデル制作：浦上 真輝

プロフィール

フォトリアルやノンフォトリアル、モデリングやアニメーションからコンポジット、イラストやデザインなど CG に関することをいろいろとやってます。写真は、実家の猫のチョコちゃんです。

CHAPTER 1 ユニティちゃんカスタマイズの準備

前パートでは、ユニティちゃんモデルを作ったntny氏が、キャラクターのコンセプトからUTS2の使いどころなどを解説してくれました。

ここでは、ユニティちゃんをベースにシェーダーやテクスチャをカスタマイズして、さまざまなバージョンのユニティちゃんを作成していく方法を解説します。

なお、「入門編」で解説するユニティちゃんのカスタムモデルデータは、ボーンデジタルのWebサイトからダウンロードできます（2ページを参照）。ダウンロードしたデータを見ながらお読みいただくと、より理解が深まるでしょう。ライセンスは、「ユニティちゃんライセンス条項」に準拠して利用していただけます（ライセンスの詳細は、2ページに記載のURLをご確認ください）。

1-1 シーンを複製する

まず、カスタムを行う前にシーンの複製を行います。複製の目的としては、カスタム作業中にカスタム中のデータが壊れてしまっても、オリジナルのデータから再度やり直しができるように、バックアップの意図も込めて複製しておきます。

それでは、「Assets → UnityChanUSS → Scenes」より、「Unitychan_USS_CustomBase.unity」のシーンを開きます。

最初のカスタマイズは、シェーダーの機能を利用して、髪の毛の色を変更してみます。シーンを開いたら、カスタムのベースとするユニティちゃんを「Unitychan_UrbanLight」にしたいので、左側のHierarchyビューの中から「Unitychan_UrbanLight_Cell」を削除します。

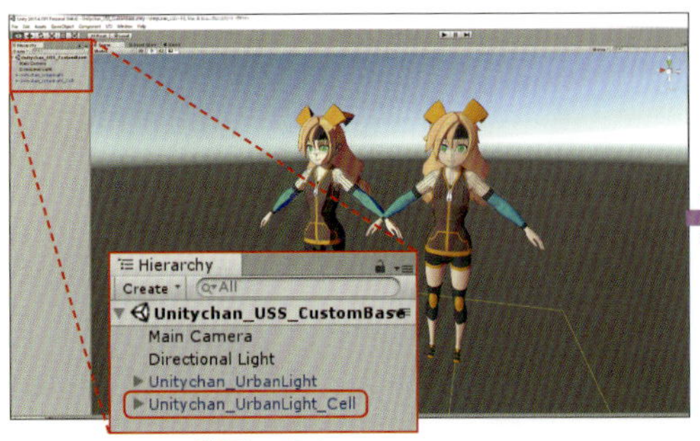

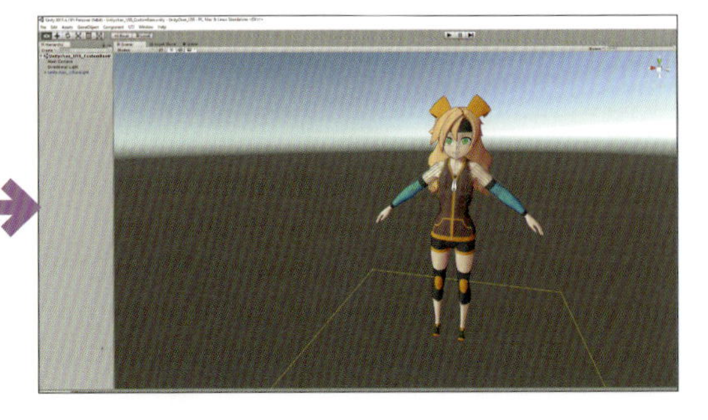

図1-1-1 「Unitychan_USS_CustomBase.unity」のシーンから、「Unitychan_UrbanLight_Cell」を削除

次に、Projectウィンドウで右クリックし、メニューの中から「Create → Folder」を選択して、新しいフォルダを作成します。作成したフォルダを「Custom」という名前に変更します。

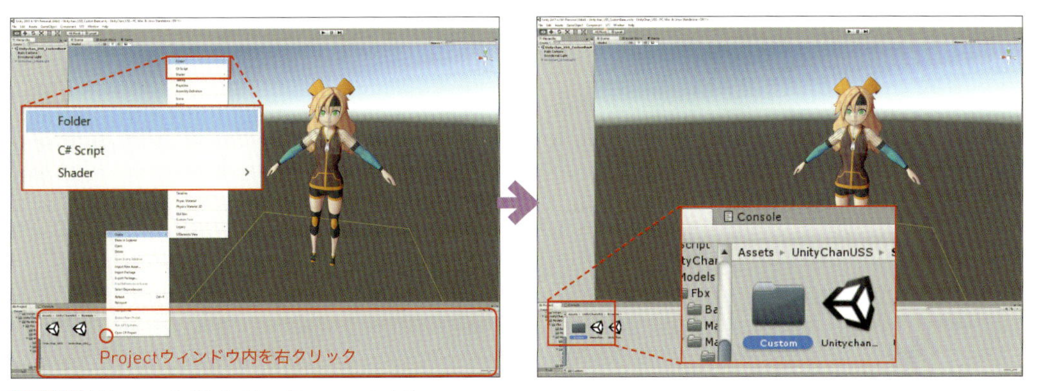

図1-1-2 新しいフォルダを作成し、「Custom」にする

フォルダを作成したら、メニューの「File → Save Scene as...」を選択して、先ほど作成したCustomフォルダの中に、「Unitychan_USS_HairColor.unity」というファイル名で保存します。

これで、オリジナルのシーンデータはそのままで、自由に変更できるようになります。

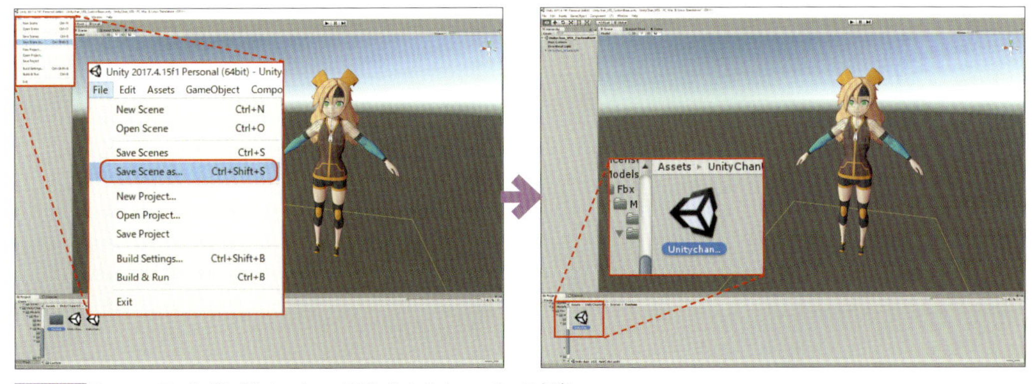

図1-1-3 Customフォルダに「Unitychan_USS_HairColor.unity」で保存

1-2 SpringCapsuleColliderを非表示にする

シェーダーの調整時は、SpringCapsuleColliderギズモでオブジェクトが見えにくいため、Sceneビュー右上のGizmosボタンをクリックして、その中にあるSpringCapsuleColliderのチェックを外します。

これで、SpringCapsuleColliderのギズモが非表示になりました。

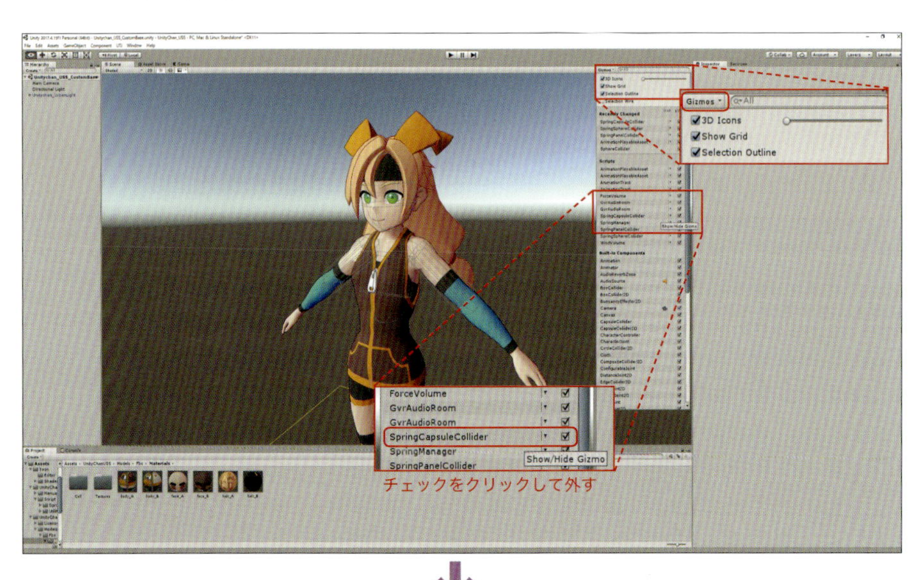

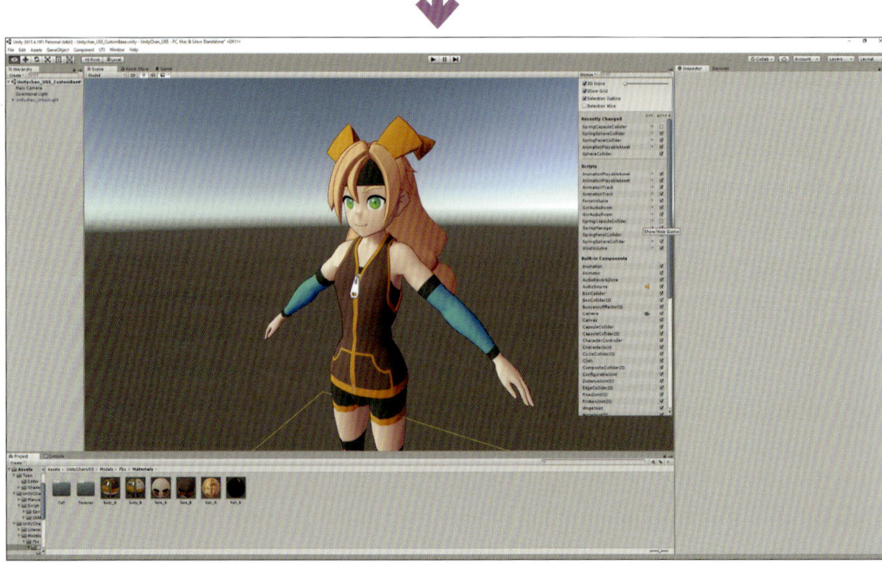

図1-2-1 SpringCapsuleColliderをOFF

CHAPTER 2 シェーダーを利用した色変え

シーンを複製し設定を変更して、髪の色を変更する準備は整いましたので、実際に手順を追って色を変えてみましょう。

2-1 マテリアルを複製する

シーンの複製同様に、「Assets → UnityChanUSS → Models → Fbx Materials」フォルダの中に、「Custom」フォルダを作成します。

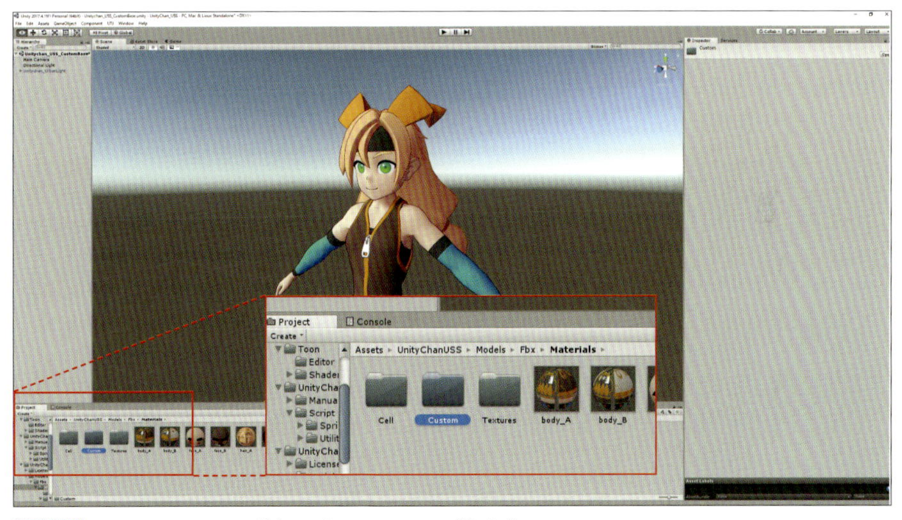

図2-1-1 Fbx Materialsフォルダ内に、「Custom」フォルダを作成

次に、Custom フォルダの中に「HairColor」というフォルダを作成します。この中に、カスタムしたマテリアルを入れていきます。

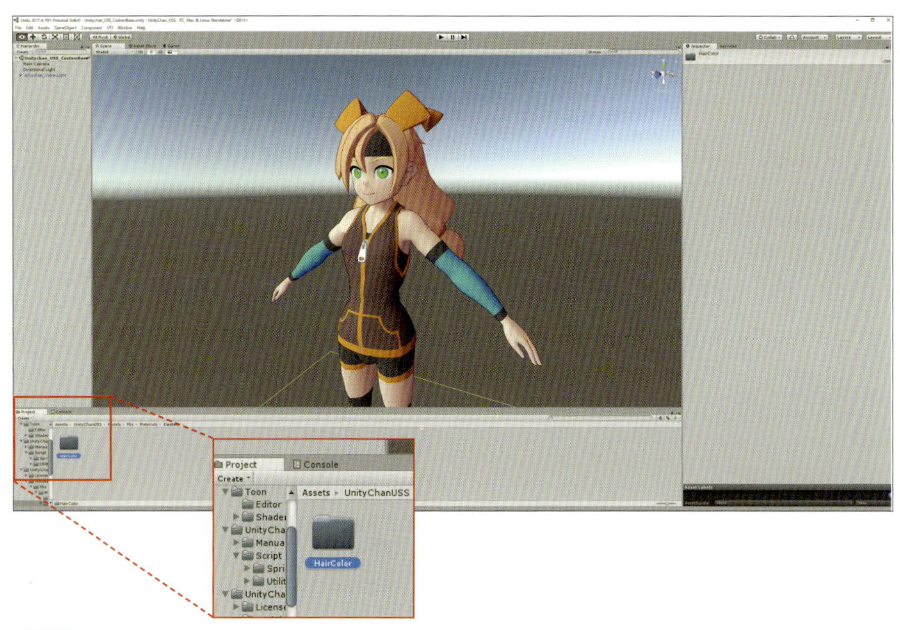

図2-1-2 Customフォルダ内に「HairColor」フォルダを作成

フォルダを作成したらMaterialsの階層まで戻り、Hair_Aを選択してCtrl+Dで複製します。すると、Hairマテリアルが「Hair_A 1」という名前で複製されました。

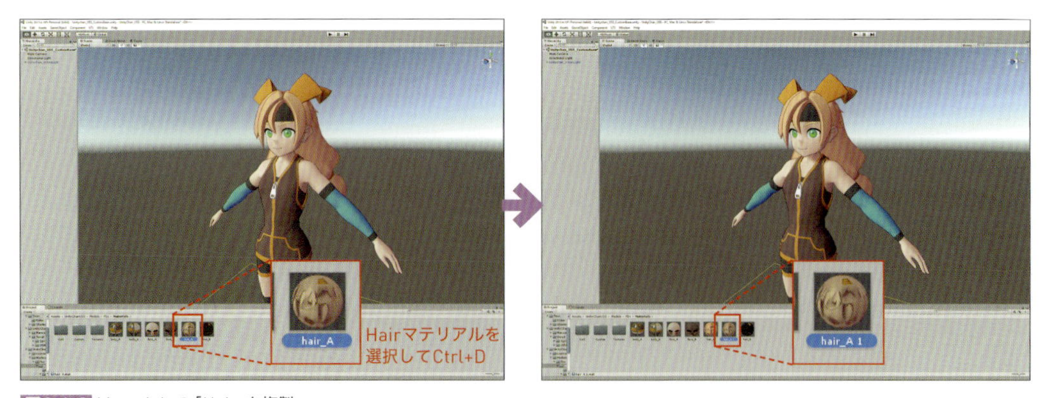

図2-1-3 Materialsの「Hair」を複製

複製された名前はわかりやすいように、「HairColor」という名前に変更しました。名前の変更は名前の欄をクリックするか、F2キーを押します。

名前を変更したら、先ほど作成したHairColorフォルダにマテリアルを移動します。

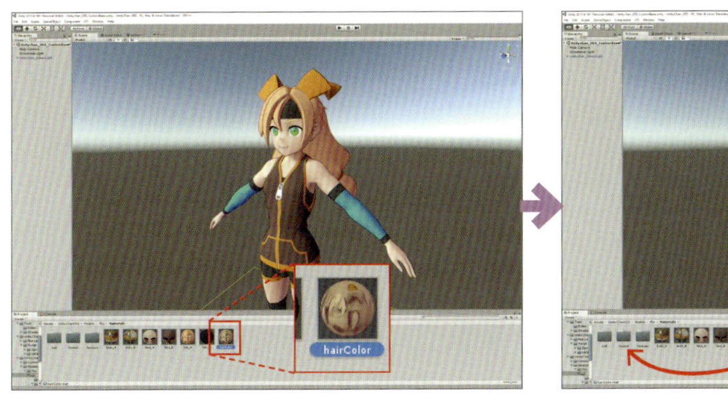

図2-1-4 名前を「HairColor」に変更し、HairColorフォルダに移動

HairColor フォルダまで移動できたら、カスタマイズの準備は完了です。元のマテリアルはそのままに、自由に変更ができるようになります。

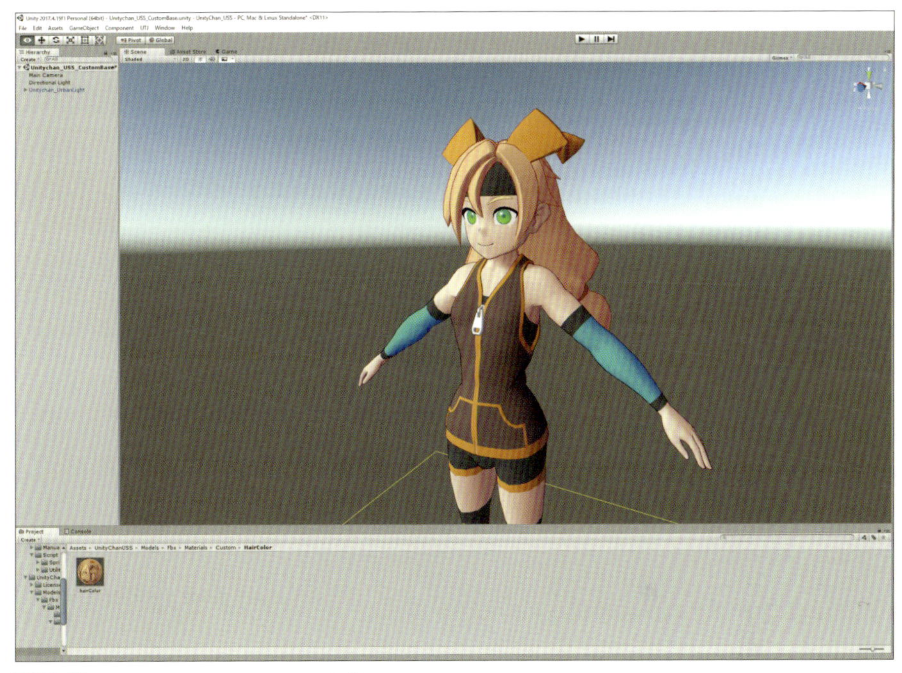

図2-1-5 HairColorマテリアルの変更準備が完了

2-2 マテリアルをアサインする

HairColor マテリアルを、前髪と後ろ髪のオブジェクトにドラッグ＆ドロップして、マテリアルをアサインします。

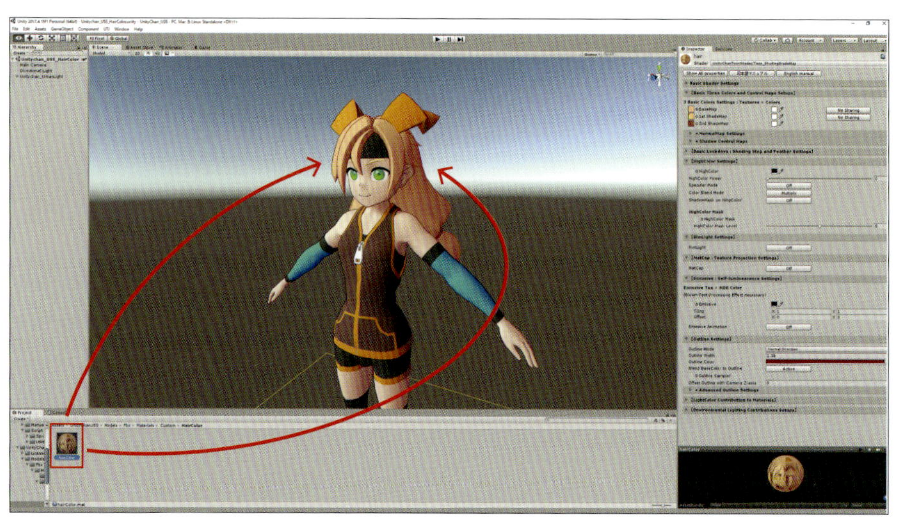

図2-2-1 HairColorマテリアルを髪の毛にアサイン

ドラッグ＆ドロップのほかにも、Hierarchy ウィンドウの中からオブジェクトを選択して、Inspector の下にある Materials の項目からマテリアルを変更することもできます。

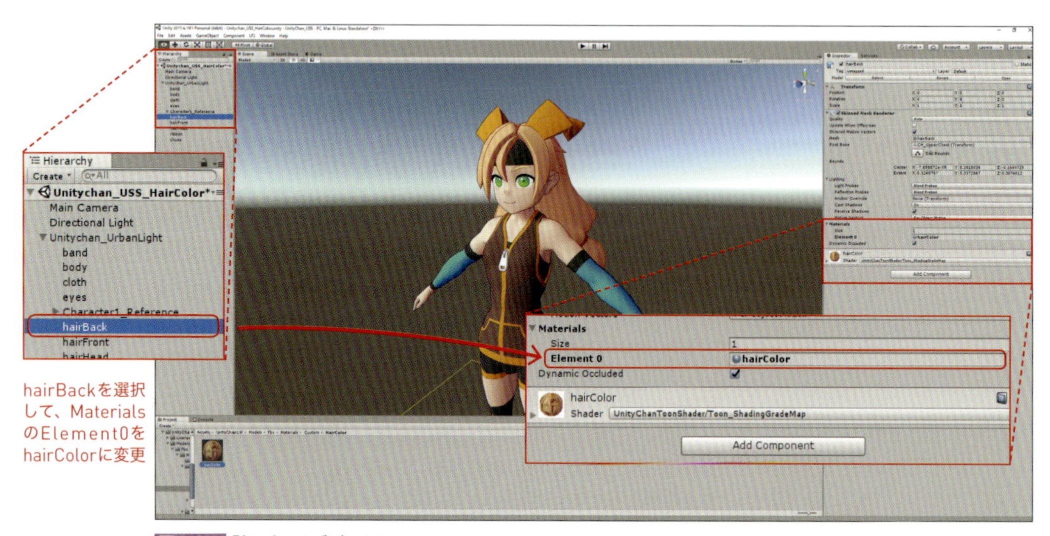

図2-2-2 髪の毛のオブジェクトのInspectorからも、マテリアルを変更できる

2-3 色を変える

作成したHairColorマテリアルの設定画面を表示し、BaseColor／1st_ShadeColor／2nd ShadeColorの色を赤に変更します。これで、髪の毛の色を簡易的に変更することができました。

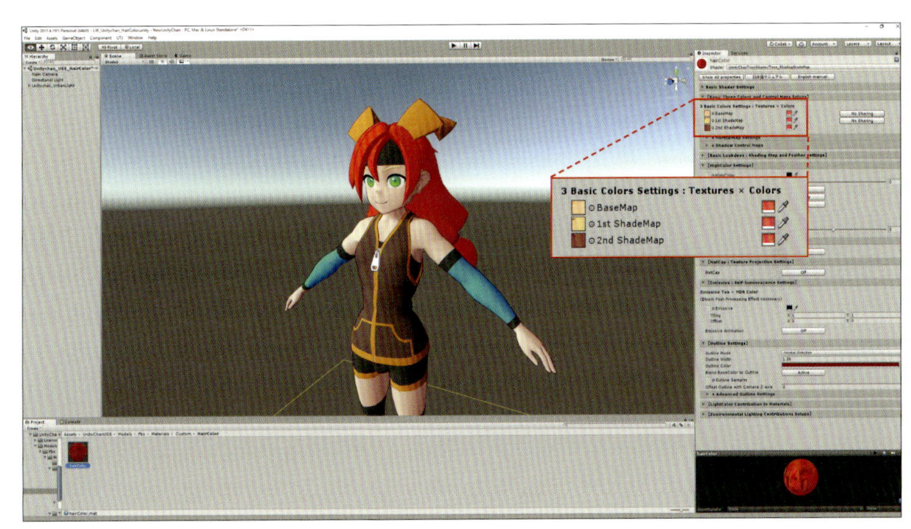

図2-3-1 BaseColor／1st_ShadeColor／2nd ShadeColorを変更

ただ、後ろ髪全体を赤くしたことにより、ヘアバンド部分もいっしょに赤くなってしまいました。ここは、DCCツールを利用して、FBXのマテリアルを編集することで修正します。

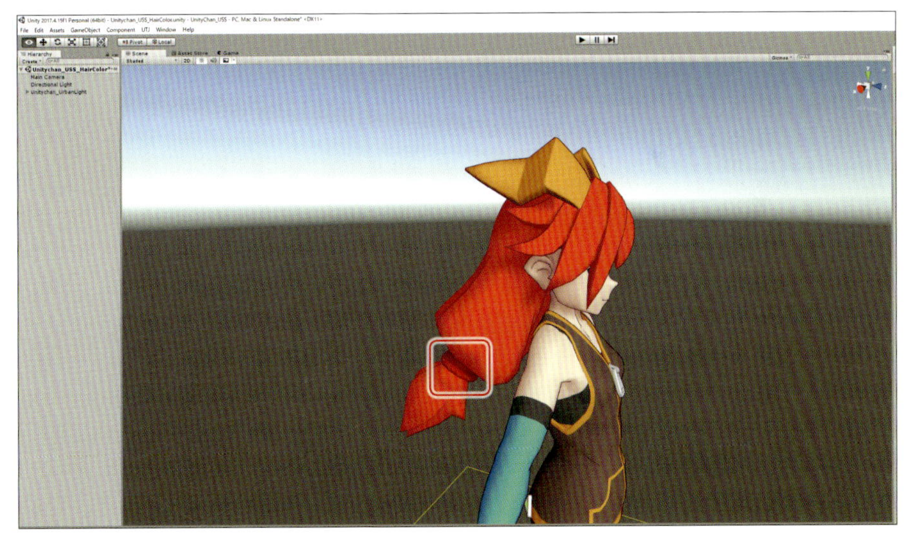

図2-3-2 ヘアバンドの色も変更されてしまった

入門編
1
2
3
4
5
6
7

2-4 FBX を複製する

次は、FBX データの編集を行いますので、FBX も念のためバックアップ用に複製を行います。手順はマテリアルの複製と同様に、FBX データを選択して Ctrl+D で複製を行います。

FBX を複製したら、Unitychan_UrbanLight_Backup.fbx などの名前に変更しておきます。

図2-4-1 FBXを複製して、名称を変更する

2-5 マテリアルを分ける

「Unitychan_UrbanLight.fbx」を各種 DCC ツールで開きます。DCC ツール上で、ヘアバンド部分のマテリアルを変更し、そのまま上書き保存します。

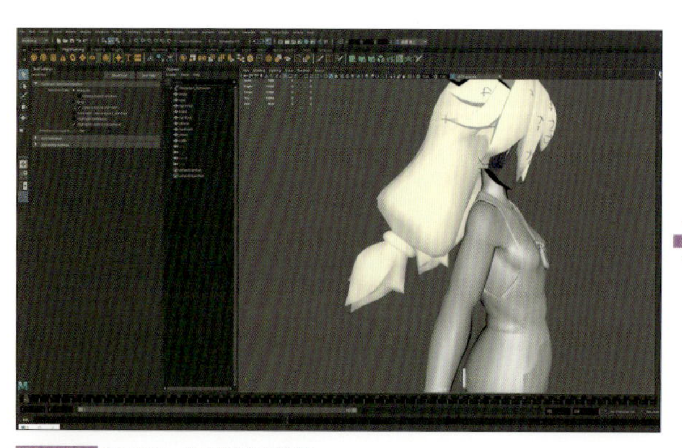

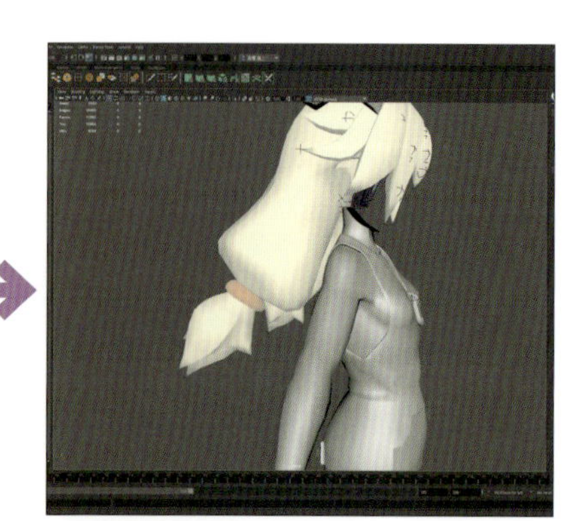

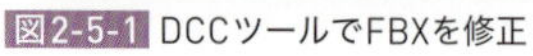
図2-5-1 DCCツールでFBXを修正

FBXのマテリアルを変更後、ヘアバンド部分のマテリアルを変更できるようになりますので、色を変える前のhairのマテリアルを割り当てれば完了です。

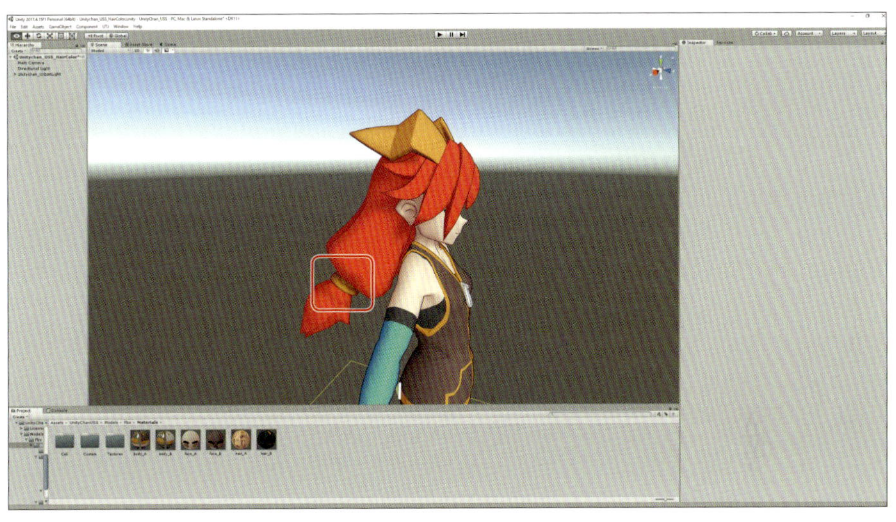

図2-5-2 Unity側でもヘアバンドのマテリアルの変更が可能になる

COLUMN

ShadeColorのちょっと変わった活用法

UTS2の「ShadeColor」は、本来影色を指定するための機能です。ただ、使い方によってはこの章で紹介したように、簡易的に影を変えることにも使用できます。

本来の使い方だけにとらわれず、いろいろと遊んでみると新しい発見が得られるようになります。以降の「リファレンス編」を見ながら、UTS2でさまざまなチャレンジをしてみましょう！

CHAPTER 3 陰影をカスタマイズする

ここでは、陰影のカスタマイズ方法を解説していきます。すでにできあがったモデルでも、陰影の見た目を変えることで全体の印象や作風がガラッと変わってきます。必要に応じて陰影もカスタマイズするとおもしろいので、ぜひチャレンジしてみてください。

3-1 陰影をカスタマイズの準備

Unitychan_USS_CustomBase.unity を開き、Custom フォルダの中に「Unitychan_USS_shadingCustom.unity」という名前で別名保存します。

ここでは、滑らかなシェーディングとセルシェーディングの両方を使用して解説していきます。

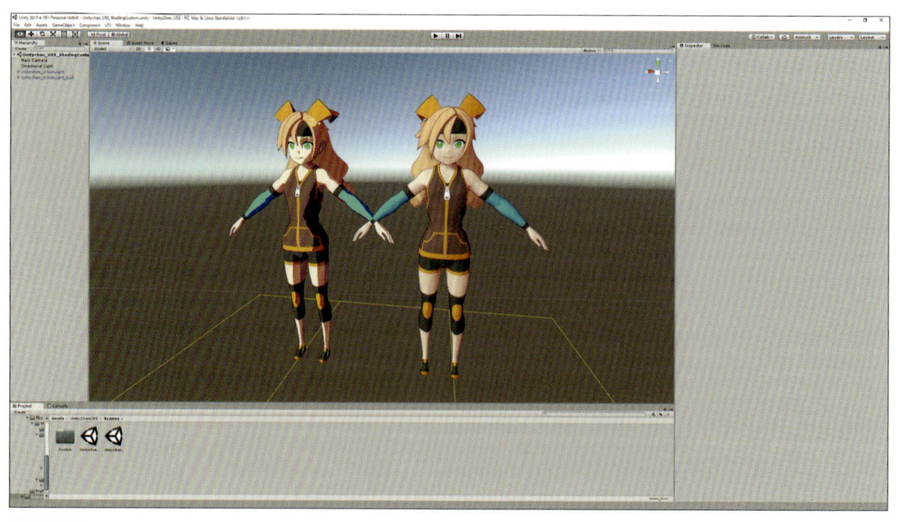

図3-1-1 Unitychan_USS_CustomBase.unityを読み込み、Unitychan_USS_shadingCustom.unityで保存

3-2 ノーマルマップを利用した陰影の追加

最初に、Unitychan_UrbanLightに対して、服のノーマルマップを作成します。ノーマルマップを作成するには、3Dペイントソフトで直接描いたり、PhotoshopのGenerate Normal Map機能を使ったりすることで簡単に作成できます。

今回は筆者は、「ZBrush」を利用してシワを描き、そのオブジェクトからxNormalを利用して、ノーマルマップを作成しました。

図3-2-1が、ZBrushをシワを追加したものです。ただ、このままではむだな歪みが多く、そのままだと使用しづらいので、ベイクしたノーマルマップをPhotoshopなどを使用して、手描きで修正しました。

図3-2-1 ZBrushで服のシワを描く

図3-2-3の左がノーマルマップ適応前、右がノーマルマップ適応後になります。通常の陰影と違い、イラストルックの陰影は影が明るくなるので、少しだけノーマルマップも大げさに作ってあります。

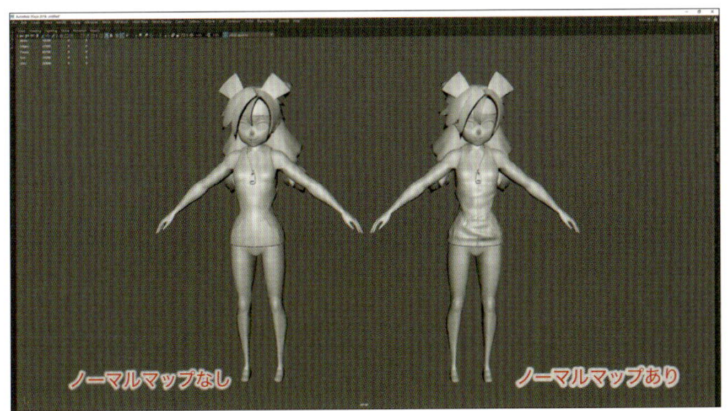

図3-2-3 ノーマルマップ適応前と適用後の比較

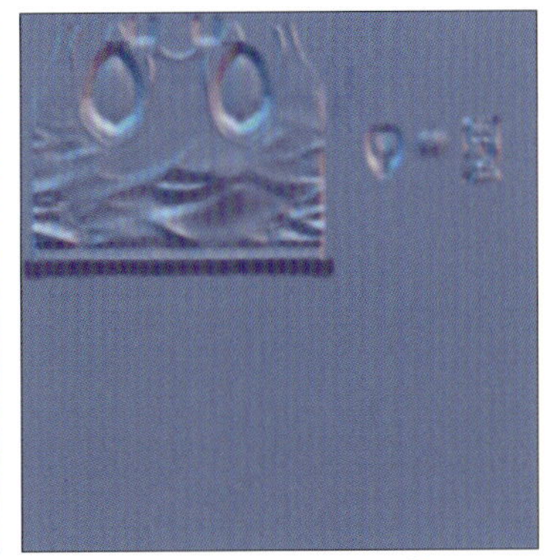

使用したノーマルマップ

それでは、実際に作成したノーマルマップをUTS2に適応していきます。前回同様、複製したマテリアルに名前を付けて、そちらに適用します。

複製したBodyShadingCustomのNormalMapに、図3-2-3の右のノーマルマップを読み込みました。ただ、この状態だとUnity上ではノーマルマップ用のテクスチャとして認識されないため、ノーマルマップ読み込み時に表示される「This texture is not marked as a normal map」の「Fix Now」ボタンを押してください。

これで、ノーマルマップ用のテクスチャとして認識されるようになります。

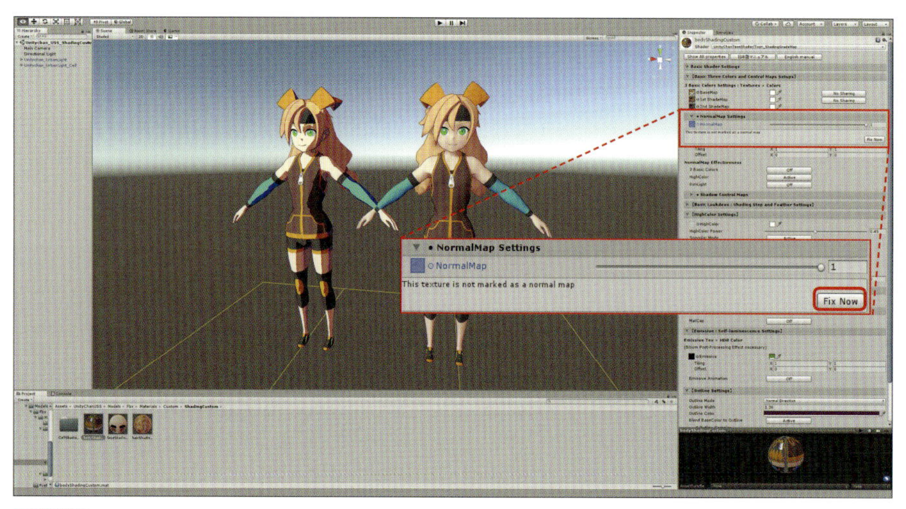

図3-2-4 作成したノーマルマップを読み込んで設定

もし「Fix Now」ボタンを押し忘れた場合、またはノーマルマップの見た目が何かおかしい?と思った場合は、Projectウィンドウからノーマルマップのテクスチャを直接選択し、Texture Typeが「Normal map」になっているかどうかを確認してください。

そうでない場合は、Normal mapを選択後、右下のApplyボタンを押すとテクスチャがNormal map用に変換されます。

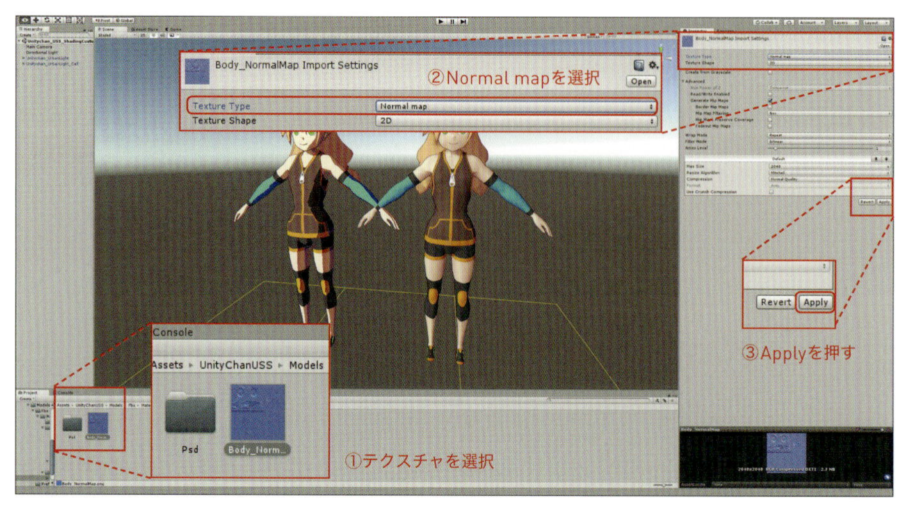

図3-2-5 ノーマルマップのテクスチャの「Texture Typ」を確認

さて、ノーマルマップテクスチャを適応し、Fix ボタンを押したのに見た目には何の変化もありません。ノーマルマップを適応させるためには、NormalMap Effectiveness のなかにある、「3 Basic Colors」を「Active」にする必要があります。

ここはデフォルトで「Off」になっており、よく忘れがちなので注意しましょう。

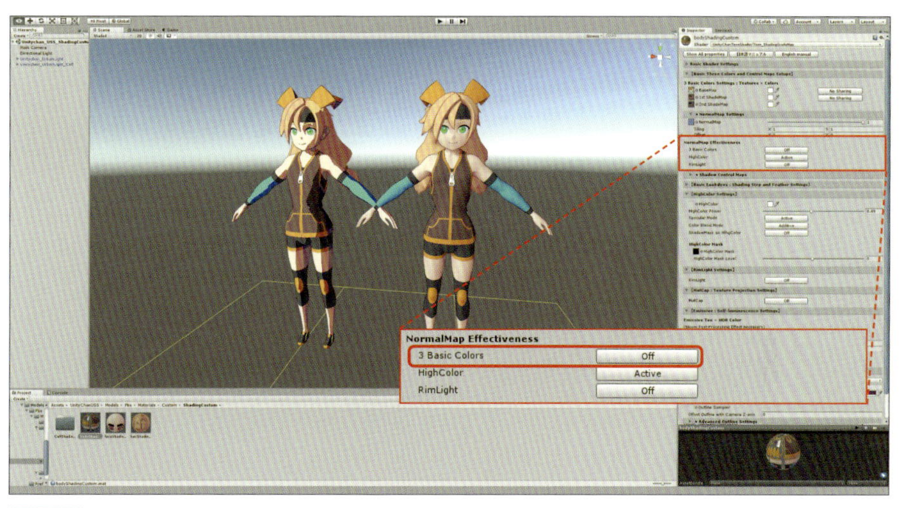

図3-2-6 「3 Basic Colors」をActiveにして、ノーマルマップを適用

3 Basic Colors を「Active」にすることで、図 3-2-7 の右のユニティちゃんの服にシワが入りました。

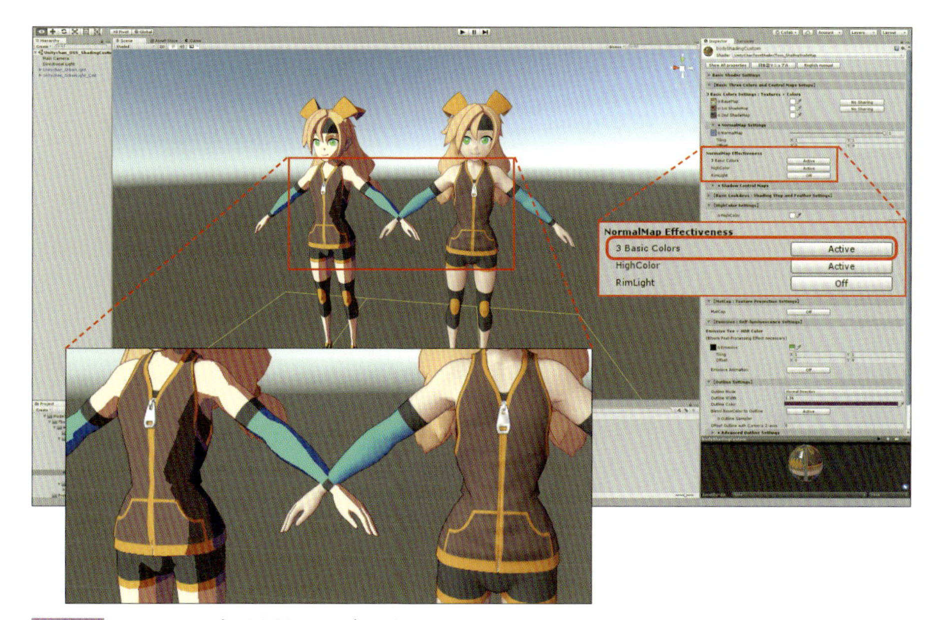

図3-2-7 ノーマルマップにより服にシワが入った

3-3 シェーディンググレードマップを利用した陰影の追加

次は、Unitychan_UrbanLight_Cellに対して、シェーディンググレードマップを利用して、イラスト的な陰影を追加していきます。

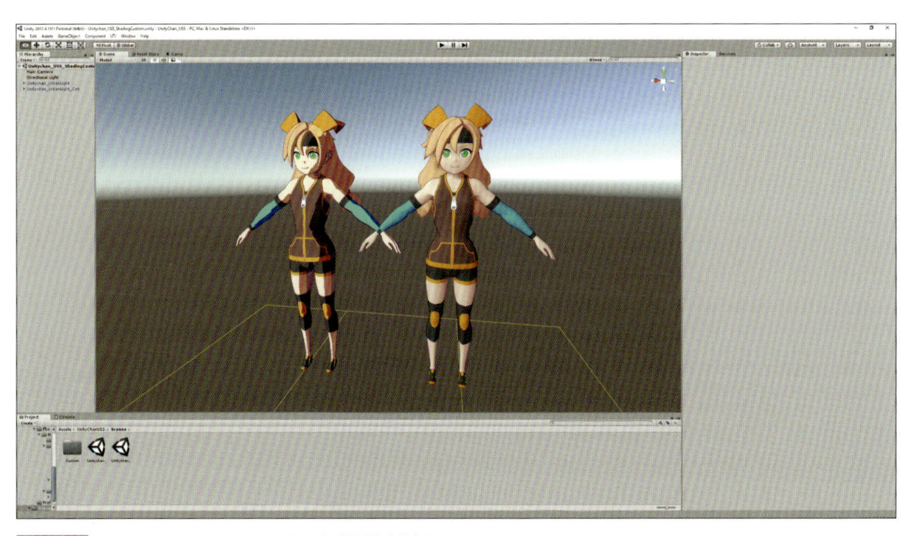

図3-3-1 Unitychan_UrbanLight_Cellに陰影を付ける

セル調に合わせて、以下のようなシェーディンググレードマップのテクスチャを描きました。こちらは、DCCツール（ペイントソフト）で作成します。

Hair_ShadingGradeMap

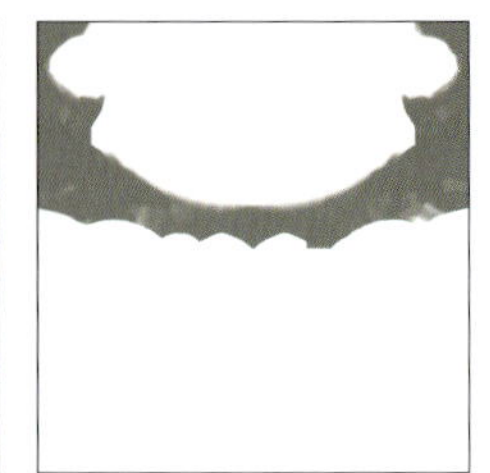

Face_ShadingGradeMap

Body_ShadingGradeMap

図3-3-2 シェーディンググレードマップのテクスチャ

作成したテクスチャを、各マテリアルのShadingGradeMapに適応することで、イラスト調の陰影が出るようになりました。

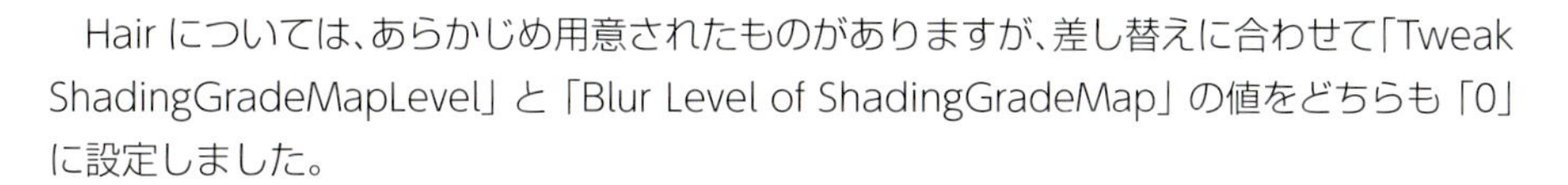

Hair については、あらかじめ用意されたものがありますが、差し替えに合わせて「Tweak ShadingGradeMapLevel」と「Blur Level of ShadingGradeMap」の値をどちらも「0」に設定しました。

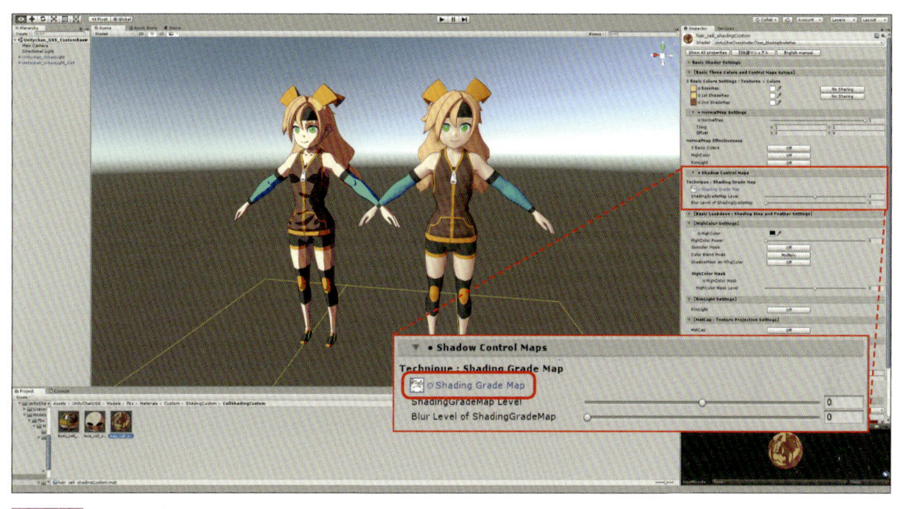

図3-3-3 設定値を変更

ライトの角度を変えて、モデルを確認してみます。シェーディンググレードマップについては、簡単にイラスト調の表現ができるかわりに、ライトの角度の変化に合わせて陰影が変化しにくくなるため、動いたときのテクスチャ感が出てしまいます。

ただ、実際にアニメなどを見ていると、光源によって変化する陰影と固定されて変化しない陰影などがあるので、表現したい方向性に合わせてシェーディンググレードマップを調整すると、おもしろい結果が得られるようになります。

図3-3-4 ライトを調整して、陰影を確認

最後に、右と左でノーマルマップとシェーディンググレードマップを入れ替えてみました。右の表現としてはシェーディンググレードマップの調整次第ではありますが、左のセル調についてはシワの表現にノーマルマップなどを使用すると、少しCGっぽくなってしまうことがあります。

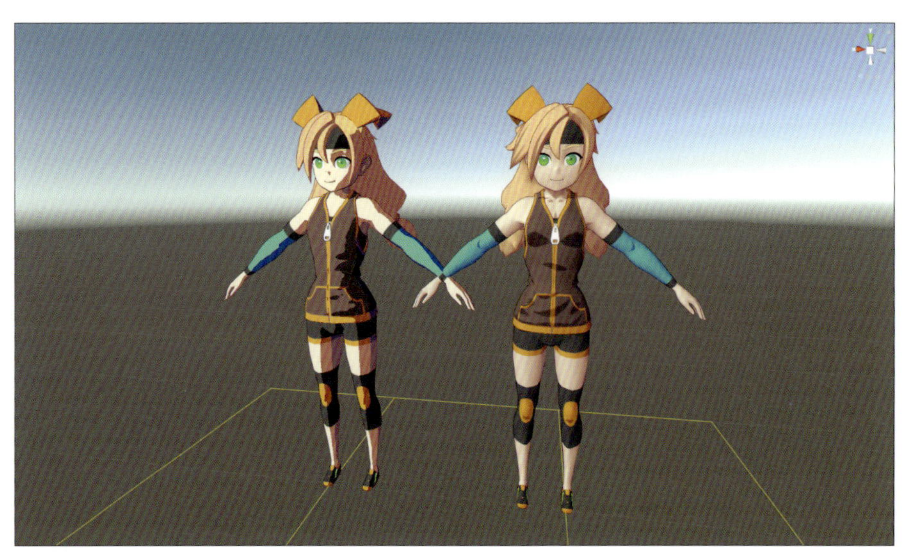

図3-3-5 Unitychan_UrbanLight_Cell（左）に「ノーマルマップ」、Unitychan_UrbanLight（右）に「シェーディンググレードマップ」を適用した例

CHAPTER 4

グラデーションを使ったセル表現をする

ここからは、シェーダーを利用してユニティちゃんの作風をカスタマイズしていきたいと思います。まずは、最近のアニメでよく見られるグラデーションを使ったセル表現です。

セル表現なので、「Unitychan_UrbanLight_Cell」をベースにカスタマイズしていきます。

UNITYCHAN
TOONSHADER2.0
CELLSHADING
GRADATION
CUTOMIZE

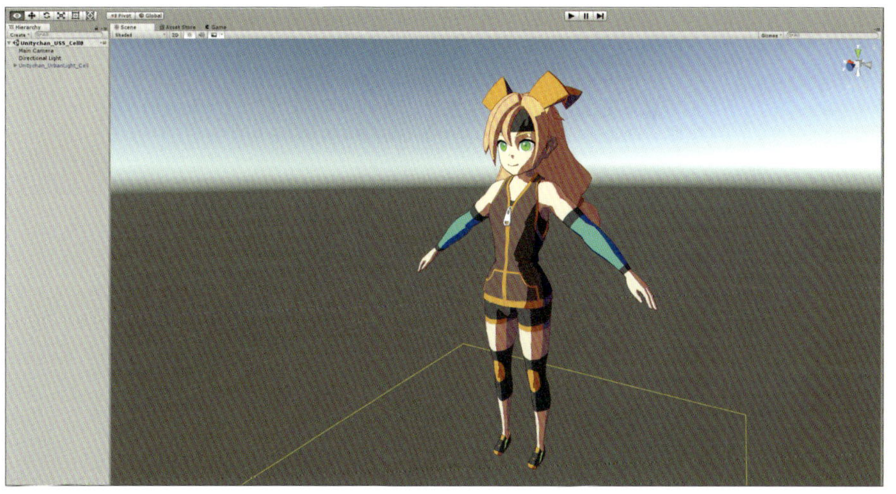

図4-0-1 「Unitychan_UrbanLight_Cell」モデル(下)と、カスタム後のモデル(上)

4-1 陰影のベースを作る

今回は、2 影のテクスチャを使用しないため、2nd ShadeMap のテクスチャを「None」にします。

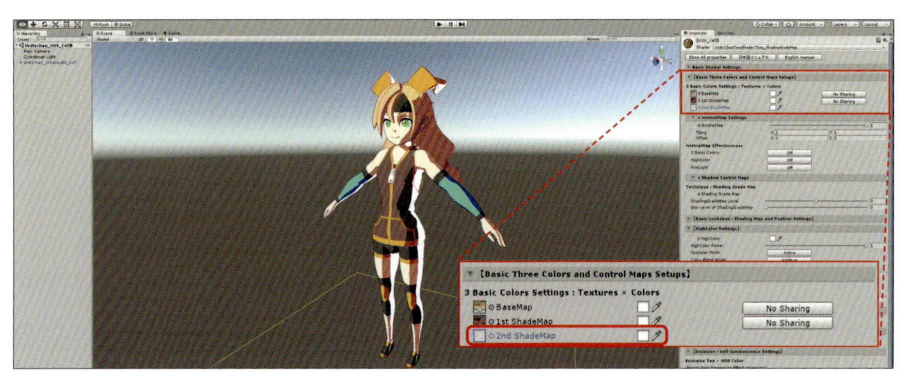

図4-1-1 2nd ShadeMapのテクスチャを「None」

2 影のテクスチャカラーは 1 影のものを使用したいので、1st_ShadeMap 横の「No Sharing」をクリックして「With 2nd ShadeMap」に切り替え、1 影のテクスチャを使い回します。

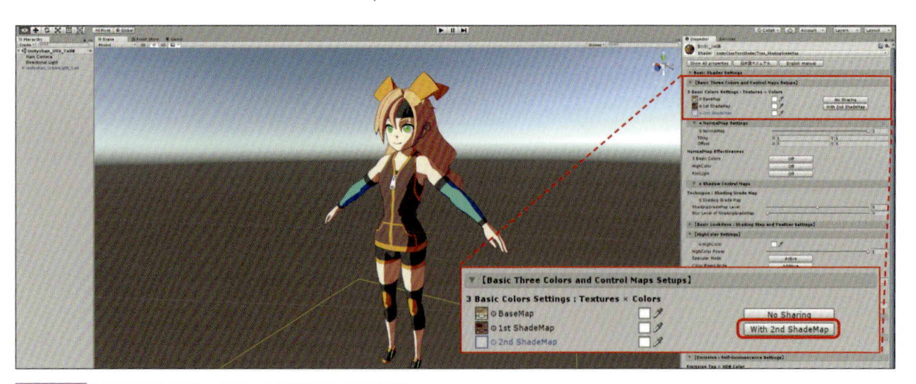

図4-1-2 2影のテクスチャカラーは1影のものを使用

ShadingGradeMap に、3 章で制作したテクスチャを適応しました。

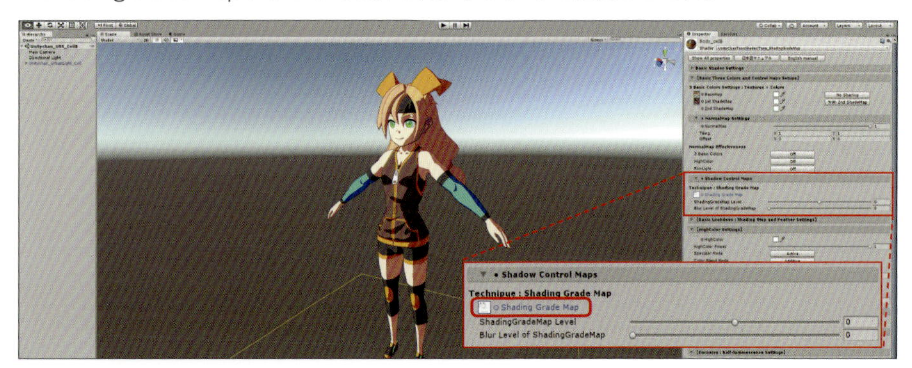

図4-1-3 Shading Grade Mapを適用

4-2 陰影のグラデーションを追加する

最近のアニメでは、光の表現を豊かにするために影の境界や、特に明るい部分にグラデーションを入れることが増えてきました。

まず、影の境界部分に濃いグラデーションを入れたいので、1st ShadeColor に明るいピンクを設定して、境界部分を少し濃くします。色をピンクに指定したのは、肌色部分が光を透過する表現＋肌以外の色が、極力濁らないようにするためです。

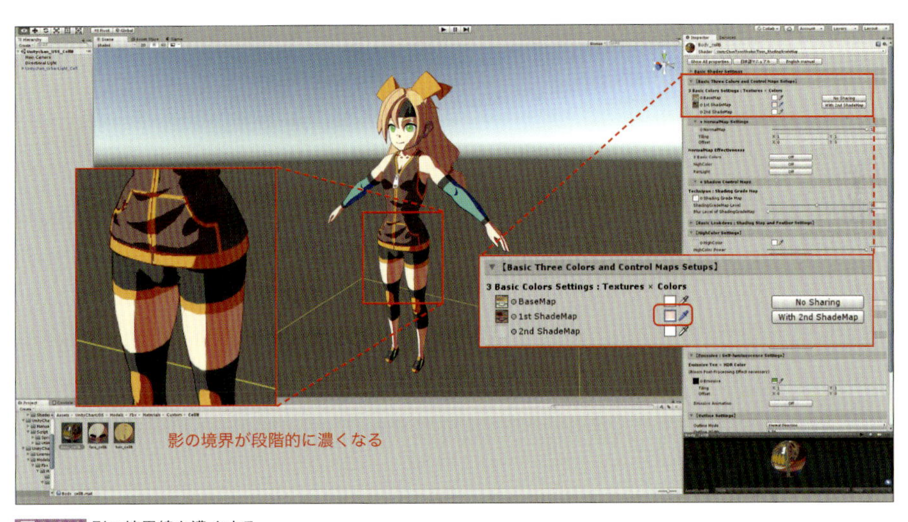

図4-2-1 影の境界線を濃くする

次に、2nd ShadeColor Feather の値を、「0.0001」から「0.7」に変更します。これで1影と2影の境界が滑らかなグラデーションになりました。ただ、現状だと滑らかに繋がりすぎて、グラデーションのない単色に見えてしまいます。

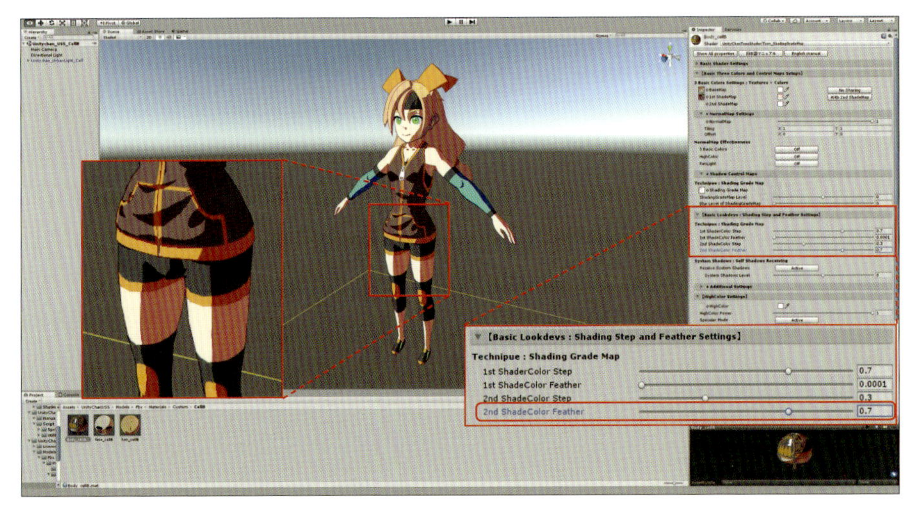

図4-2-2 1影と2影の境界の調整（滑らか過ぎる例）

グラデーションをわかりやすくするため、2nd ShadeColor Stepの値を1st Shade Color Stepに揃えて「0.7」に変更しました。これで、影の境界のグラデーションがわかりやすくなりました。

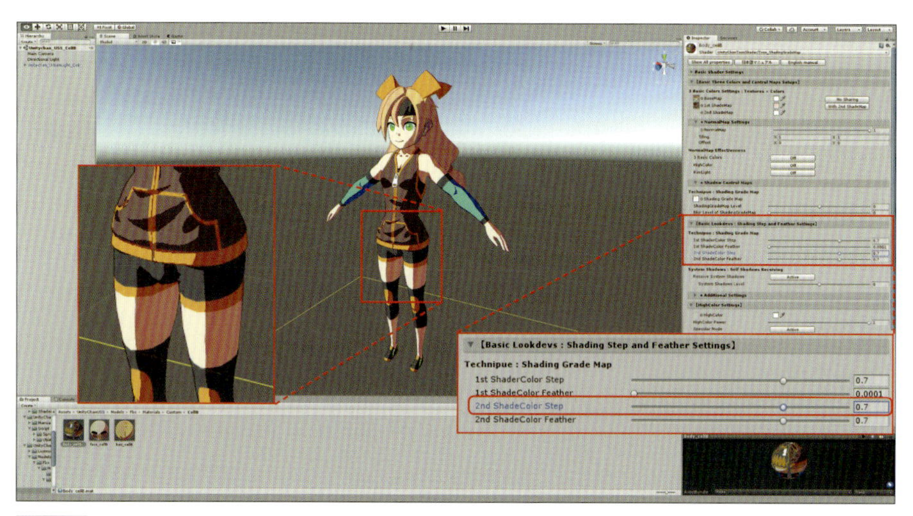

図4-2-3 1影と2影の境界の調整（グラデーションに見える例）

4-3 光のグラデーションを追加する

影にグラデーションを追加したので、光となる基本色側にもグラデーションを追加していきます。

基本色側のグラデーションについては、外側から柔らかくグラデーションを入れたいため、リムライトを利用してグラデーションを追加していきます。そこで、まずはRimLightを「Active」に設定して、リムライトを適応させます。これだけでもなんとなくよい感じに見えますね。

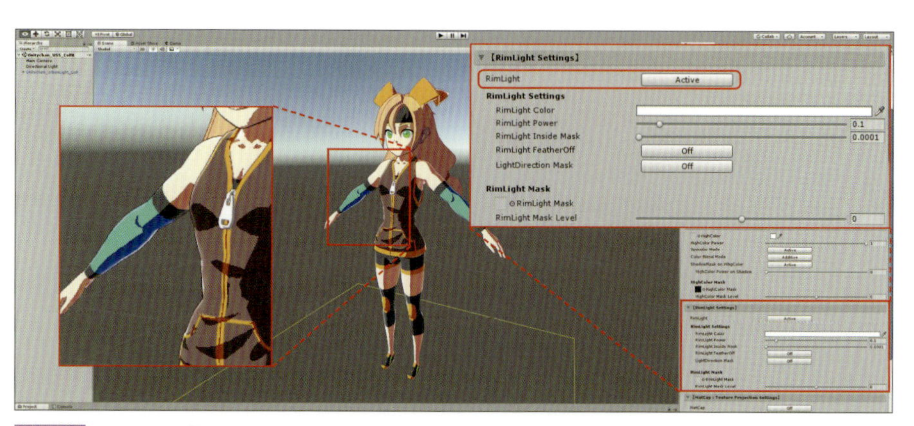

図4-3-1 リムライトを設定

リムライトのグラデーションを広くしたいので、RimLight Power の値を「0.1」から「1」に変更しました。ただ、グラデーションは広がりましたが、ものすごく明るくなってしまいました。

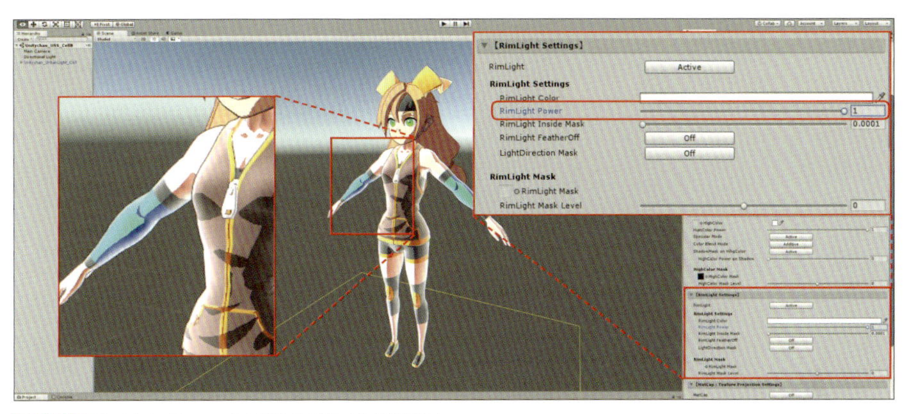

図4-3-2 RimLight Powerを上げると明るくなり過ぎる

明るくなってしまった部分は、RimLight Color の色を暗くすることで抑えることができます。これで、グラデーションが自然になったかと思います。

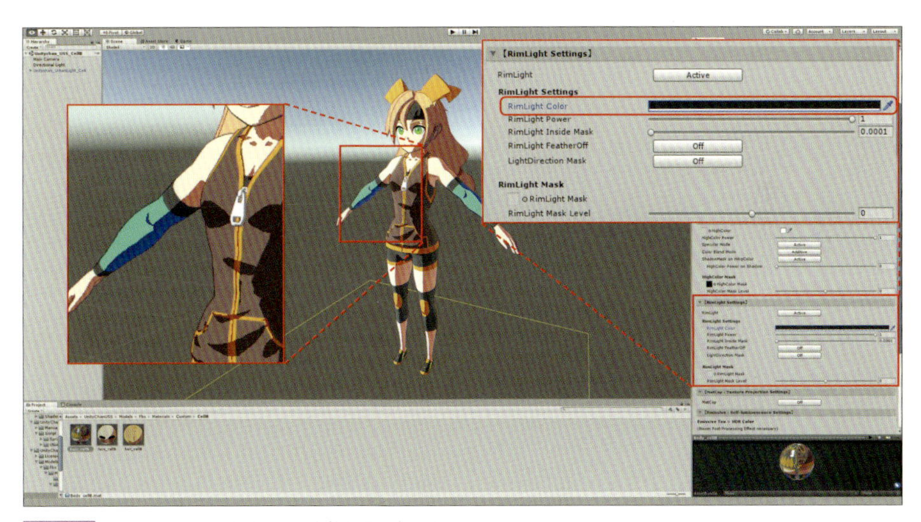

図4-3-3 RimLight Colorを暗くして自然な見え方にする

リムライトを使ったグラデーションで、ハイライト部分に明るいグラデーションが乗りましたが、暗い部分にもグラデーションがかかってしまいました。

これは、LightDirection Mask を「Active」にすることで、影の中のリムライトを消すことができます。

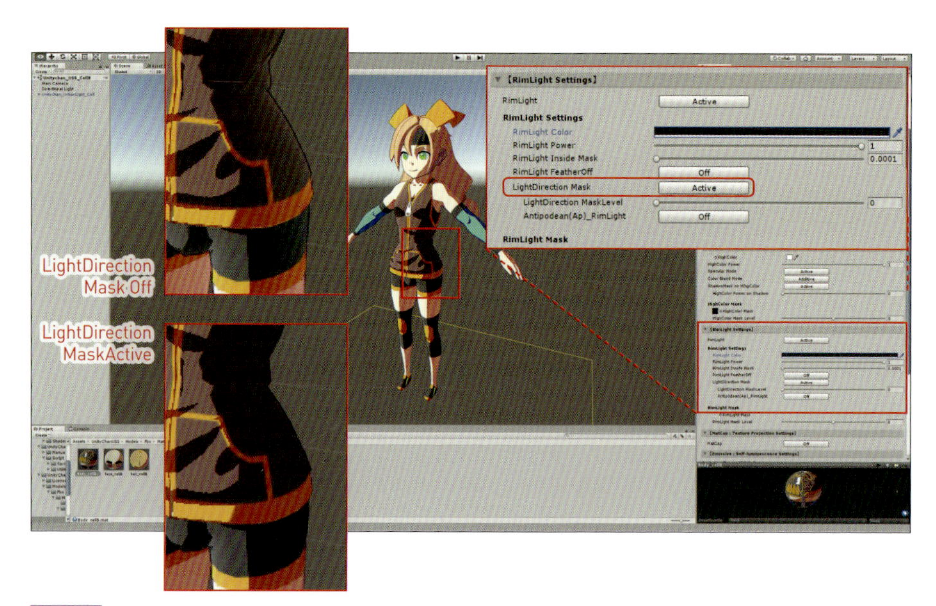

図4-3-4 LightDirection Maskを「Active」

これでボディの調整は完了したので、Face と Hair のマテリアルにも同様のパラメータで調整していきます。

また、リムライトのグラデーションで基本色部分が全体的に白くなってしまったので、BaseColor にも薄いピンクを足して、少しだけ色が濃くなるように調整を加えて完成です。

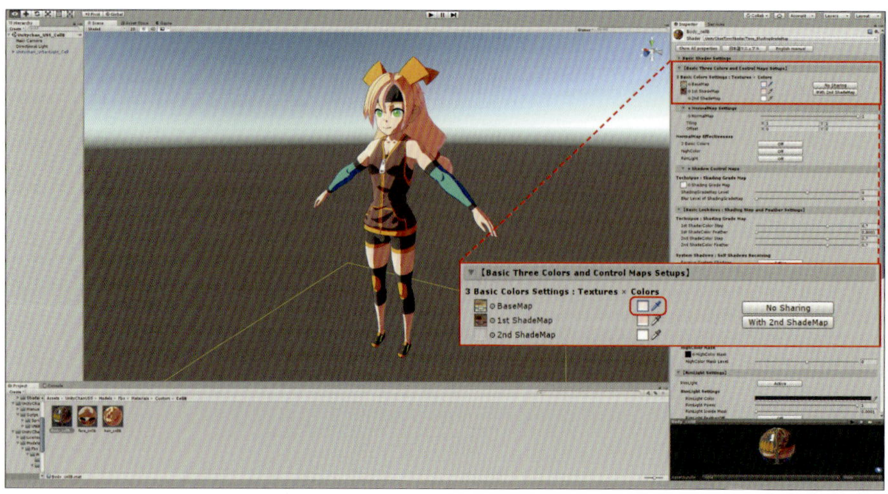

図4-3-5 BaseColorを調整して、完成

CHAPTER 5

アメコミ風の表現をする

次は、みんな大好き「アメコミ風ルック」にカスタムしていきます。こちらもセル表現なので、「Unitychan_UrbanLight_Cell」をベースにカスタマイズしていきます。

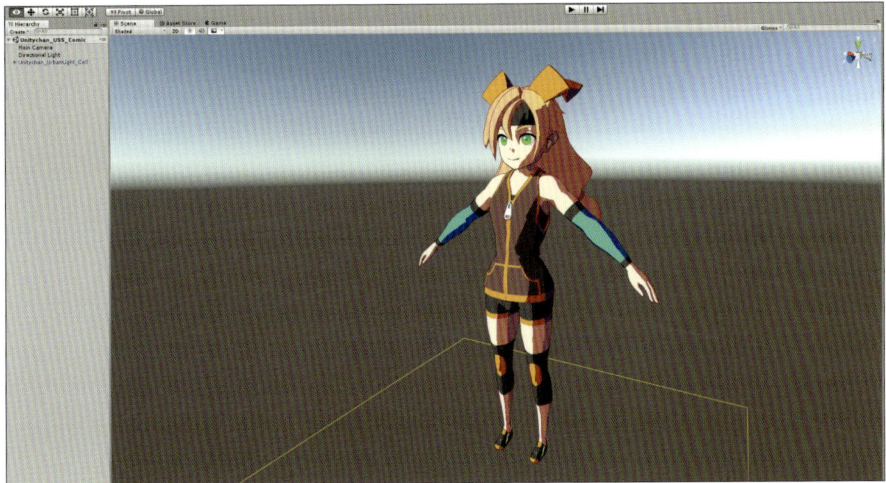

図5-0-1 「Unitychan_UrbanLight_Cell」モデル(下)と、カスタム後のモデル(上)

5-1 陰影をカスタムする

今回は、BaseMap のみでカスタマイズしていきます。そこで、1st_ShadeMap と 2nd_ShadeMap は「None」にします。

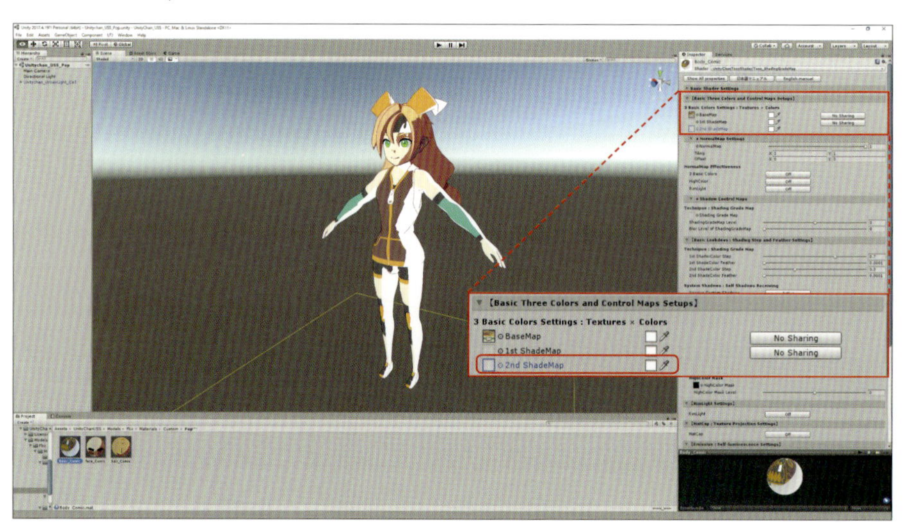

図5-1-1 1st_ShadeMapと2nd_ShadeMapは「None」

1st/2nd ShadeMap に BaseMap のテクスチャを流用するため、BaseMap と 1st ShadeMap の横にあるボタンをクリックして、「With 1st ShadeMap」と「With 2nd ShadeMap」に切り替えます。

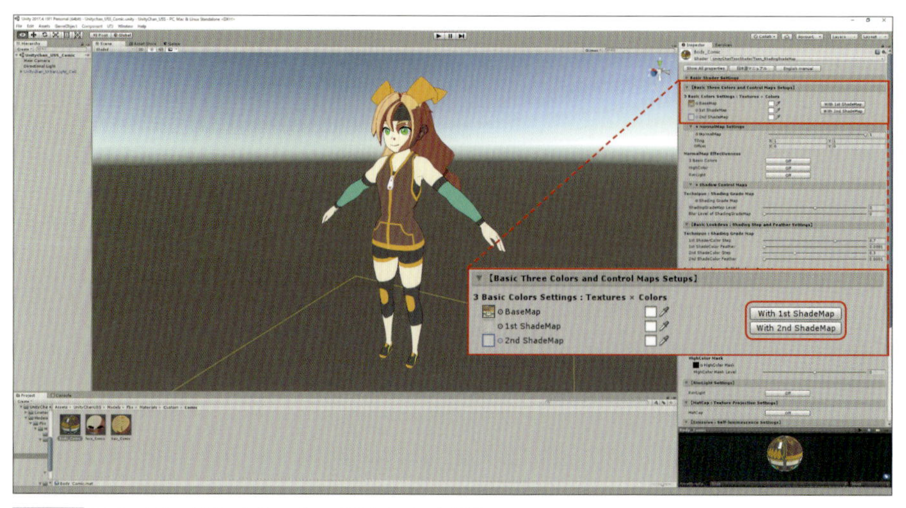

図5-1-2 1st/2nd ShadeMapにBaseMapのテクスチャを流用

とりあえず「アメコミと言えば黒ベタ！」ということで、1st ShadeColor と 2nd Shade Color の色を真っ黒にして、シェーディンググレードマップも適応してみました。これだ

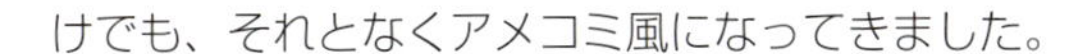
けでも、それとなくアメコミ風になってきました。

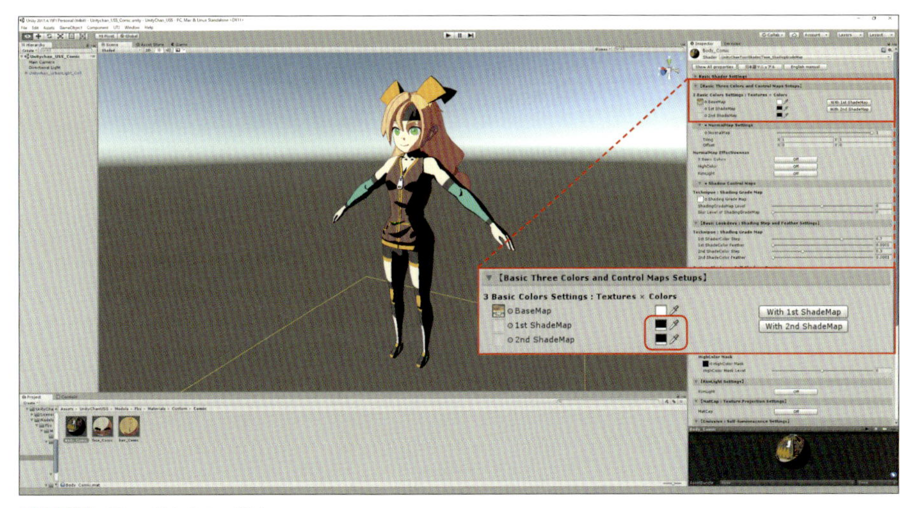

図5-1-3 1影、2影を「黒」に設定

影を真っ黒にしたところで、実際のアメコミのイラストを観察すると、影の中に青や赤のような逆光を入れている事例が多く見られたので、2影に青い色を入れてリムライト風にしてみました。

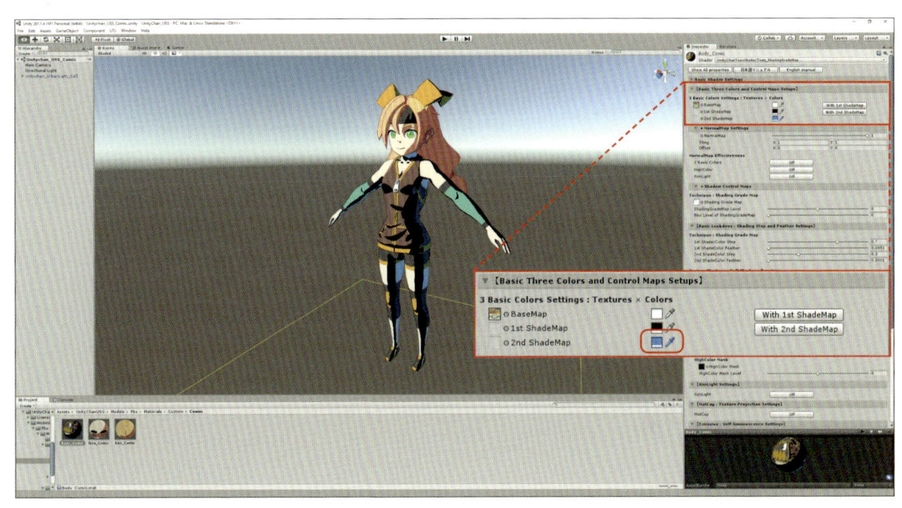

図5-1-4 2影は「青」に変更

5-2 ハイライトをカスタムする

さらにアメコミのイラストをいろいろと観察してみると、基本色の部分がほんのり明るくなっているイラストも多く見られました。こちらの明るくなる表現は、「スペキュラ」を使って表現したいと思います。

スペキュラについてはすでに適応されていたので、HighColorMask のマスク画像を None にして、身体全体にスペキュラを適応します。

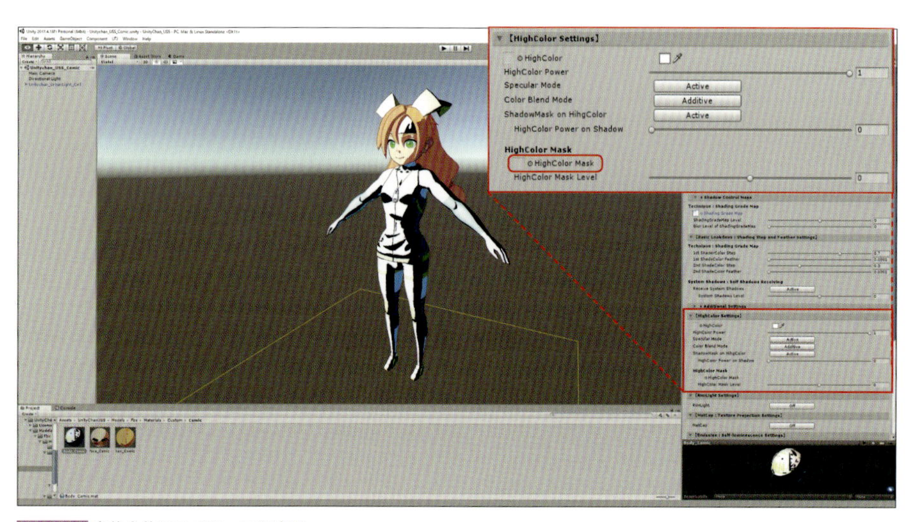

図5-2-1 身体全体にスペキュラを適用

ハイライトが強いため、HighColor を暗めの色に変更して明るさを抑えます。

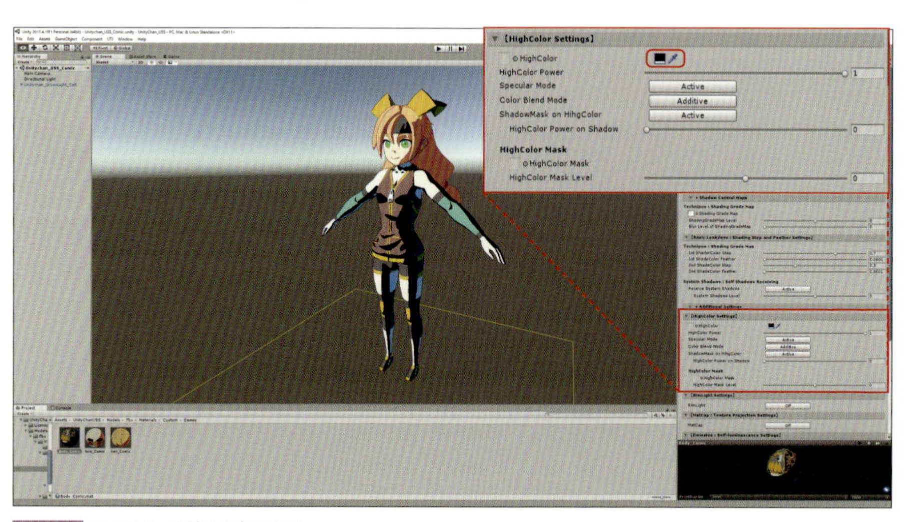

図5-2-2 HighColorを暗めの色に変更

ハイライトの色を抑えましたが、服全体が白い印象になってしまったので、HighColor

Powerを「1」から「0.7」に変更してハイライトの広さを抑えます。これで、アメコミイラストのように表面がほんのり明るくなりました。

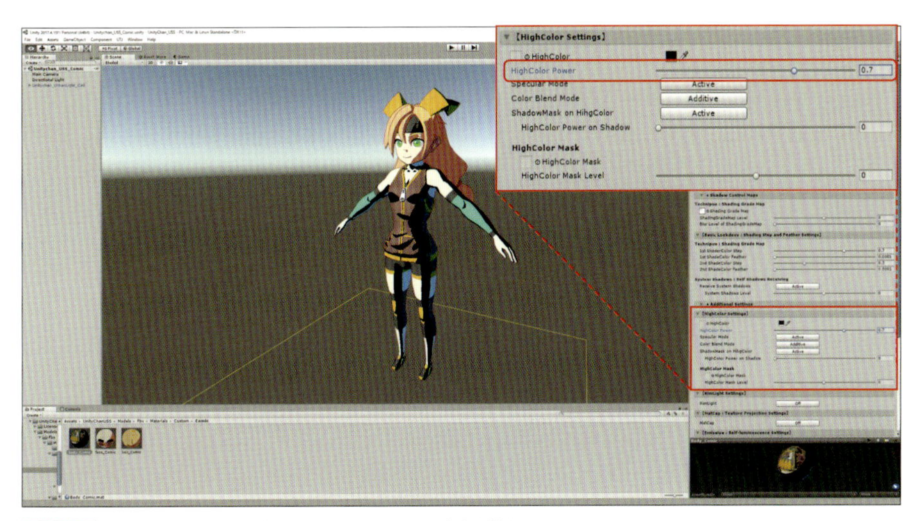

図5-2-3 HighColor Powerを変更して、ハイライトの広さを抑える

ここまでで、ボディの調整は完了したので、FaceとHairのマテリアルにも同様のパラメータで調整していきます。

また、ハイライトの影響で基本色部分が全体的に白くなってしまったので、BaseColorにも薄いピンクを足して、少しだけ色が濃くなるように調整を加えて完成です。

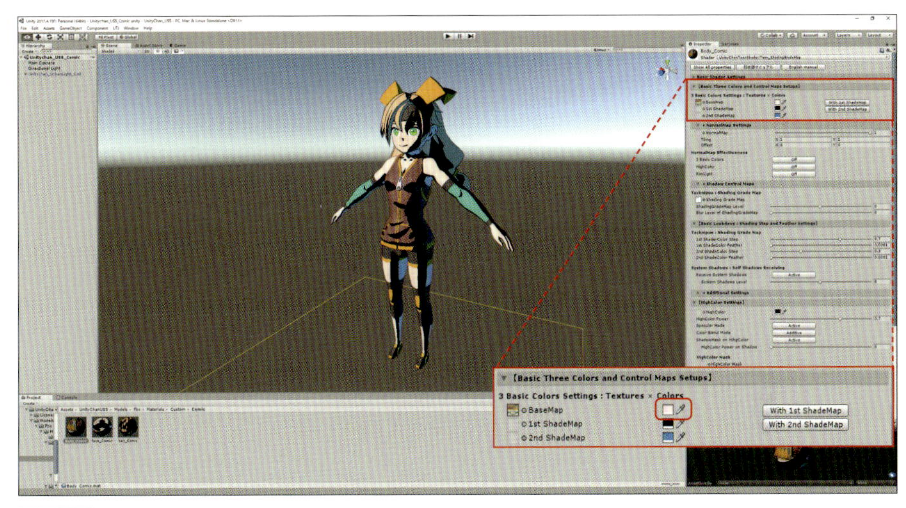

図5-2-4 BaseColorを調整して、完成

CHAPTER 6 ポップなイラスト表現をする

シェーダーを利用したカスタマイズですが、最後はポップなイラスト風に調整していきます。こちらもセル表現なので、「Unitychan_UrbanLight_Cell」をベースにカスタマイズしていきます。

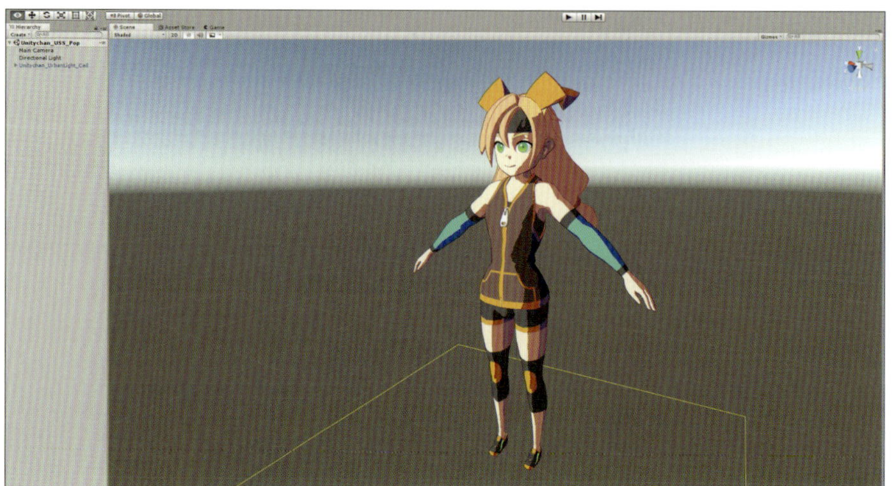

図6-0-1 「Unitychan_UrbanLight_Cell」モデル（下）と、カスタム後のモデル（上）

6-1 陰影をカスタマイズする

アメコミ風と同様に１影と２影のテクスチャは使用しないため、1st/2nd ShadMapを「None」にして、No Sharingを「With 1st/2nd ShadeMap」に切り替えます。

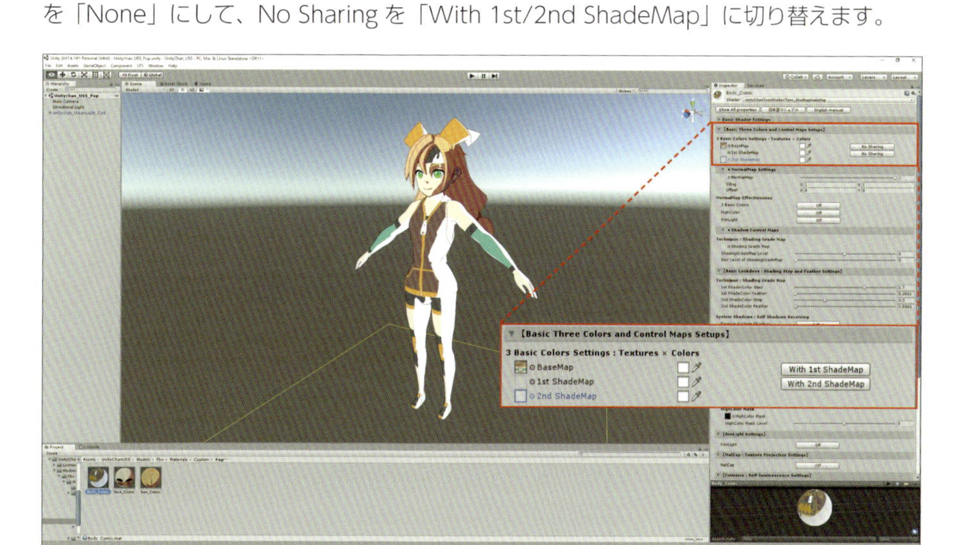

図6-1-1 1st/2nd ShadMapを「None」、No Sharingを「With 1st/2nd ShadeMap」に設定

「基本色」「１影」「２影」の色をマゼンタ系に統一し、シェーディンググレードマップを追加しました。ここまでは、いつもどおりの流れです。

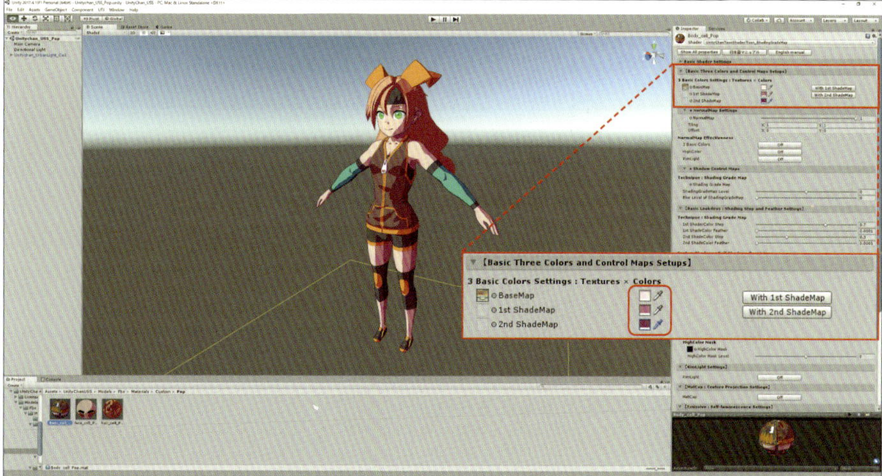

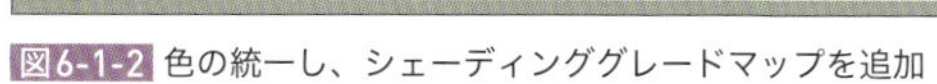
図6-1-2 色の統一し、シェーディンググレードマップを追加

6-2 外側の大きなアウトラインを作る

ここからは、ポップなイラストによく見られる外側の大きなアウトラインを、UTS2のToon_OutlineObjectを利用して追加します。

まずは、新しいマテリアルを作成するためにProjectウィンドウを右クリックして、「Create → Material」をクリックし、新しいマテリアルを作成します。こちらは「PopOutline」という名前に変更しておきます。

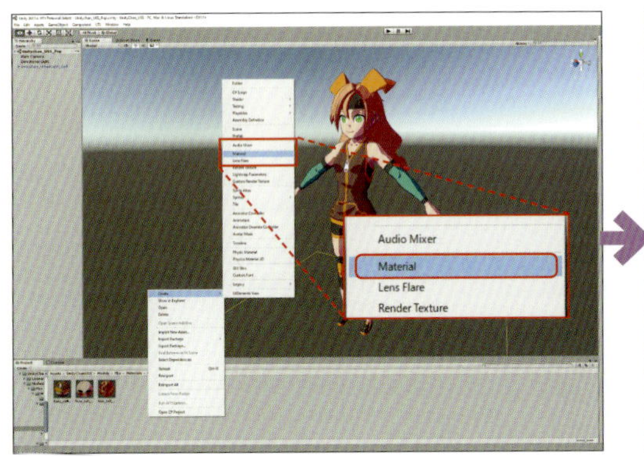

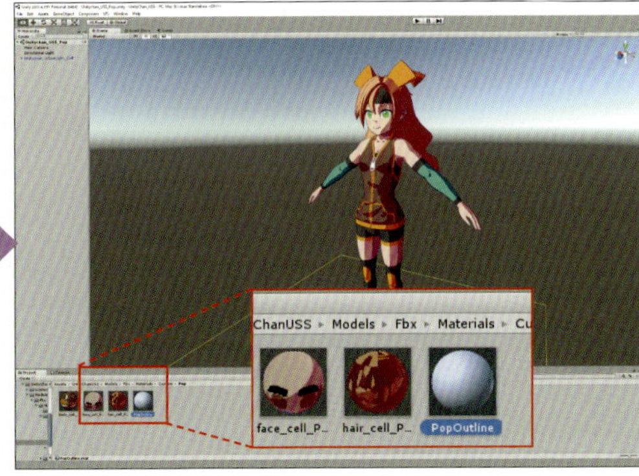

図6-2-1 新しいマテリアルの作成

新しく作成したShaderを「UnityChanToonShader → Helper → Toon_OutlineObject」に変更します。

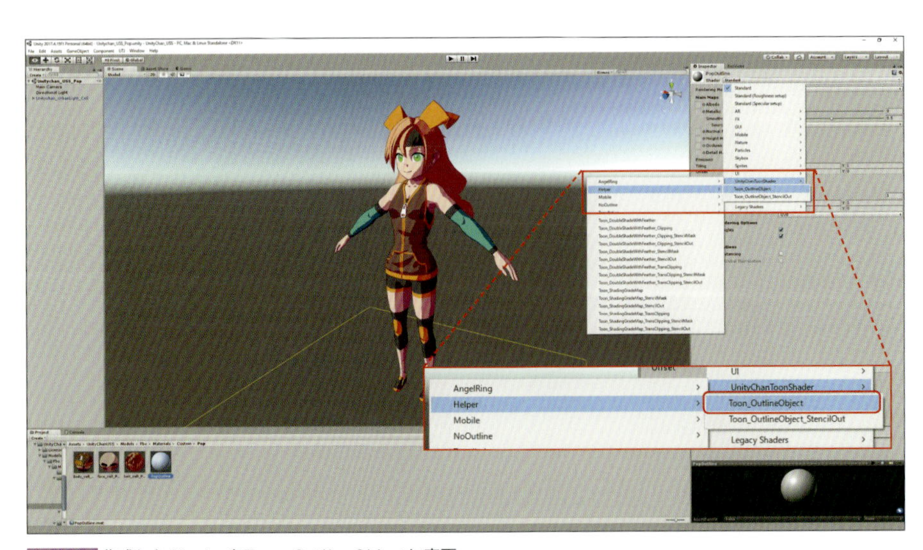

図6-2-2 作成したShaderをToon_OutlineObjectに変更

すると、UTS2 All properties表示時のアウトライン部分の設定を抜き出したようなシェーダーに切り替わりました。

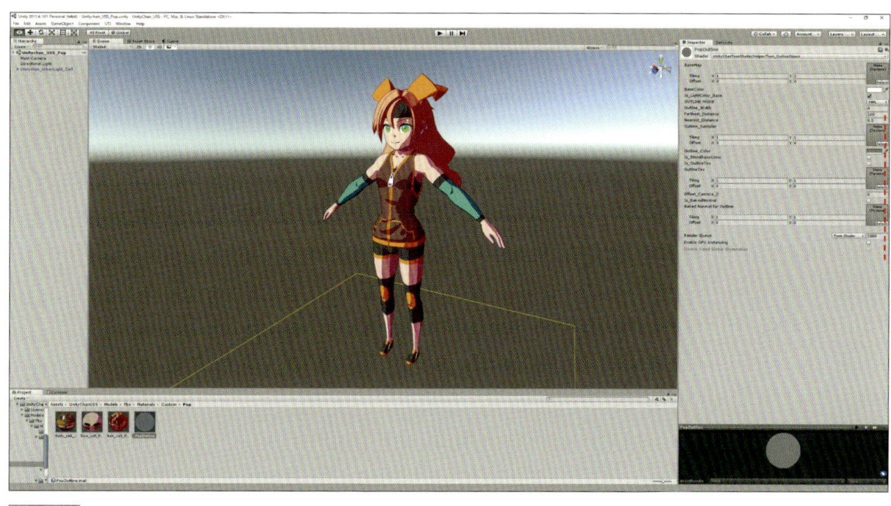

図6-2-3 アウトラインの設定ができるようになった

6-3 アウトライン用マテリアルをアサインする

それでは、アウトライン用のマテリアルをオブジェクトにアサインしていきます。

今回のアサイン方法は少し特殊で、１つのオブジェクトに対して複数のマテリアルを割り当てていきます。まずは、アウトライン用マテリアルをアサインしたオブジェクトを選択します。

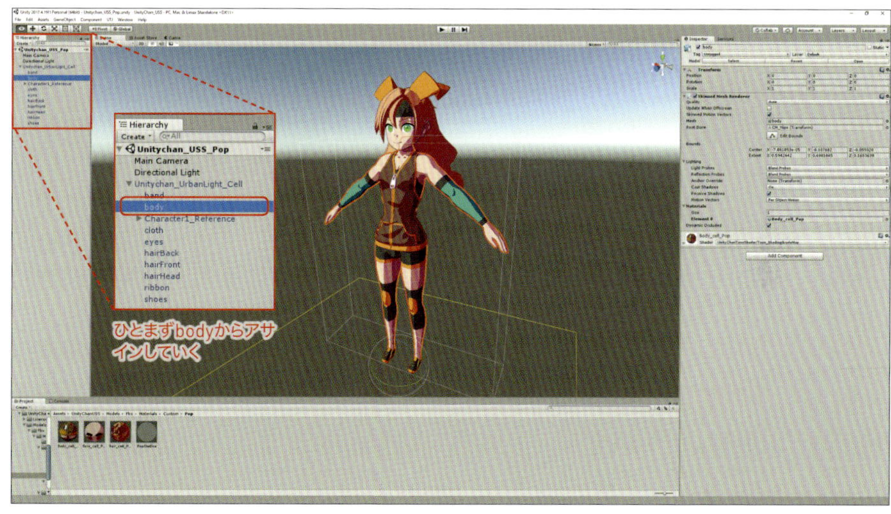

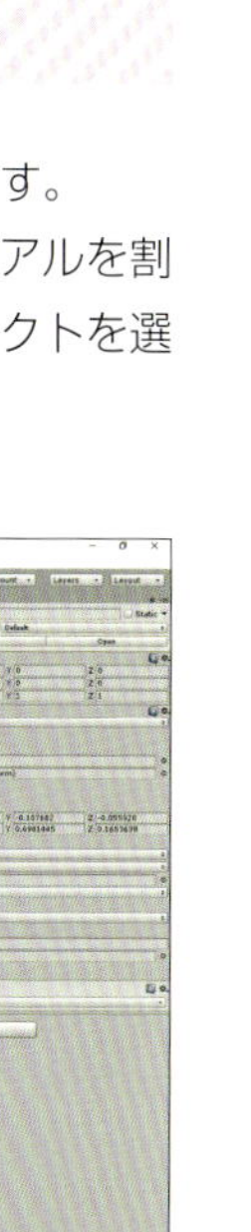

図6-3-1 アウトライン用のマテリアルをアサインするためbodyオブジェクトを選択

オブジェクトを選択後、Inspector ウィンドウで「Materials → Size」を「2」に変更します。すると「Element 1」という項目が増えました。

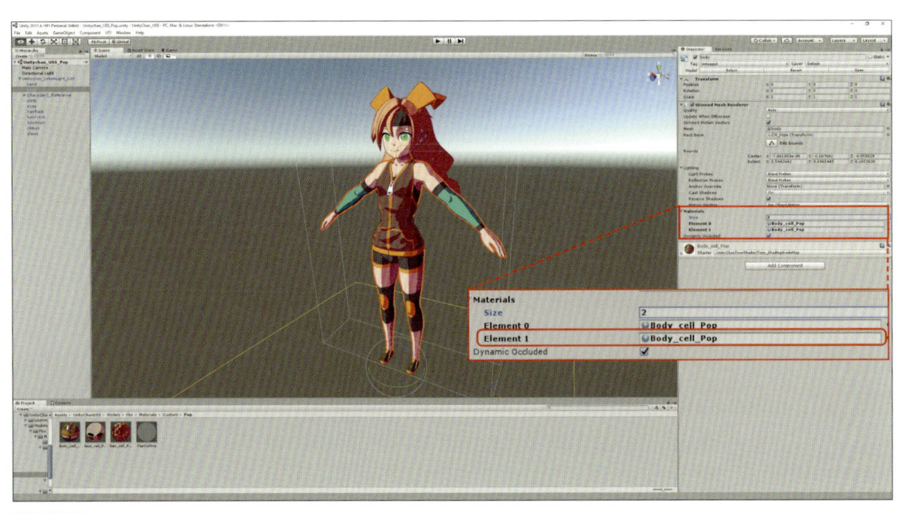

図6-3-2 「Materials→Size」を「2」に変更

Element1 のマテリアルを先ほど作成した「PopOutline」に変更すると、アウトライン用のマテリアルが別途追加されました。

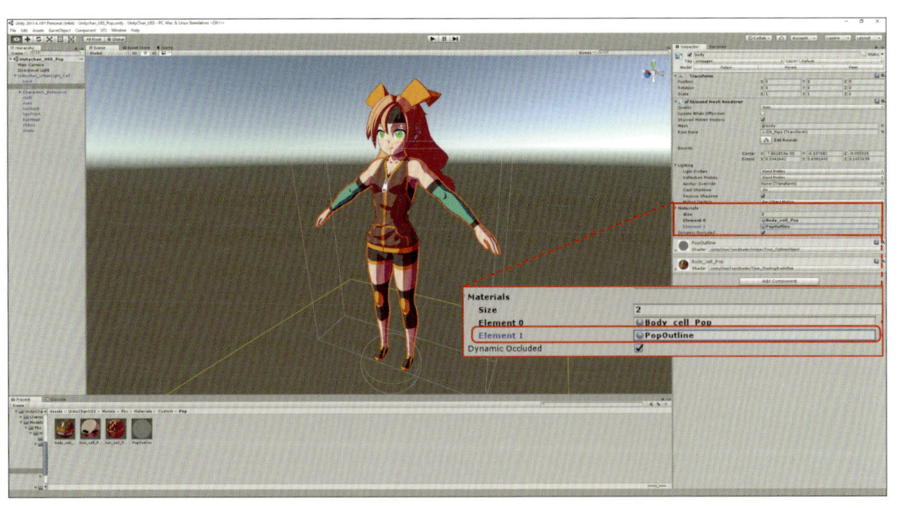

図6-3-3 Element1に「PopOutline」を追加

PopOutline を設定したものの、あまり変化がなくちゃんと設定されているかわからないので、Project ウィンドウから PopOutline を選択して「Outline Width」を「20」に設定します。すると、グレーの太いアウトラインが出てきました。

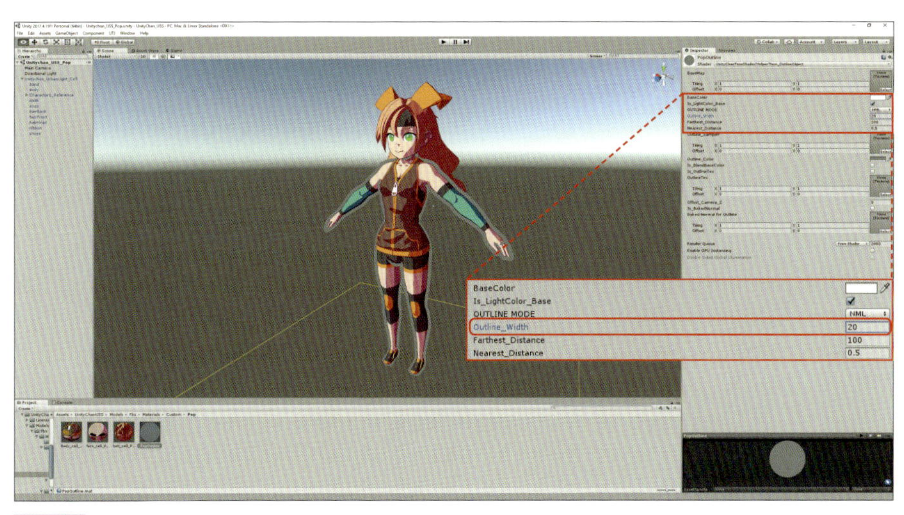

図6-3-4 設定を変更して「PopOutline」の効果を確認

次に、Outline_Colorを「白」に設定します。すると、身体のアウトラインとは別に白いアウトラインがあり、2重のアウトラインになっていることが確認できるかと思います。

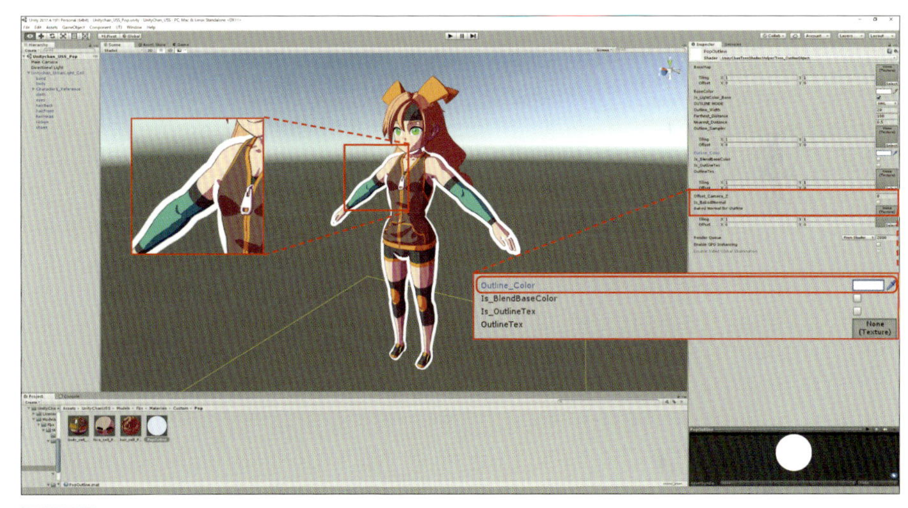

図6-3-5 Outline_Colorを「白」に設定

ほかのオブジェクトにも同様に、「PopOutline」を適応しました。現状だと、白いアウトラインがかなり主張しています。

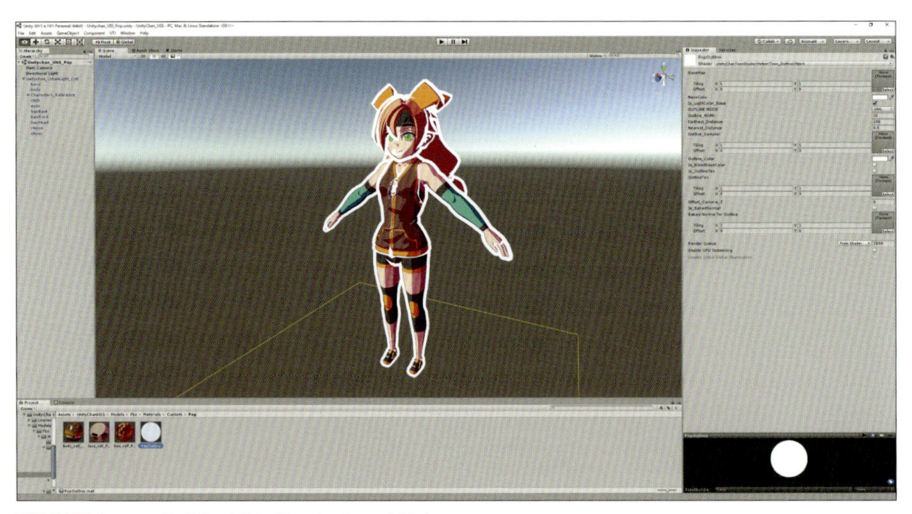

図6-3-6 すべてのオブジェクトに「PopOutline」を適応

そこで、PopOutline マテリアルの「offset_Camera_Z」を「20」に設定します。すると内側のアウトラインが消え、外側のアウトラインだけが表示されて、絵を切り貼りしたような表現ができました。

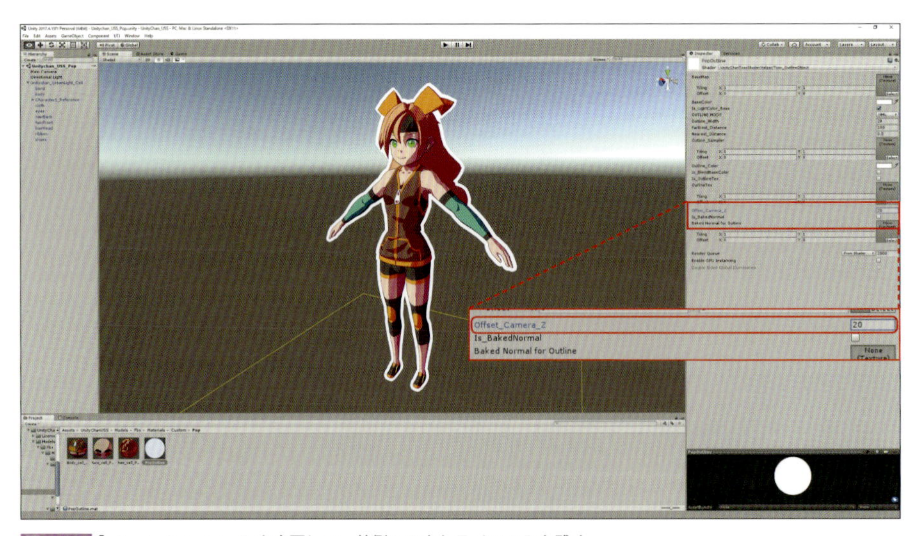

図6-3-7「offset_Camera_Z」を変更して、外側のアウトラインのみを残す

最後に、Body ／ Face ／ Hair のアウトラインの色を明るめのピンク色に変更して、ポップで明るい印象になるように調整して完了です。

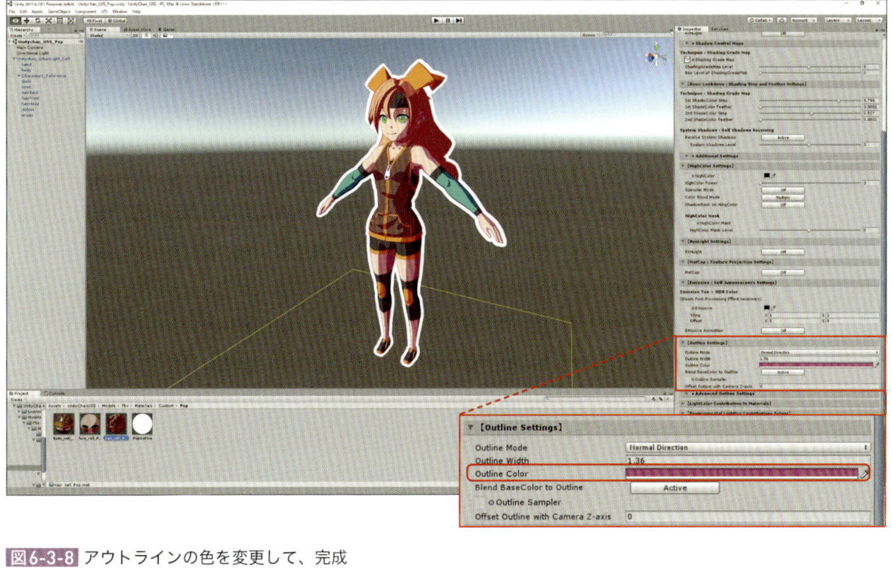

図6-3-8 アウトラインの色を変更して、完成

注意　複数マテリアル使用時の注意事項

2章の「シェーダーを利用した色変え」で髪と髪留めの色を分けるため、DCCツールでマテリアルを分ける作業をしました。

1つのオブジェクトに2つのマテリアルが存在する状態を「ファセットアサイン」と呼びますが、そのファセットアサインがある状態で、本文の方法を利用して3つめのマテリアルをアサインすると、左の図のようにどちらか片方にしかアサインされなくなりますので注意してください。

ファセットアサインあり

ファセットアサインなし

CHAPTER 7 テクスチャを改変する

ユニティちゃんカスタマイズの最後は、「Photoshop」を利用したテクスチャカラーの改変です。改変のイメージとしては、「裏ユニティちゃん」的なコンセプトをもとに改変を行ってみます。

図7-0-1 テクスチャカラーを変更したユニティちゃん

7-1 ベースカラーを改変する

まずはベーステクスチャが確認しやすいように、改変前の Body ／ Face ／ Hair テクスチャを BaseMap のみにして、No Sharing を With 1st/2nd ShadeMap に切り替えます。

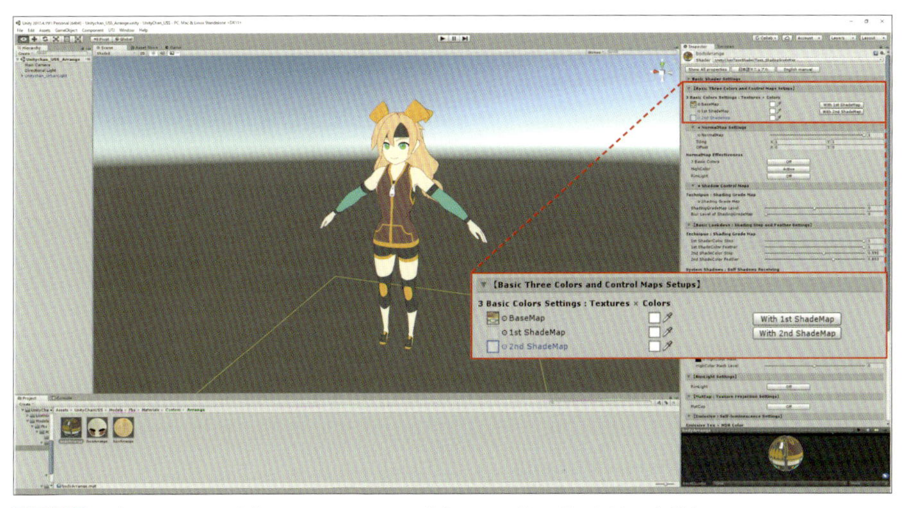

図7-1-1 1st/2nd ShadMapを「None」、No Sharingを「With 1st/2nd ShadeMap」に設定

テクスチャフォルダの中にある body.psd を Photoshop で開き、「bodyArrange.psd」という名前で別名保存します。そこから Jacket レイヤーを選択して、「イメージ→色調補正→色相・彩度」をクリックします。

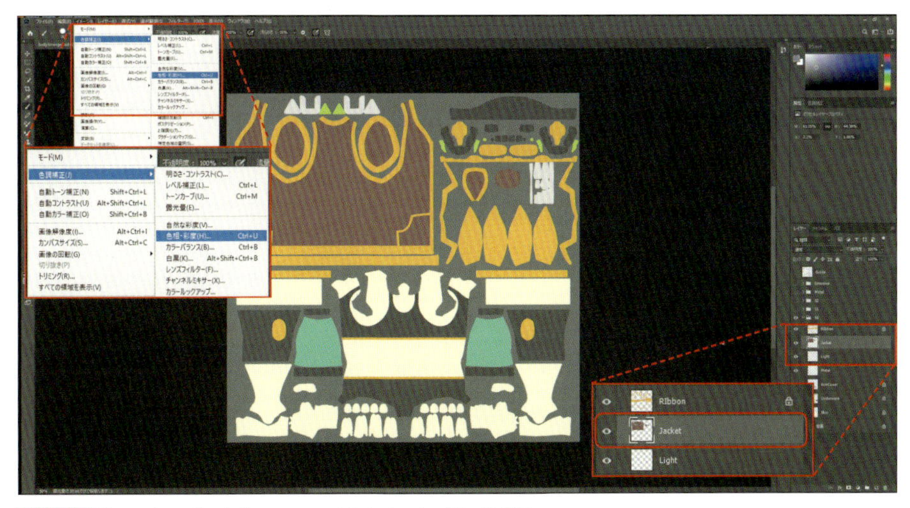

図7-1-2 PhotoshopでbodyArrange.psdのJacketレイヤーを表示

色相・彩度・明度を調整し、色を変更後にファイルを保存します。

図7-1-3 服の色味を変更

bodyマテリアルのベースマップを、bodyArrange.psdに置き換えました。これで、変更した色をUnity上で確認できます。

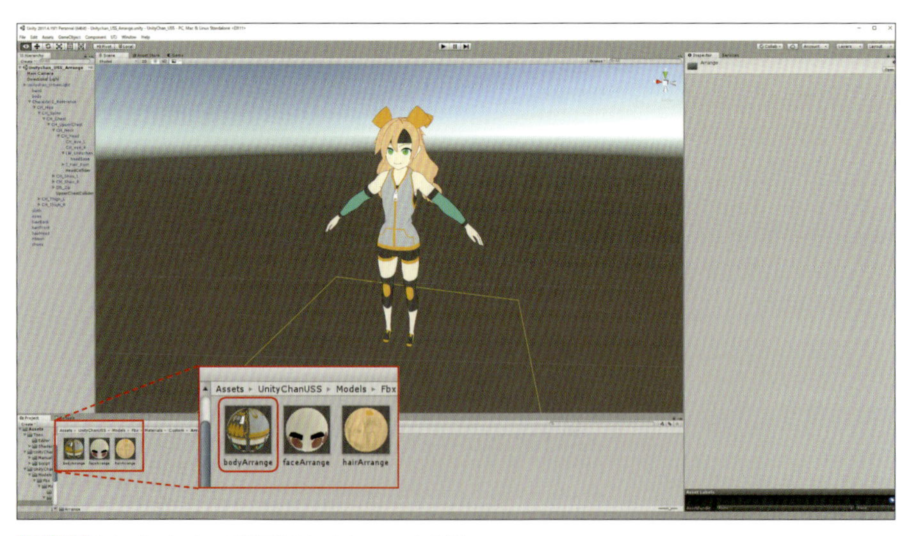

図7-1-4 Unity上でbodyマテリアルをbodyArrangeに変更

この調子で、ほかのレイヤーの色も変えていきます。bodyArrange.psdを指定しているため、編集したpsdを保存すると、そのままUnity上に反映されるようになりました。

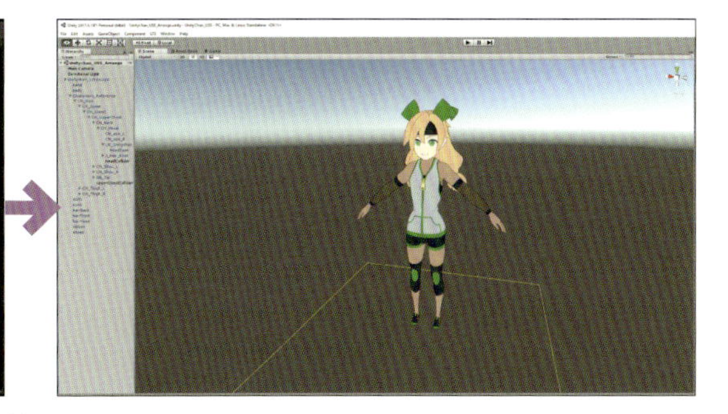

図7-1-5 Photoshopでの修正が、Unity上で即座に反映される

残りのFaceとHairも、Bodyに合わせて色の変更を行います。

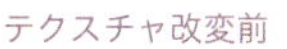

テクスチャ改変後

図7-1-6 FaceとHairのテクスチャのカラーも変更

改変したテクスチャを、残りのFaceとHairのマテリアルに適応します。全体的な色の方向性はこれで固めて、次は新しい模様などを追加していきます。

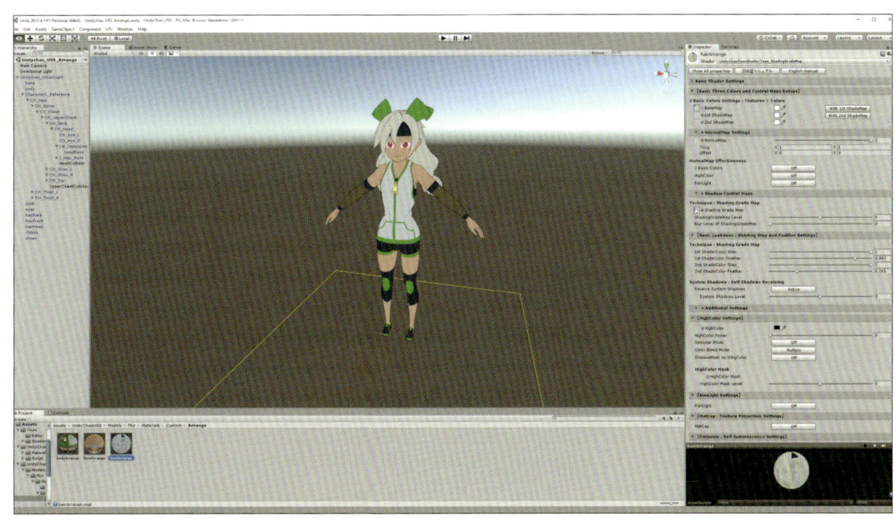

図7-1-7 すべてのパーツの色の変更を反映

faceArrange.psdの「S0」フォルダの一番上に、「add」というフォルダを作り新規レイヤーを追加します。そこに「Unity」という文字を追加してみました。Unityの文字の色は、改変前の肌の色をそのまま使用します。

Unityの画面に戻ると、顔にUnityの文字が入りました。

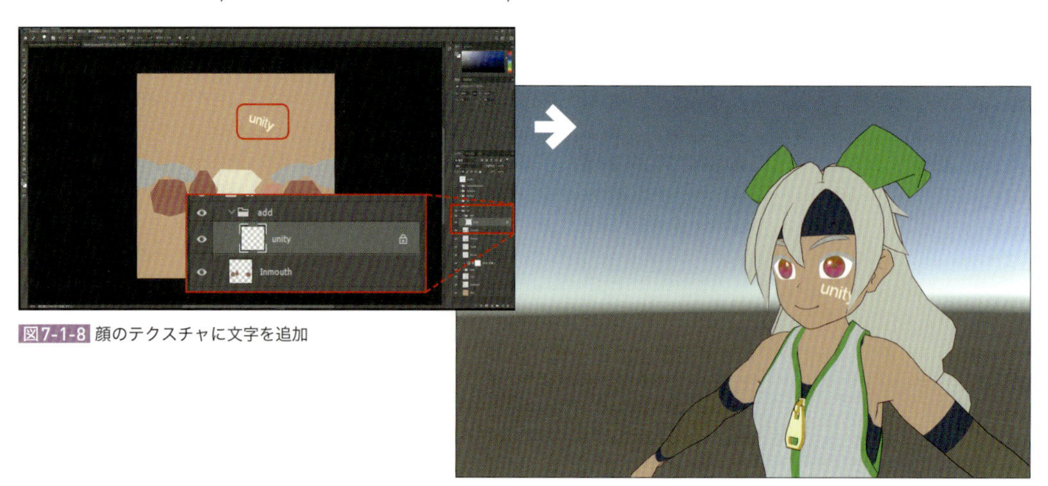

図7-1-8 顔のテクスチャに文字を追加

bodyArrange.psdにも模様を追加します。服の緑枠の下に模様を入れたいので、Ribbonレイヤーの下に「Add」フォルダを作り、そこに新規の模様をレイヤーとして追加します。

全体的に冷たい印象にしたいので、広い面には寒色の模様を、ワンポイントに補色を入れて、腰には全体の色を邪魔しないように彩度が低めの赤を入れました。

模様は図7-1-9のような感じにして、改変完了です。次はこの基本色をもとに、1影、2影を作成していきます。

図7-1-9
服に模様を入れて、
基本色は完成

7-2 影色を作成する

影用のテクスチャは、「S1」（1影）と「S2」（2影）フォルダに格納されています。今回はガッツリと改変を行うので、いったん「S1」フォルダは削除し、改変した「S0」フォルダを複製して、そこから影色の調整を行っていきます。

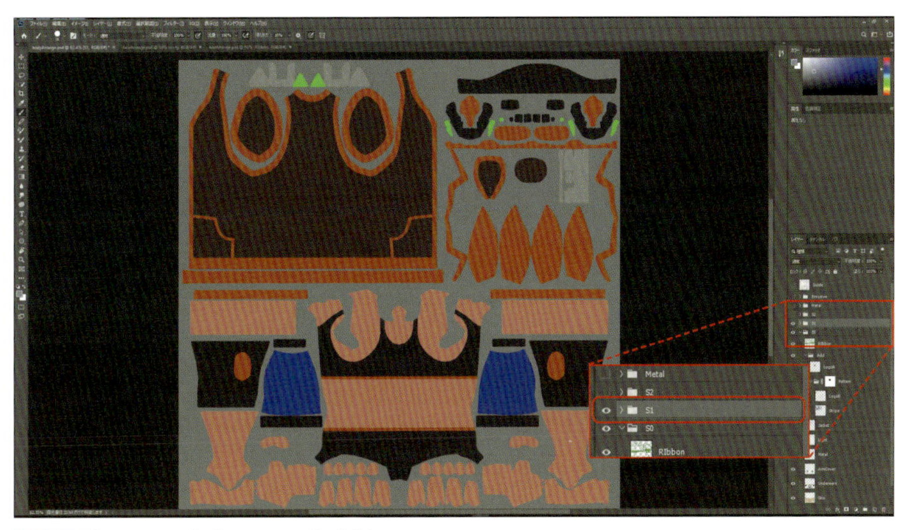

図7-2-1 「S0」フォルダを「S1」フォルダに複製

色相・彩度を使ってJacketレイヤーの色を暗くし、bodyArrange_s1.pngという名前で別名保存します。

図7-2-2 Jacketレイヤーの色を暗くする

bodyArrange_s1.png を 1st_ShadowMap に適応し、With 1st ShadeMap を「No Sharing」に切り替えます。すると、変更したテクスチャが 1 影として反映されました。

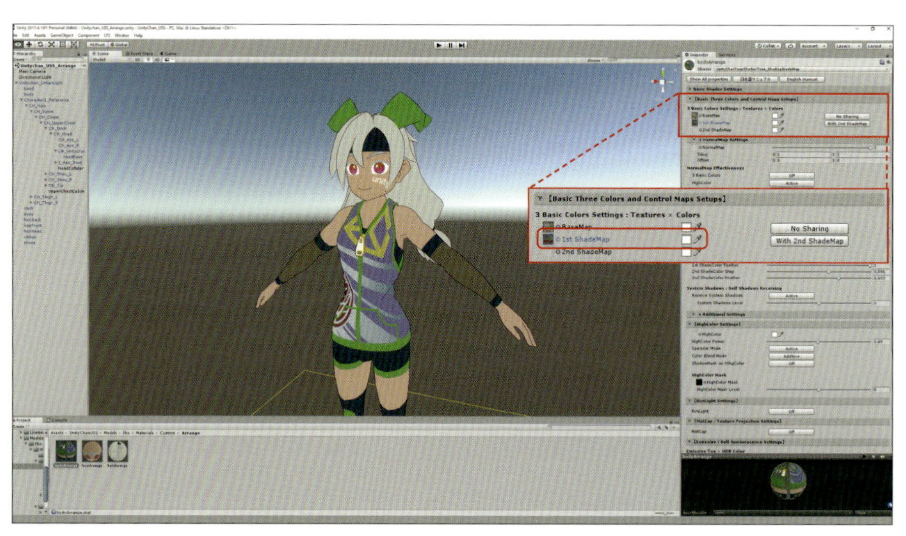

図7-2-3 変更したテクスチャが1影として反映

残り影色も、色相·彩度を調整して保存し、Unity で確認を行いつつ色を整えていきます。

ここで、Ribbon と Light の影色は変えずに、基本色と同じ色にします。というのも、Light と Ribbon（緑色の部分）はライトの影響を受けない発光したような表現にしたいからです。後ほど、発光部にはさらに「Emmisive」という発光表現を追加します。

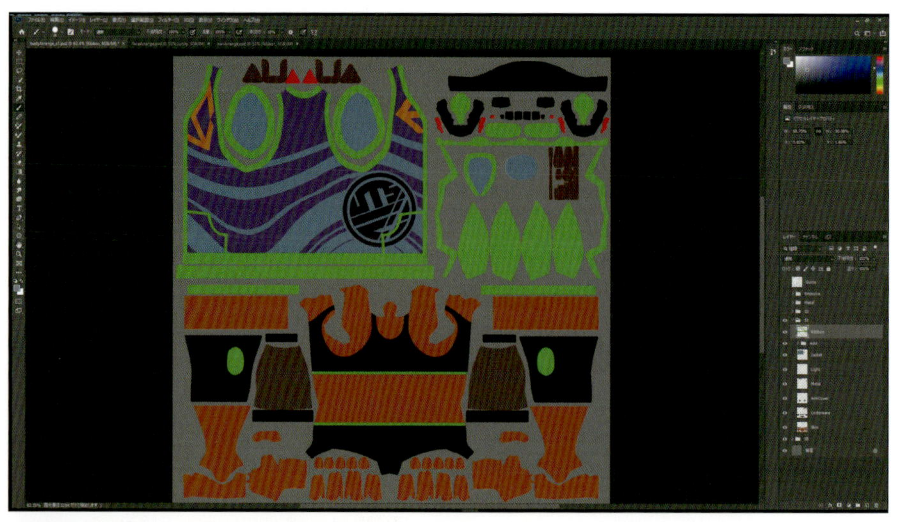

図7-2-4 残り影色も、色相・彩度を調整

body の 1 影は、これで調整完了です。

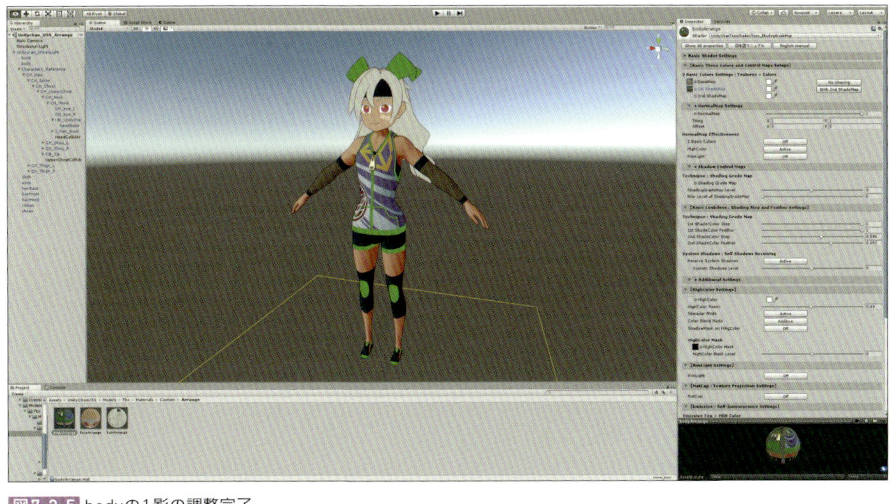

図7-2-5 bodyの1影の調整完了

残りのFace／Hairのテクスチャも、Unityの画面を確認しながら調整していきます。

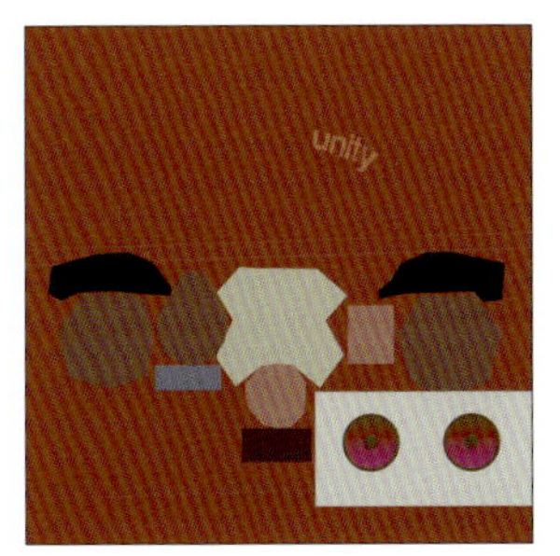

図7-2-6 1影のFace／Hairのテクスチャの調整

改変したテクスチャを残りのマテリアルにも適応しました。全体的に影の色も寒色寄りにして、冷たい印象が出るようにしています。

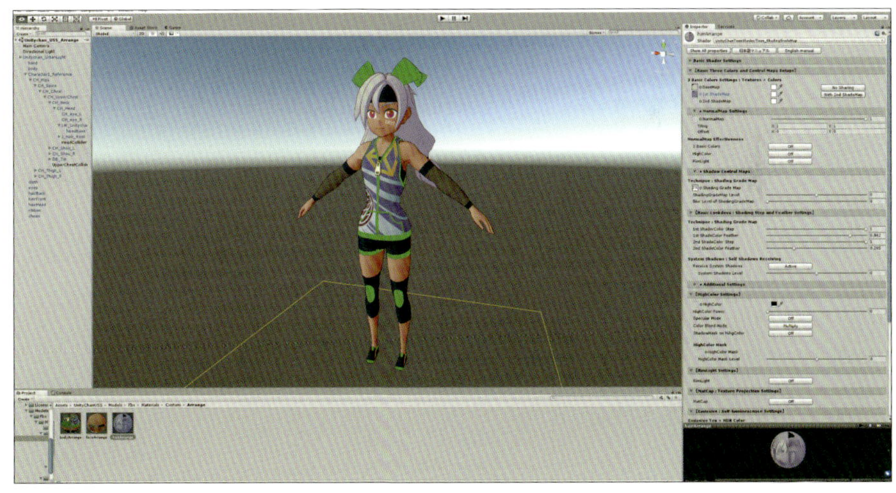

図7-2-7 キャラクター全体の1影の調整が完了

2影もUnityで見た目を確認しながら、1影と同様の調整を行います。

図7-2-8 2影のテクスチャの修正

各マテリアルの2nd ShadeMapに改変したテクスチャを適応し、右側のボタンをすべて「No Sharing」に変更して、2影のテクスチャを適応していきます。

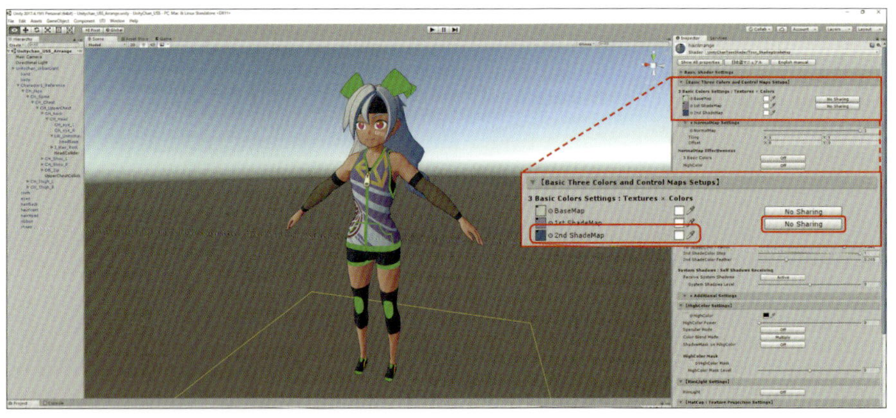

図7-2-9 キャラクター全体に2影のテクスチャを適用

髪の1影の紫がほとんど見えていなかったので、2nd ShadeColor Stepを「1」から「0.5」に変更し、影の境界を移動させて紫を見えやすくしました。

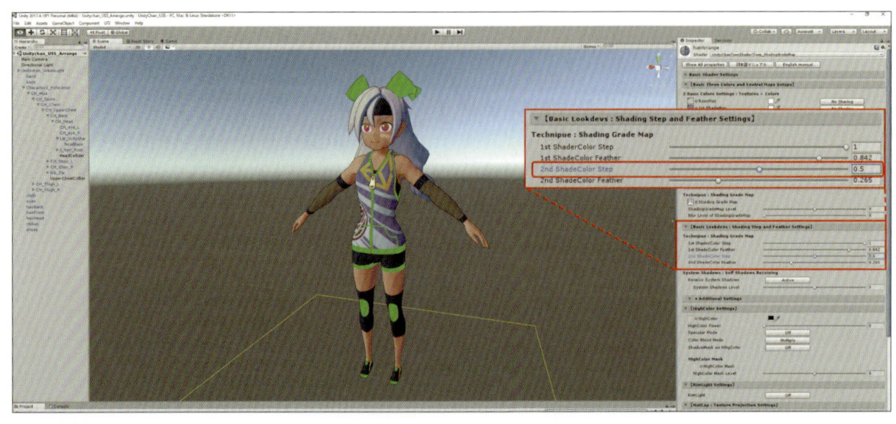

図7-2-10 2nd ShadeColor Stepで影の境界線を移動

さて、少し前に解説した発光するRibbonとLightレイヤーですが、影色がなく明るく見えるのはよいのですが、色がフラットすぎていまいち内側から発光しているように見えません。

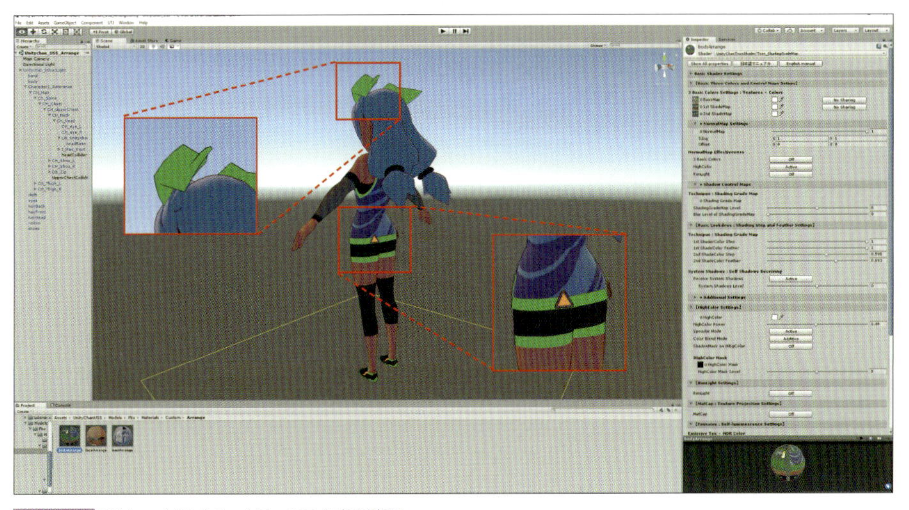

図7-2-11 RibbonとLightレイヤーの見え方を確認

そこで、「基本色」「1影」「2影」の一番上に「Diffuse」というレイヤーを作成し、RibbonとLightの外側に少し暗めの色が乗るように調整を加えます。

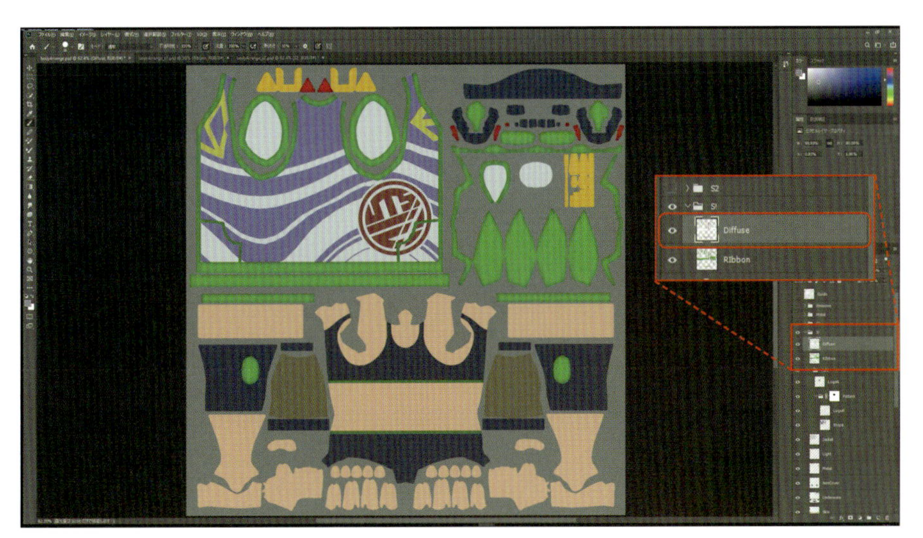

図7-2-12 「Diffuse」レイヤーを追加して、調整

これで、内側からほんのり光ったような見え方になりました。

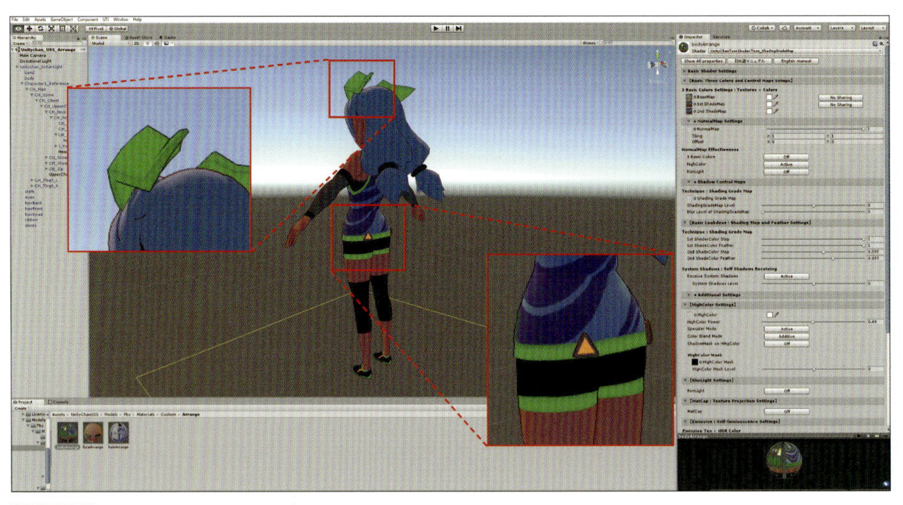

図7-2-13 RibbonとLightレイヤーが発光しているように見える

7-3 発光アニメーションの追加

最後に、Ribbon と Light に対して、発光アニメーションを追加します。今回は、UVMap をベースとした発光アニメーションを行います。イメージとしては、図 7-3-1 のように、下から上に光が流れるようにしたいと思います。

図7-3-1 下から上に光が流れる発光アニメーションを追加

まず、白黒のグラデーションを作ります。UTS2 で使用する「Emissive_Tex」は、白い部分は発光して黒い部分が発光しなくなります。黒い部分に関しても真っ黒にするのではなく、若干明るい黒にしてほんのり発光するようにしています。

図7-3-2 発光アニメーションのもとになるグラデーション

次に、Ribbon と Light のレイヤーを編集してマスクを作り、アルファチャンネルのタブを開いて、新規アルファチャンネルを作成後、そこに作成したマスクをコピーします。

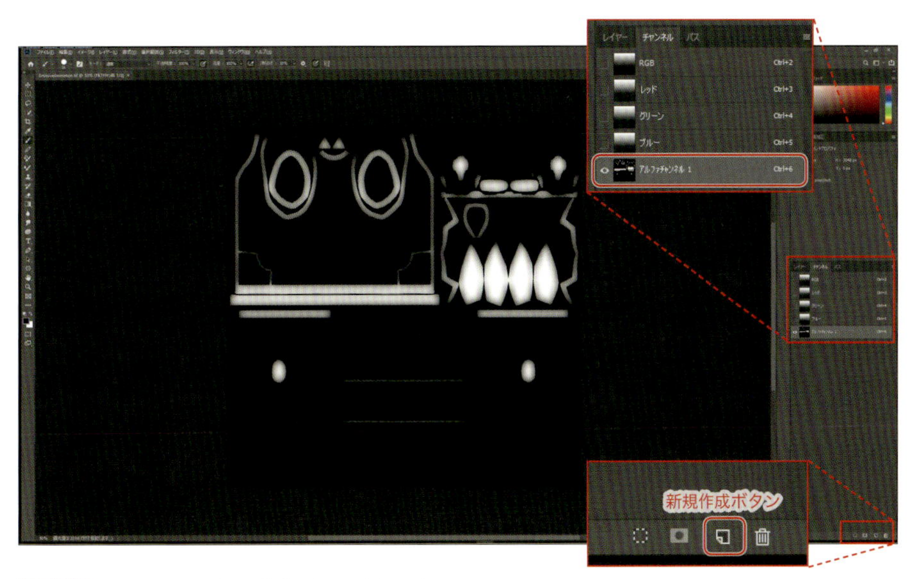

図7-3-3 アルファチャンネルに作成したマスクをコピー

アルファチャンネルを保存できる画像形式で、作成したテクスチャを保存します。png の透過でも問題ないのですが、私的にテクスチャの見た目を確認しづらいという理由で Tif 形式で保存しています。

保存時は、必ずアルファチャンネルにチェックして保存してください。

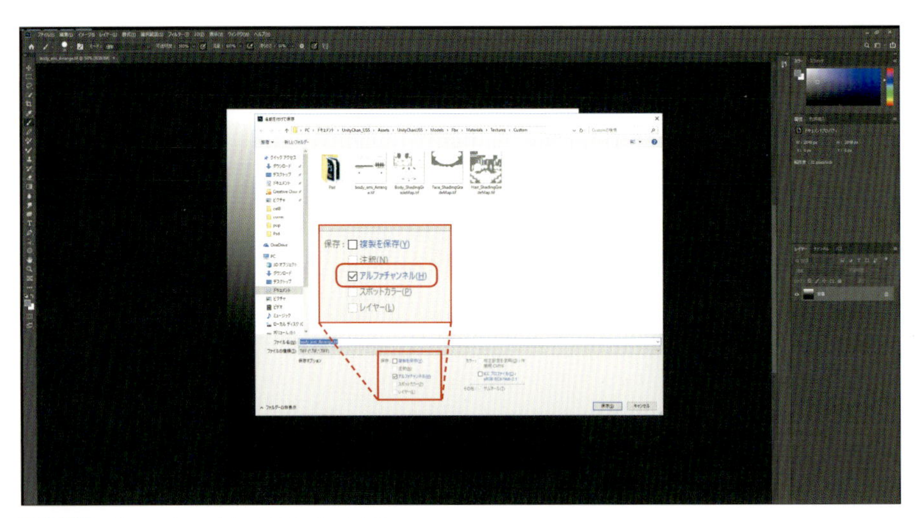

図7-3-4 アルファチャンネルでテクスチャを保存

Unity に戻り、body マテリアルの「Emissive Tex」に作成したテクスチャを適用します。すると、緑色と赤色の部分が明るくなりました。

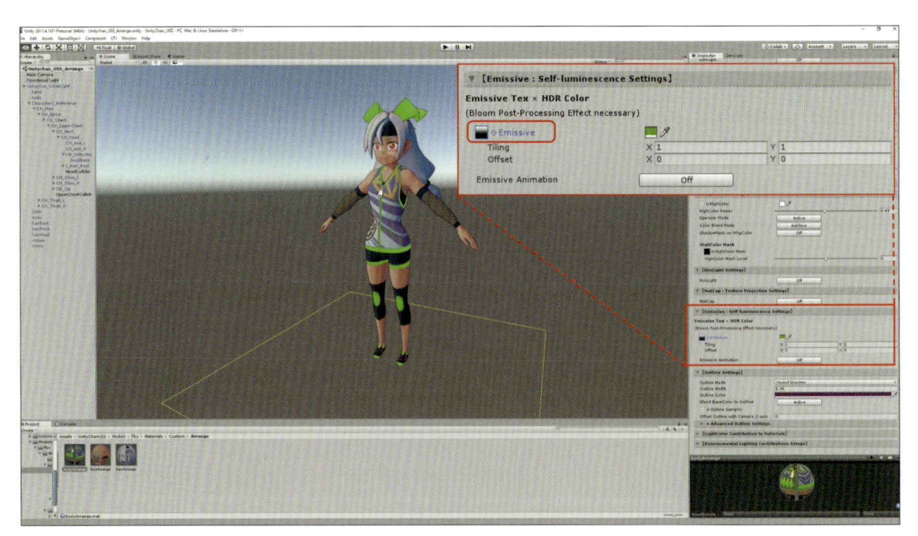

図7-3-5「Emissive Tex」に作成したテクスチャを適用

すでに設定されている「Emissive Color」が緑色のため、発光する緑色と合わさって、彩度がものすごく高い印象になってしまいました。そこで、赤と緑の発光に合うように、Emissive Color を「黄色」に変更します。

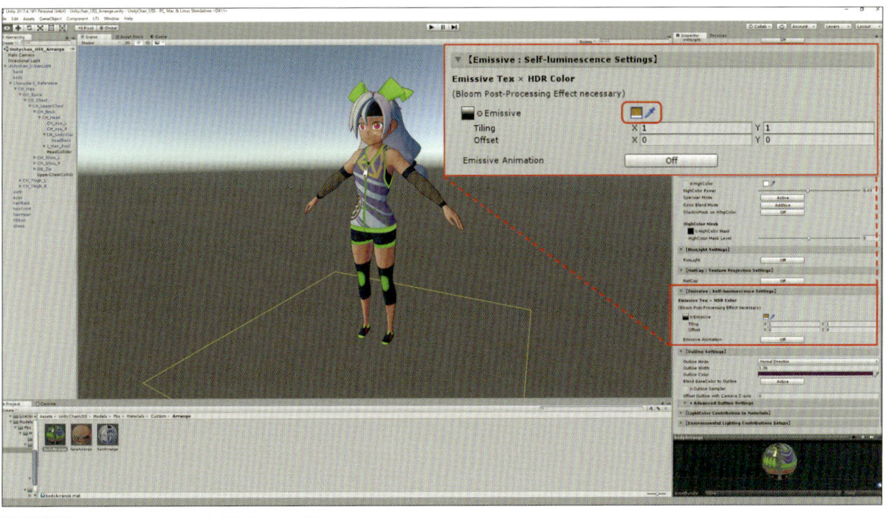

図7-3-6 Emissive Colorを「黄色」に変更

テクスチャを適応したら、「Emissive Animation」を「Active」に切り替えます。これだけではまだアニメーションが開始されないので、Base Speedを「1」に変更し、さらにScroll V/Y directionを「-0.5」に変更します。すると下から上に向けて、光がアニメーションするようになりました。

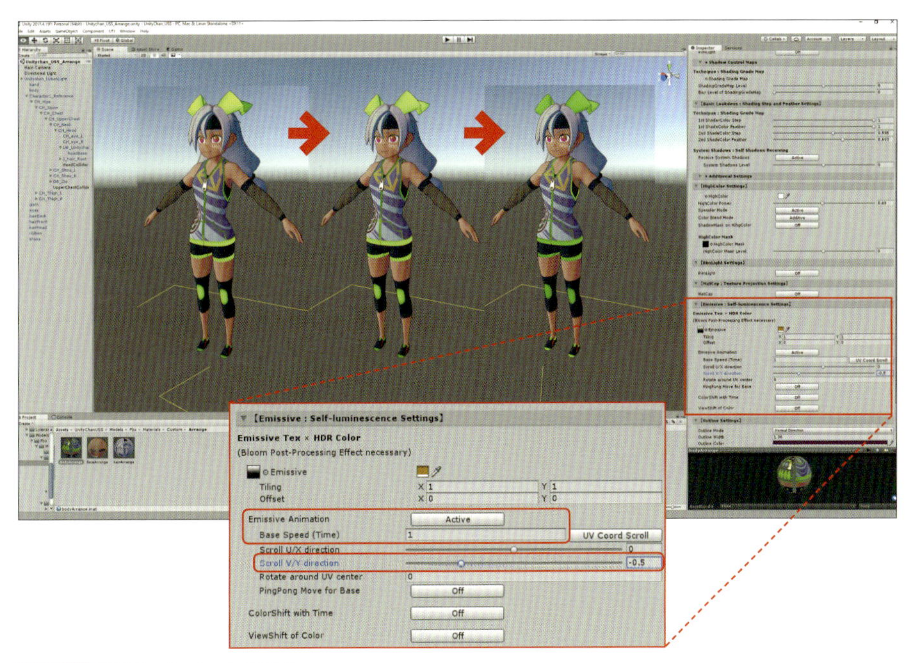

図7-3-7 発光アニメーションの完成

背景を黒にして、Directional LightのIntensityを「0.1」にしてみました。暗闇でもしっかり発光しています。

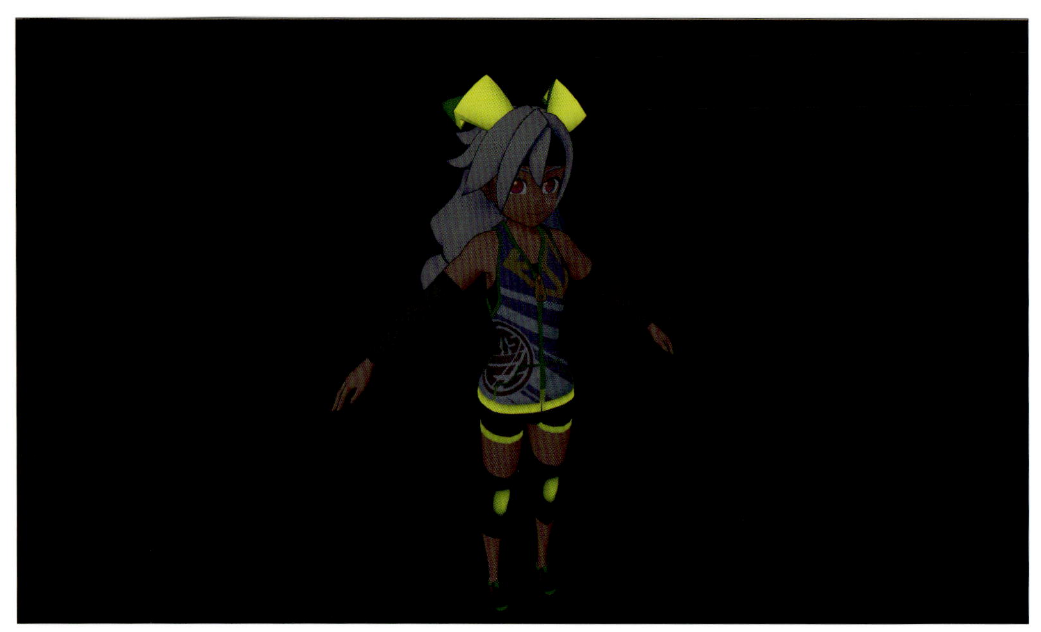

図7-3-8 暗闇でも発光アニメーションを確認してみる

まとめ

「2章 シェーダーを利用した色変え」のコラムでも少し触れましたが、ここまで紹介してきたカスタムの方法は、UTS2での本来の使い方から外れているところが多々あります。

ただ、どのようなことにも言えるかと思いますが、効率的なやり方とは別に、必ずこうしなければいけないという制約はありません。自分が望む最終的なイメージを形にするために、基本的な機能を覚えたら、そこから応用を加えてイメージに近くなるようにパラメータを調整できるようになると、さらに面白い表現ができるようになります。

基本的な設定を覚えて使いこなせるようになったら、今度は基本概念は捨ててどんどん新しい表現にチャレンジして、よい作品を作っていきましょう！

UTS2 キャラクター制作
応用編

執筆・モデル制作：浦上 真輝

プロフィール
フォトリアルやノンフォトリアル、モデリングやアニメーションからコンポジット、イラストやデザインなど CG に関することをいろいろとやってます。写真は、実家の猫のチョコちゃんです。

CHAPTER 1 デザインの考え方

応用編では、UTS2を使ったイラスト表現を行うための考え方と、それをUTS2で再現するために、筆者のアバターである「高尾サン」（ノンフォトリアル・キャラクター）を例にして解説していきます。

UTS2だけでなく、プリレンダリングやリアルタイムなど、さまざまなシェーダーにも応用できますので、参考になれば幸いです。また、今回執筆に使ったUTS2のバージョンが「2.0.5」のため、旧UI（Show All properties）での解説になる点は、ご了承ください。

1-1 テーマを決める

まずは、デザインを考える前に、どのようなテーマで作るかを考えていきます。一見地味そうな部分に見えますが、そのキャラクターの基礎を固める一番重要な作業です。

実際に家を建てる場合を例に挙げると、基礎がしっかりとできていない場合は、家が傾いたり、強い衝撃で壊れてしまうこともあります。そこで、まずは基礎をしっかりと固めてからアイデア出しを行っていきます。

今回の「高尾サン」を制作するにあたり考えたテーマは、

VR用の自分のアバターを作る

ということでした。「え？それだけ？」と思う方もいるかと思いますが、テーマをしっかり決めることで、その後のアイデア出し、キャラクターデザインなどにブレが起こりにくくなります。

1-2 コンセプトを決める

テーマが決まれば、次はアバターのコンセプトを考えていきます。その前に、「テーマとコンセプトって何が違うの？」と思った方へ、簡単に解説します。

- テーマ　　：基礎
- コンセプト：基礎をベースとしたアイデアの方向性

ここで「じゃあ、基礎をベースとしたアイデアの方向性がテーマなら、コンセプトはテーマに混ぜちゃえばいいのでは？」と思う方もいるかもしれませんが、そうではありません。

今回の作業は、個人での作業になりますが、もしチームで動く場合はそうも行きません。人が多ければ多いほど、それぞれの考え方があり面白いアイデアがいろいろと出てきます。ただ、それをテーマに含めてしまうと、テーマがもの凄く複雑なものになってしまいます。テーマがとてもシンプルなのも、そういう理由です。

なので、多くのアイデアが出ても、すべてを詰め込むと方向性がブレてしまい、その結果あいまいで平坦なものができあがってしまう可能性があります。それを避けるために、テーマを決め、そこからコンセプトを考えていく必要があるのです。

では、コンセプトの話しに戻り、今回のテーマである「VR 用の自分のアバターを作る」をベースにコンセプトを考えていきます。

今回考えたメインコンセプトは、「ムササビ」です。というのも、筆者がネットで活動するハンドルネームが「633B+」（ムササビ）という名前だからです。そこで、「自分のアバターって何？」と考えたときに、最終的に行き着いたのが「ムササビ」になりました。

次に、サブコンセプトとして出てきたものが「山」でした。そちらについては、次節の「アイデアを出す」で解説します。

1-3 アイデアを出す・デザインを考える

さて、メインコンセプトが「ムササビ」に決まりましたので、ここからアイデアを出していきます。

まず考えたのは、ムササビのアバターをそのまま作ること。ムササビのデザインについては、高校時代に考えた「赤いマフラーを巻いた渋い目のムササビ」をそのまま利用しようと思いました。

図1-3-1 「ムササビ」のオリジナルの原画

ただ筆者としては、以下の２点にこだわりたいと考えました。

- かわいいアバターが使いたい
- 自分のイメージからかけ離れたアバターはあまり使いたくない

その結果、「かわいい女の子の上にムササビが乗っている」というイメージで固まりました。

ムササビは主に山に生息していることが多く、それでは女の子を山に例えてデザインを考えていけば、コンセプトがブレることがなくなると考えました。

そして、サブコンセプトが「山」になり、「ムササビの生息しているメジャーな山ってどこだろう？」と考えたときに、一番はじめに思い浮かんだ山が「高尾山」だったため、名前も「高尾サン」に決定しました。

続いて、キャラクターについてのアイデアを出していきます。まず、ここまでに決まったテーマとコンセプトを整理します。

- テーマ：VR 用の自分のアバターを作る
- メインコンセプト：ムササビ
- サブコンセプト：山

次に、この３つの項目からデザインを考えていきます。まずデザインするにあたり、「山をイメージできるかわいいアバターって何だろう？」と考えたところ、「山ガール」という単語が浮かびました。

山ガールと言えば、山登りの服装も安全性だけでなく、見栄えも兼ね備えたオシャレなイメージです。そこにムササビの乗っている頭は空をイメージして、髪の毛は青い色にしようというフワフワとしたアイデアが思い浮かびました。

また、キャラクターの簡易的な設定も考えていきます。

- 名前：高尾サン
- 性別：女
- 年齢：14～５歳
- 身長：140cm
- 性格：天然系
- 口癖：さては天狗の仕業だな～？

簡易的でよいので大まかな設定を決めておくと、より一層キャラクターのイメージが膨らみやすくなります。設定を考える上で、青い髪というイメージから天然系が加わり、寝癖、または癖っ毛の強いイメージも沸いてきました。

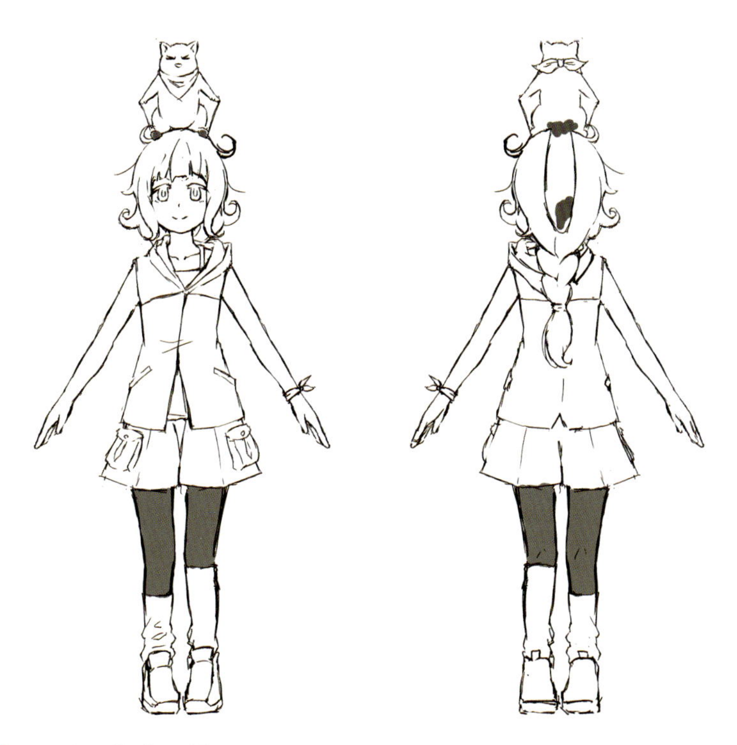

図1-3-2 コンセプトに沿ったラフ画

1-4 コンセプトに沿った資料を探す

ここまでのアイデアやデザインをもとに、今度は資料探しを行います。

衣装は、山登り系の服装をベースに考えはじめました。その段階で思いつくイメージを単語にし、画像検索サービスや市販書籍、実際に自分で動いて写真を撮影するなどを行います。

「トレッキングコード」「トレッキングブーツ」「ムササビの骨格」などさまざまな写真資料を集め、それらを「PureRef」というソフトウェアを使用し、カテゴリーごとに分けて見やすく配置します。そこから、いくつかラフ案を重ねて最終的なデザインのイメージを固めました。

デザインを考える段階での資料集めはとても重要な工程で、資料があるとないとではデザインの説得力が変わってきます。多くの場合、実際に存在するものから存在しないものまで、この世界に存在するものをベースにデザインが考えられています。

そのため資料を集め、観察し、そこからバラバラにして組み合わせて新しい物を作り出していくことが、デザインにおいて一番重要な部分だと筆者は考えています。

● **筆者がラフデザインのために検索した主な資料**
山ガール、キュロット、トレッキングシューズ、トレッキングブーツ、キャミソール、トレッキングコート、パーカー、ムササビの骨格、高尾山

図1-4-1 参考にした写真の例

COLUMN

画像管理ソフト「PureRef」

「PureRef」は、世界中のクリエイターが愛用している画像やテキストを整理して一括表示や管理できるソフトウェアです。動作も軽量・高速で、画像をドラッグ&ドロップやコピー&ペーストで読み込むことができ、移動・回転・拡縮などを行い、見やすい形に整理することが可能です。

「PureRef」はドネーションウェアと呼ばれ、ダウンロード時に自由に金額を設定することができます。金額入力欄に「0」と入力すれば、無料でダウンロードをすることも可能です。もし使ってみて気に入ったようでしたら、開発援助のためにも入金してみましょう！

- 「PureRef」の公式Webサイト
  https://www.pureref.com/

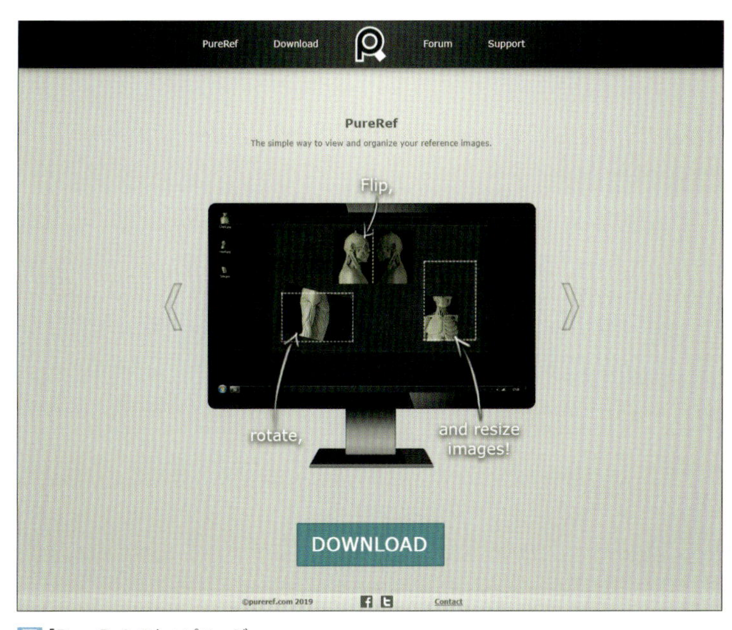

図 「PureRef」のトップページ

1-5 デザイン画と三面図を描く

以上を踏まえできあがったデザイン画が、以下になります。

図1-5-1 キャラクターのデザイン画

衣装は、全体的にトレッキング要素を盛り込み、天然で少し元気そうなイメージを出すために、ボサボサな髪の毛を結び、袖はなしにしました。腕には、ムササビとの統一感を出すため、赤いハンカチを巻いています。

そして、髪の毛とは別に天然系のイメージを出すため、服を崩したりトレッキングローゲージが片方ずれているなど、モデラーとしては「頼むからやめてくれ…」と思うような左右非対称なデザインに仕上げました。

目に関しては、名前の「サン」から連想される「Sun」、つまり太陽をイメージしています。このようにして、デザインコンセプトの「ムササビ」「山」から連想されるものをデザインに詰め込んでいきました。こうすることにより、デザインの方向性のブレを少なくし、統一感のあるデザインに仕上げることができます。

ここで「三面図」について、簡単に解説しておきます。キャラクターモデリングにおける三面図は、モデリングの設計図ではなく、絵柄を含めたデザインの指標として作成されることが多いです。そのため、3D にすることを考慮して完璧に描くのではなく、ある程度パーツの比率を合わせながら、方向性を見極めるというイメージで描くようにしています。

三面図を描くときは、描くパーツのバランスが崩れないように、頭頂部、目、あご、肩など、特徴的なパーツの高さを揃えて描くと、モデリングするときにズレにくくなります。そして、作成した三面図をもとにモデリングを進めると、3D上でシルエットを模索する時間を短縮でき、人数の多いプロジェクトではモデラー間の絵柄の差異を減らすことができます。

また、デザインを行う上で重要なポイントは、「シルエットを作る」ことです。筆者の場合、基本的にシルエットは3つに分けています。

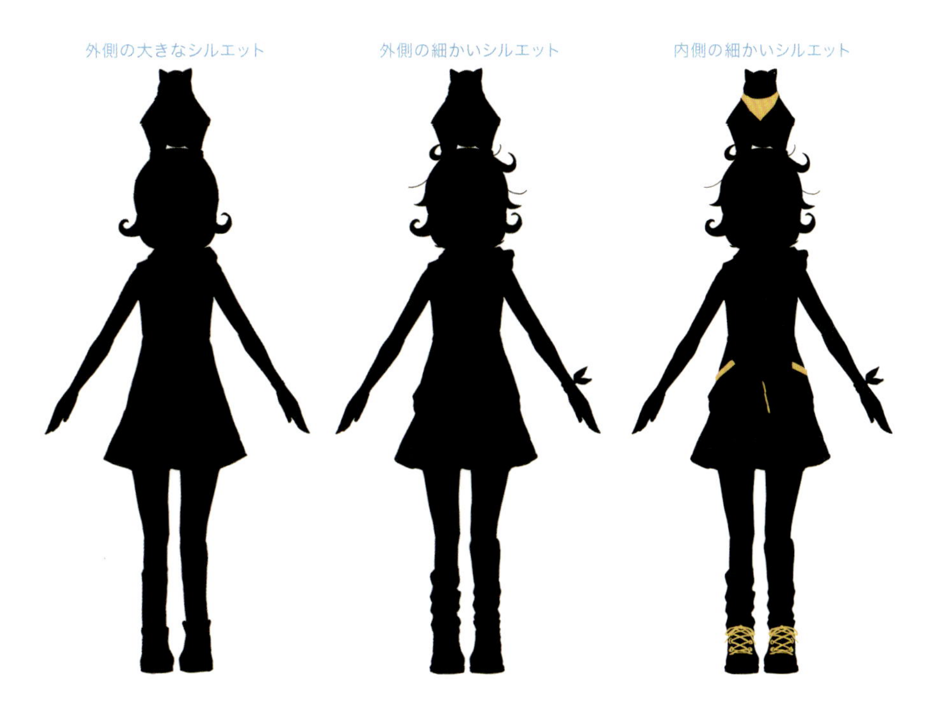

図1-5-2 キャラクターのシルエット(3種類)

この図にある「外側」と「内側」というのは、キャラクターをすべてを塗りつぶしてフラットにした輪郭の内側と外側のことです。図で表すと黒い部分が内側で、白い部分が外側です。「内側の細かいシルエット」は、2番目のシルエットに影響しない服の模様や装飾のような小さなシルエットのことです。

左から順番に優先順位が下がっていきます。ただ、いきなり細かいシルエットをデザインしはじめると、まとまりのないゴチャゴチャとしたシルエットになってしまいます。

筆者も以前はそうでしたが、「細かい装飾＝かっこいい」ではありません。細かい装飾を施したキャラクターをよく観察してもらえばわかりますが、よく見るとそんなにシルエットには影響していません。その細かい装飾を最大限にかっこよく見せるためには、まず全体のシルエットをきっちり整えておく必要があるのです。

とここまで、理屈っぽくさまざまな解説をしてきましたが、何かを作るにあたってとても重要なことがあります。それは「フェチズム」です。

今回は、自分のアバターを作るということで、とにかく自分の好きなものを目一杯詰め込んでいます。「青髪」「三つ編み」「ぱっつん」、もはや筆者の三種の神器と言えましょう…。

逆にもし、ほかの人ためにキャラクターを作るときは、相手の「フェチズム」を汲み取ることが大切です。何より大事なのは「フェチズム」、そして自分が「よい」と思った物を作ること。自分がよいと思えなければ、他人が見てもよいと思われる可能性はとても少ないので、とにかく「フェチズム」を詰め込んでいきましょう！！

CHAPTER 2 色彩設計

テーマとコンセプトをもとに、キャラクターのデザイン画ができあがったところで、次にキャラクターの色合いを考えます。色の付け方は無限にありますが、色を選ぶ上でポイントとなるのは、ここでも「コンセプト」になります。

2-1 色彩を構成する要素

デザイン画ができたので、次はキャラクターの「色彩設計」を行います。まずは復習として、色彩を構成する３つの要素を説明します。

色相（Hue）

青、青、緑など、色の違いのことです。また、以下のような帯ではなく、リング上になったものを「色相環」と呼びます。

図2-1-1 色相(Hue)

彩度（Saturation）

色の鮮やかさです。彩度が高いものほど色が鮮やかになり、低ければ、白・黒・灰色のような無彩色になります。

図2-1-2 彩度(Saturation)

輝度（Brightness）

色の明るさです。輝度が低ければ黒くなり、高くなれば明るくなります。

図2-1-3 輝度(Brightness)

2-2 デザイン画をベースに色彩設計をする

それでは、キャラクターの配色を考えていきます。配色技法にもさまざまありますが、今回は、すでに決まっている色をベースに色を逆算して配色を行っています。

前節のコンセプトに沿って、キャラクターの設定で決まった色は、以下の3点になります。

- ムササビの茶色
- ムササビのスカーフと高尾さんの左腕に巻いているハンカチの赤
- 青い髪の色

まず、最初に決まっている「赤」は、全体の専有面積的には狭く、ムササビや手の動きを強調したいこともあり、ワンポイントカラーとして使うことにしました。ワンポイントカラーを目立たせるためは、何色が最適かを考えた場合、色相環の赤の対極にある「緑色」になります。

この対極の色を「補色」と言い、色にメリハリを付けたい時などは補色の色を利用することが多いです。そして、トレッキングコートはカラフルでオシャレにしたいので、2色にしようと思い、髪の色が青ということもあり、「青」「緑」、続く近似色の「黄緑」を選びました。

これで、「赤」がより一層目立つ色になりました。最後にシャツやタイツの黒で全体の色を引き締め、タイツや靴下に白に近い色を取り入れることで、暗く沈みがちな部分にワンクッションアクセントを加えています。

これらのイメージに加え、天然系でほのぼのとしたイメージを出したいので、目立たせたい顔の付近は明るめの色、全体を締める緑や黄緑は彩度が少しだけ低めの明るい色、あまり目立たせたくない下半身は彩度低めで暗めの色にしています。

服装については、山がサブコンセプトですので、アースカラーと呼ばれる自然にある色をベースにして、上半身が「山肌」、下半身が「地肌」というイメージで配色を行っています。

以上を踏まえできあがった配色が、図2-2-1になります。

図2-2-1 キャラクターの配色の完成

もし、自分で作ったキャラクターの色のイメージに迷った場合には、「Adobe Color CC」という配色専用のサイトがあるので、そこで設定をいじったり、アップロードされているテーマを探してみたりするとイメージが膨らむかもしれません。

- Adobe Color CC
  https://color.adobe.com/ja/create/color-wheel/

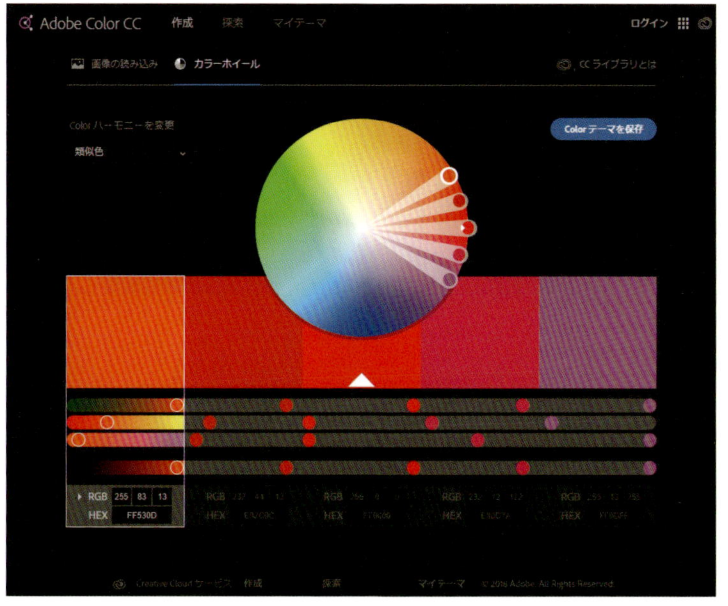

図2-2-2 Adobe Color CCのWebページ

CHAPTER 3 光と影について

キャラクターのデザインと色彩が決まっても、キャラクターが完成したとは言えません。キャラクターに質感を与えるためには、陰影について理解しておく必要があります。

3-1 光と影を観察する

ここでは、一度基本に立ち戻り、光と影について観察してみます。ここで解説する光と影については、後ほど行っていく陰影のデザインや、UTS2の設定の考え方の基礎になっています。

この解説ではわかりやすいように、CGのレンダリング画像で解説していきます。また、画像の右側には各番号の枠内にある色を数値で表記しています。「H」が色相、「S」が彩度、「B」が輝度なので、各種数値や色を照らし合わせながら見てください。

まず、CGでよく見る陰影表現です。明るい部分から暗い部分に向かって、徐々に暗くなっていくのがわかります。

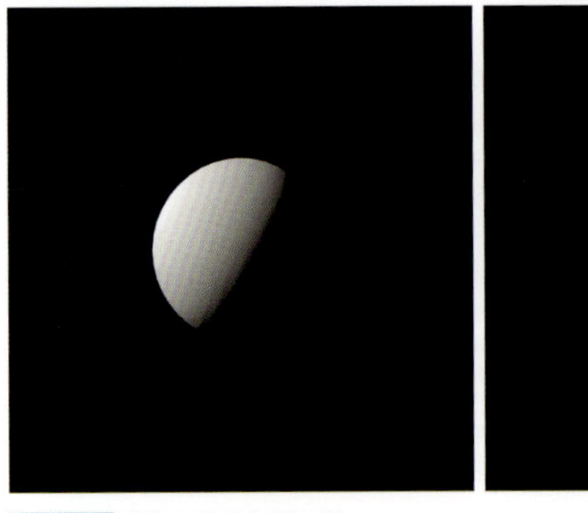

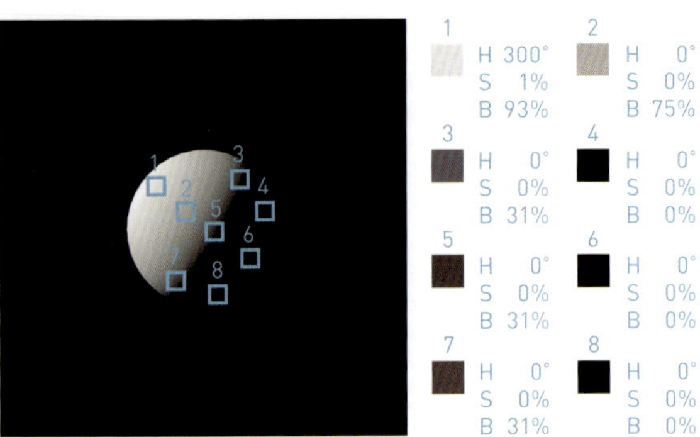

図3-1-1 球体の陰影表現の例

次に、環境光を追加した陰影です。図3-1-1の画像と違い、一番暗い所は数値上の3番になっています。

これは、暗部が地面の反射で明るく照らされており、光と垂直になる、かつ上の部分は地面の反射の影響を受けないためです。ただし、空の光の影響を受けるため、真っ黒ではなくほんのり青い影になっています。

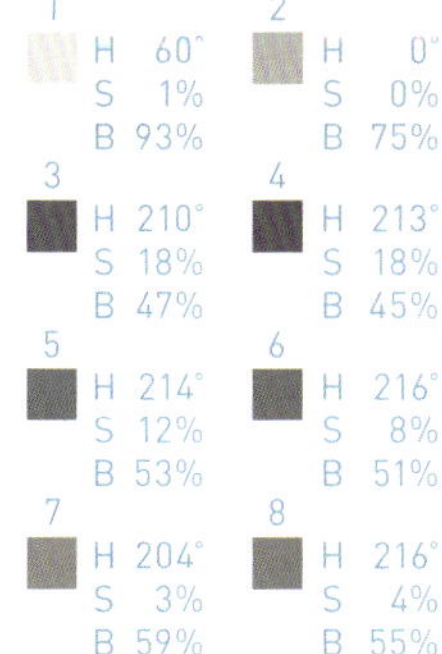

図3-1-2 環境光がある場合の球体の陰影表現の例

この２つのどちらの陰影の付き方が、正しいというわけではありません。

たとえば、影が真っ黒のボールは、宇宙のような反射がまったくない空間でこのような影が見られます。また、空や地面の色が影を明るくするのも、私たちがよく見る陰影の付き方ですね。

今回は説明のため、地面の反射が強めに出るような設定にしていますが、地面が暗い色の場合は図 3-1-1 のような暗めの影になることもあります。そして、この影ですが、明るさや色をピックアップすると、図 3-1-3 の画像のように大きく３つのゾーンに分けることができ、赤いラインを引いたところから「明部」「中間色」「暗部」に分かれています。

図3-1-3 陰影の3つのブロックとして、「明部」「中間色」「暗部」がある

それでは、図 3-1-3 のラインを参考に、イラスト調にトーンを分けてみます。イラスト調にすると、このように「明部」「中間色」「暗部」は、ライトの方向に対してグラデーションで暗くなるわけではないことがわかると思います。

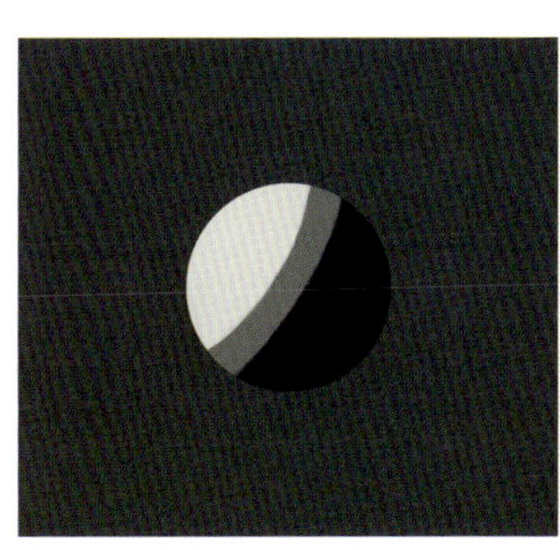

図3-1-4 イラスト調に塗り分けた陰影表現の例

3-2 肌の色のグラデーション

陰影の基本がわかったところで、次に、人型のキャラクターで重要な要素となる肌のグラデーションについて考えてみます。

肌については、2種類の質感を用意しました。1つはただ光を「拡散反射」するだけの質感、もう1つは人の肌のように光を透過し、「内部拡散」する質感です。

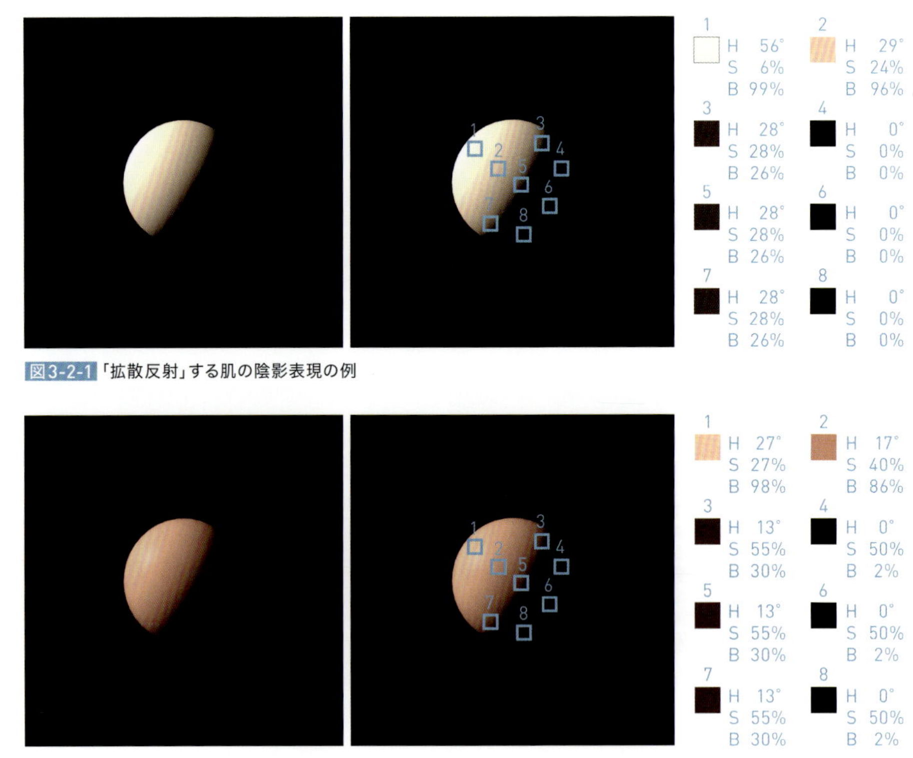

図3-2-1 「拡散反射」する肌の陰影表現の例

図3-2-2 「内部拡散」する肌の陰影表現の例

どちらも表面の色は統一していますが、光を拡散反射するだけの質感だと明るい部分は白飛びし、影の部分は彩度が低く色が濁っています。光を内部拡散させる質感は、明るい部分も影の部分も、鮮やかに赤みがかった色になっています。

環境光を追加した場合の例も、次ページに示しておきます。

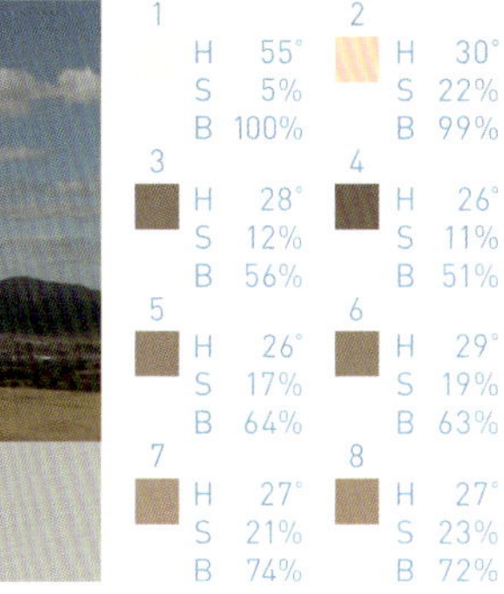

図3-2-3 環境光がある場合の「拡散反射」する肌の陰影表現の例

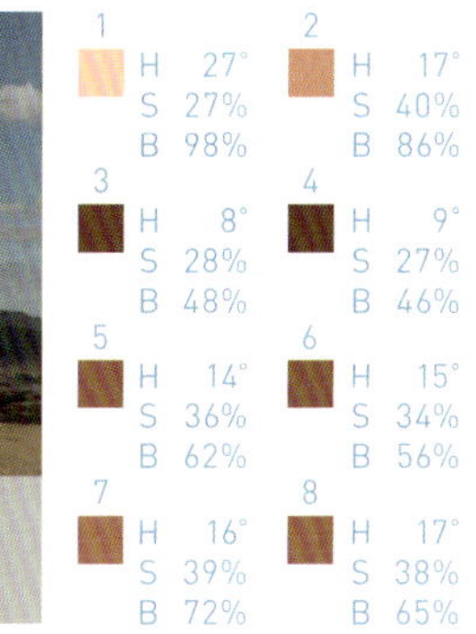

図3-2-4 環境光がある場合の「内部拡散」する肌の陰影表現の例

このように、いくつかの例で光と影を見てきましたが、どれも光や環境光の受け方でさまざまな色に変化することがわかったかと思います。

今回は簡易的に説明するために、CG のレンダリング画像を使用しましたが、イラストを描く際も実際の質感や色の変化を観察してみると、質感により深みが増してくると筆者は思います。

3-3 陰影に色を与える

図3-3-1 キャラクターの頭部を彩色した元のイラスト

ここまで解説したように、影の中にも別の光の影響を受けて明るくなることがわかりました。では次に、影に色を与えることについて解説していきます。

実際に、イラストを描いている人はなんとなく理解していると思いますが、物や素材ごとに影の色を変える必要があります。「何を当たり前のことを…」と思うかもしれませんが、ここで言う色というのは「色相」をベースとした色のことです。

図3-3-2 影の部分の明度を下げた例

それでは、図 3-3-1 のイラストをベースに、ただ明度を下げた例を見ていきます。

図 3-3-2 のように、影が暗く沈み、全体的に重いイメージに感じると思います。

図3-3-3 影の彩度を調整した例

そこで、彩度を調整してみます。

全体的に明るく感じるようになりましたが、影の暗さが色によって違う印象になり、陰影のコントラストも弱くなってしまいました。そこで最後に、色相を合わせて調整した例を見てみます。

図3-3-4 彩度に加え、色相も調整した例

全体的に色が鮮やかになり、かつ明暗のコントラストも感じられるようになりました。これが、影に色を与えるということです。

実際に、現実世界における影も前節で説明したとおり、空の色が影に乗ったり、また写真を撮影するときも、演出のために影に色を乗せたりします。陰影に対する色相の調整を行うことで、影を暗く沈ませることなく質感を柔らかく見せたり、コントラストを高く見せることができます。

図3-3-5 影に色を与えることで、キャラクターの作風を変えた例

また作風によっては、影の色相に統一性を持たせることもあります。図 3-3-5 の例では、影の色相を全体的に紫寄りに調整しています。このように影に色を与えることで、より豊かな表現ができるようになります。

CHAPTER 4 陰影をデザインする

それでは、実際にキャラクターを使って陰影をデザインしていきましょう。と、言っても純粋にイラストを描いていくだけの作業です。

UTS2 のパラメータについて、どのような設定をするかを理解されている方は、それを意識しながらでもよいですし、特に意識せずに描いても問題ありません。

4-1 ひとまずイラストを描く

これまで解説した色彩設計と陰影を踏まえて、デザインをベースに完成したイラストが以下になります。ここからこのイラストをベースに UTS2 用の要素を分解していく方法を解説していきます。

図4-1-1 キャラクターの完成イラスト

4-2 陰影を分解して調整する

それでは、テクスチャを描く前に、イラストの各要素を UTS2 用に分解します。まずは、ベースの色の要素と、陰影部分の色の要素です。

図 4-2-1 キャラクターのベースの色要素、陰影の色要素を分ける

さらに、陰影の要素を分解してみます。まず通常の陰影素材です。

図 4-2-2 通常の陰影素材

それでは、図 4-2-2 の陰影素材を利用して白いところにベースの色、黒いところに陰影部分の色を乗せます。これで、イラストっぽくなってきたかと思います。

図 4-2-3 陰影素材に色を乗せていく

今回のキャラクターは、完成したイラストに合わせて陰影のコントラストが高く、少しセルアニメ寄りな表現に近いものです。そこで、グラデーション幅を調整して、陰影のコントラストを高めてみます。

図4-2-4 陰影のコントラストを高める

全体的にイラスト調に近づいてきましたね。ただし、コントラストを高めたことで、今度は前髪や顔にかかる陰影がイラストとしては少し邪魔です。

図4-2-5 顔と髪の部分の陰影を確認する

そこで、不要な陰影を消して、イラストっぽくなるように調整しましょう。ここでは、ただ陰影をブラシで消しているだけですが、3Dでも実際に陰影を調整することができます。その方法については、5章「5-3 陰影を操ろう」で解説します。

図4-2-6 顔と髪の陰影を調整する

4-3 テクスチャによる陰影表現

陰影を調整したことにより、全体的にすっきりとした印象になりました。ここで、もう1つ陰影表現を加えていきたいと思います。

図4-3-1
陰影の調整を行ったキャラクターの完成イラスト

アニメやイラストを観察すると、キャラクターの動きに合わせて移動し、どのようなアングルでも固定された影が描かれている部分があると思います。

つまり、テクスチャに直接描かれた影と、ライティングでリアルタイムに動く影を合わせることにより、よりイラストに近い質感にすることが可能です。

図4-3-2 影の描き込まれたテクスチャをベースカラーにする

このベースカラーの上にリアルタイムシャドウが入ると、図 4-3-3 のイラストのような質感になります。

図4-3-3 リアルタイムシャドーでさらにイラストの質感が高まる

さらに、ライティングの角度を変えてみました。このように、ベースカラーに陰影を描き込んだテクスチャと影のテクスチャを組み合わせることで、よりリッチなイラスト表現ができるようになります。

図4-3-4 ライティングの角度が変わった場合の陰影表現

4-4 陰影をリッチにする

UTS2では、「ベースカラー」「1影」「2影」で3種類のカラーテクスチャを組み合わせて、陰影を表現することができます。前節でも解説したとおり、影の中には1トーン暗い影と、光や反射が加わり明るくなる部分、素材によっては色が変化したりと、陰影の中にさまざまな色が混ざり合っています。

ここからは、さらにもう1つテクスチャを加えて、陰影の表現をリッチにしていきます。

まずは、完成したイラストと要素を分解したイラストを見比べてみます。

図4-4-1 よりリッチな陰影を入れたイラストの完成例

肌の光と影の境界に赤み、髪の光と影の境界には赤紫が入っています。肌の赤みは、光と影の観察で説明した、肌の質感の画像を参照するとわかるように、境界に赤みが入り影の中は肌の補色となる空の青が反射し、彩度の低い色で構成されています。

また、髪の色は空をイメージしており、通常の青空に加えて夕焼けの赤紫をほんのり入れて、色彩をリッチにしてみました。

それでは、中間色を踏まえ、再度「ベースカラー」「1影」「2影」の素材を分けてみます。中間色の見た目がものすごい色になっていますが、各素材の特性や、絵的な見栄え、個人的な好みを考慮して、このような配色になりました。

図4-4-2 UTS2用に「ベースカラー」「1影」「2影」の素材分け

それでは、中間色を含めて影のマスクを使用して３つの画像を重ねます。こうすることで、色や質感に深みが出ました。

図4-4-3 「ベースカラー」「1影」「2影」を重ねて、イラストが完成

さて、この段階でかなりよい感じの陰影表現になったと思いますが、さらにここからもう二手間加えて、陰影の調整をしていきます。再度、完成したイラストと見比べてみます。

図4-4-4 完成したイラストの細部の確認

確認すると完成イラストには、首の下や服の隙間など、入り組んだ部分にもう一段別の色があることがわかります。これは、筆者がイラストを描く上での表現方法で、影の中にさらに別の色調の影を重ねることで、影の中の立体や奥行き感を表現しています。

この表現を行う上で、どのような処理をすると3D上で再現できるかを分析してみます。

1. 図4-4-4の影は、影の中の立体感を表現するために描かれる。
2. 図4-4-4の影は、奥行を表現するため、入り組んだ場所に描かれる。

この２つの条件下に描かれる影ということがわかりました。つまり、影の中に発生する影は、２影の素材の中の奥まった部分に、図4-4-4のような影色を重ねれば、表現が可能なことがわかります。実際に、素材に陰影を重ねた画像が図4-4-5の画像です。

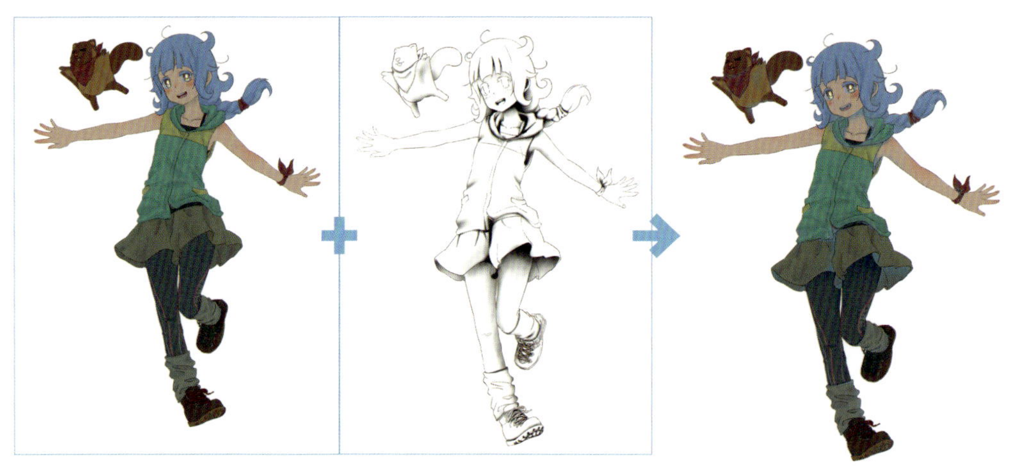

図4-4-5 2影の奥まった部分に影色を重ねる

最後に、ここから陰影の中にも少しだけ光を追加して立体感を表現します。「3 章 光と影について」で解説したとおり、影の中には反射した光でうっすら明るくなる部分などがあります。

もちろん、それは環境によるところもありますが、私の場合は逆光の中で反射した光がうっすらと顔を照らすようなイラスト表現が好きなので、今回はそれも取り入れてみました。

それでは、今までと 2 影からマスクを使って、ベースカラーと 1 影を抜き出してみます。

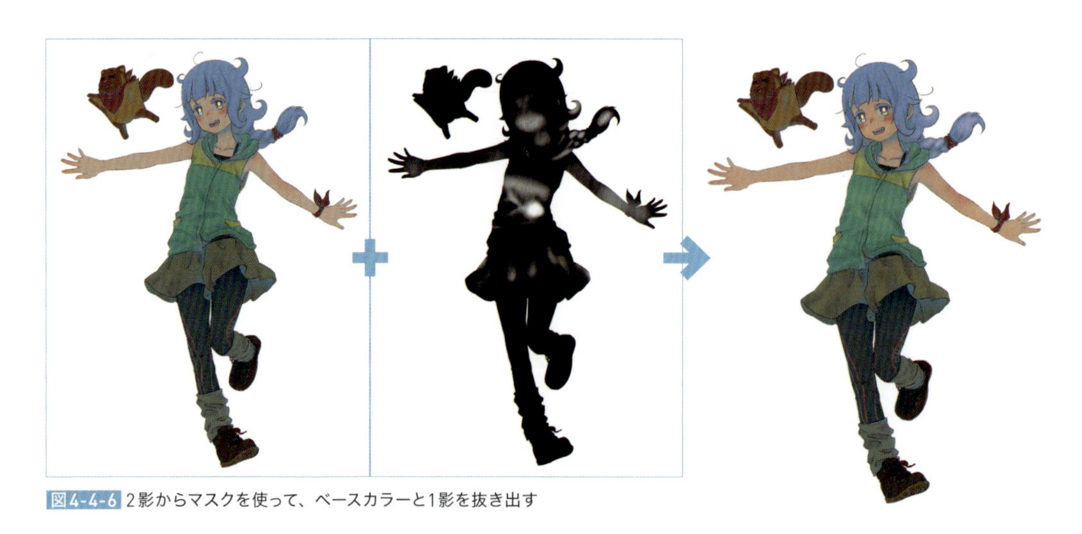

図4-4-6 2影からマスクを使って、ベースカラーと1影を抜き出す

少々わかりづらいので、前の解説で使用した逆光気味のライティングと、陰影に調整を加えた画像を比較してみます。さまざまな要素を追加することで、陰影の表現がとても豊かになりました。

図4-4-7 逆光気味のライティングで、陰影の調整を加えた完成例

4-5 光を追加する

陰影の調整が終わったので、最後に光の表現を加えていきます。

まず、髪の毛のハイライトですが、髪の毛のデザインコンセプトとしては「空」をイメージしています。そこで、髪の毛のハイライトは「空に浮かぶ雲」に見えるようなイラスト的なハイライトにしました。

図4-5-1 髪の毛のハイライトを追加する

続いて、体の外側に光を追加します。

こちらはライティングの用語で、「リムライト」や「バックライト」と呼ばれており、被写体（今回の場合はキャラクター）のシルエットや立体感を強調するために使われます。

今回、「高尾サン」でのリムライトの役割は、フレネル反射による空の光の映り込みや、大気をイメージした髪の毛を表現するために明るい青のリムライトを加えます。

図4-5-2 シルエットを強調するための青のリムライトを追加する

最後に、全体的に陰影がフラットなので、グラデーションなどを追加して質感をもう少しだけリッチにします。

服、キュロット、タイツは、形状や光の当たり方や反射を考慮して、白黒のグラデーションをオーバーレイで重ねて、パーツごとに立体感を表現します。

また、髪の毛は大気の屈折による色の濃さの表現として、髪の毛先に向かうにつれて色が薄くなるようなグラデーションを追加しました。

図4-5-3 グラデーションを追加して、よりリッチな質感となった完成例

この章では、キャラクターの色彩と陰影をUTS2用に要素を分解した解説を行いました。UTS2になじみのない方は、わからない箇所も多々あったかもしれませんが、以降で解説する「UTS2の設定」と照らし合わせて、再度見直してもらえると、より理解が深まるはずです。

CHAPTER 5 NPR（ノンフォトリアル）を意識したモデリング

さて、基礎的なお話をしたところでようやくUTS2の質感に…と思う方もいるでしょう。ですが、NPR（ノンフォトリアル）の道のりはまだまだ長いです…。ここでは、UTS2の設定に入る前に、キャラクターのパース、モデリングの調整の方法について解説します。

5-1 カメラの画角とキャラクターのパース

ここからは、カメラの画角について説明していきます。
まず、人の目の見た目というのは、35mm換算で50mmレンズと言われています。多くのソフトのカメラは35mm換算で作られているため、カメラのmm数を入力する場所に「50mm」を入力すると、人の見た状態に近づきます。
ここで、なぜカメラの画角の話をしたかというと、それはキャラクターのデザイン画に関係しています。基本的にイラストを描くとき、人は無意識に自分の見た目のまま描く傾向にあるからです。
また、何気なく参考にしている写真も、全身が入るような写真は50mm。胸から上のようなアップの写真（バストショット）は少し望遠の70mm～100mmなど、人の見た目に合わせて写真が撮られていることが多いです。

もうお気づきの方もいるかと思いますが、人の見た目で描かれたイラストは、人の見た目の画角に合わせないと、実際のカメラが置かれたシーンでは見た目が違ってきます。
実際に、正方投影のようなパースのないカメラで、三面図に合わせて形状を調整した画像と見比べてみましょう。まずは、パースのないカメラです。こちらは特に問題ないように見えます。

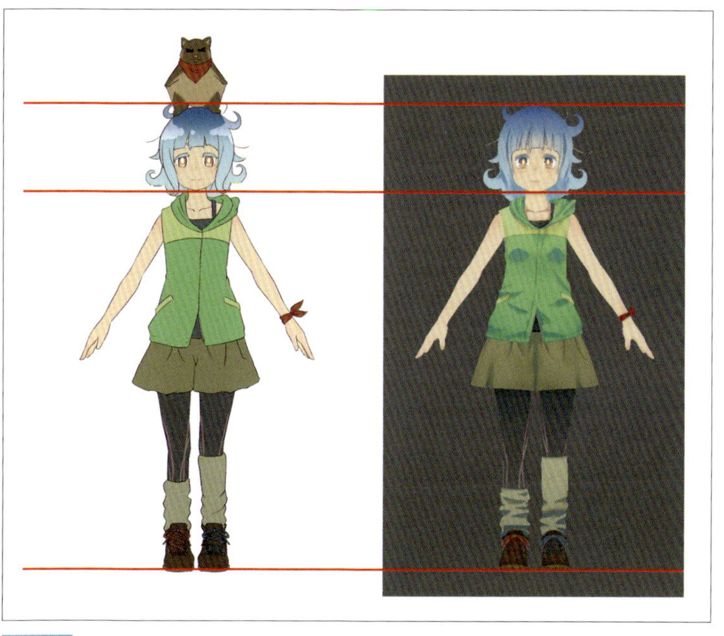

図5-1-1 パースのないカメラでのキャラクターの見た目

次に、人間の見た目と言われる「50mm」の画角で見てみます。デザイン画に比べて、一回り顔が大きくなりましたね。

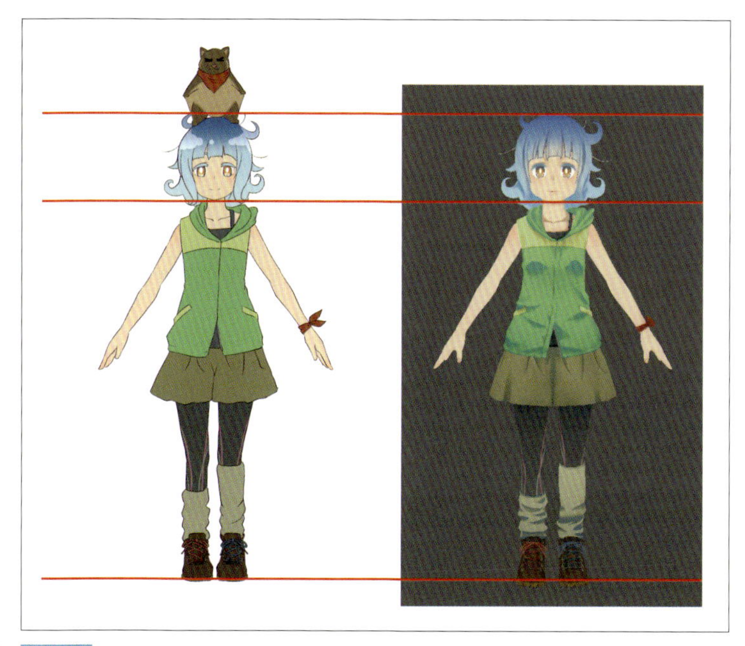

図5-1-2 50mmの画角のカメラでのキャラクターの見た目

今度は、三面図に対して50mmの画角で調整したモデルを50mmの画角で見てみます。これで、50mmの画角でもデザインの印象に近づいたかと思います。

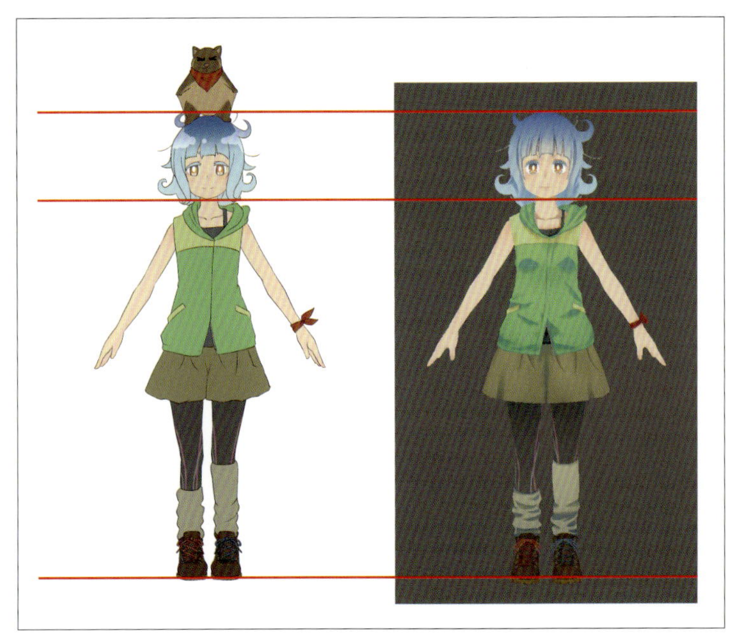

図5-1-3 三面図で50ミリの画角調整を行ったキャラクターの見た目

それでは、50mm カメラで顔をアップにしたモデルを比較してみます。

パースなしで調整

50ミリの画角で調整

図5-1-4 顔をアップにして比較

さらに、もう少し画角の広い「35mm」設定で顔をアップにしてみます。画角が広がり、顔の広がりも 50mm より顕著に出るようになりました。

パースなしで調整

50ミリの画角で調整

図5-1-5 さらに広い画角で顔をアップにして比較

このように、パースのないビューで調整したモデルと、人間の見た目と言われる「50mm」の画角で調整したモデルでは、パースによるゆがみ具合が異なります。

今回は、顔だけの調整ですが、実際にパースなしのカメラで身体全体を調整すると、パースのある状態ではパースのきつめなモデルになってしまうので注意が必要です。

5-2 立体とシルエット

モデリングする際に、とても重要なことが2つあります。それは、「立体的に見ること」、そして「シルエットで見ること」です。

立体は「3次元」で、シルエットは「2次元」。一見矛盾しているように見えますが、これはモデリングするにあたってとても重要なことです。

立体的に見る

工業製品でないかぎり、イラストで起こされた三面図が完璧なことはほとんどなく、三面図をそのままトレースしただけでは綺麗なモデルはできあがりません。

大事なのは、三面図を参考にモデリングを行い、モデルをさまざまな角度から見て、立体的に破綻のあるところは、イラストを立体的に見たときにどのような形状になるかをイメージすることです。

ただ、最初はイメージするのが難しいと思いますので、そんな時は違和感のあるところのスクリーンショットを撮影し、そこからペイントソフトで実際にこうしたいというイメージを描いてみて、それに合わせて再度モデリングを行うと、迷うことが少なくなります。

それでは、三面図に合わせてモデリングしたものと、三面図を参考に立体的に調整したモデルを見比べてみましょう。

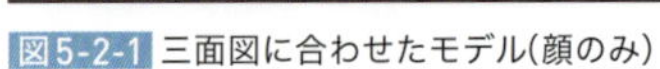
図5-2-1 三面図に合わせたモデル(顔のみ)

図5-2-2 立体的に調整したモデル

三面図の画像と比べて、調整前のモデルのほうが三面図に合っていることがわかると思います。三面図との比較はなしにして、顔のモデルを立体的に見てみます。三面図に合わせたモデルは、顔が痩せたり三角に尖っていたりと立体的に見ると問題があります。

図5-2-3 三面図に合わせたモデル(顔のみ)

具体的に気になる点を羅列すると、以下になります。

- 顔が痩せている
- 毛先が細く直線的
- 斜めから見た左右の目の幅の印象が違う
- 口や鼻が低い
- 顔が尖っている
- 毛先が潰れている

キャラクターモデリングに慣れている方は、カメラをくるくる回しながら調整を行うことができますが、慣れていない方は、「気になる点を箇条書きする」「スクリーンショットの上から手描きで修正する」などを行うと、修正の方向性がわかりやすくなります。

先ほどリストアップした気になる箇所を、加筆修正したレタッチ画像を見てみましょう。

図5-2-4 気になる点を修正したモデル

このように加筆修正の箇所をリスト出しすることで、どのような方向性で修正を加えるかが明確化し、修正時間の短縮にも繋がります。

シルエットで見る

デザインのところで解説したように、モデリングでも「シルエット」を見ることが大切です。

立体的に見て破綻がなくても、モデルを丸くし過ぎて形が痩せ、シルエットが平均化していくことが多々あります。そんなときは、3D ビュー上の陰影をオフにして、シルエットで見ることをオススメします。シルエットにすることで、イラストルックにしたときの見た目に近づけられ、なおかつシルエットが平坦になることを防ぎます。

イラストにとっても、重要なのはシルエットです。すべてを塗り潰しても、どのような立体に見えるのか、何をしているところなのかをイメージできるシルエットは、とてもよいイラストと言えます。それと同様に、モデリングのシルエットも、最終的なイメージに深く関わってきます。

以下は、前項の「立体的に見る」で解説したモデルの調整前と調整後で、陰影をなくして各色の要素をシルエットのみにしました。シルエットのみにすると、陰影の情報がなくなり形状そのものを見ることができます。

修正前のモデル

修正後のモデル

図5-2-5 モデルのシルエット表示(顔のみ)

　また最終的なモデルは、図 5-2-6 のように同一色で塗りつぶした状態でシルエットを確認することで、全体のバランスを陰影に誤魔化されることなく確認できます。

　1 章「1-5 デザイン画と三面図を描く」でも触れましたが、外側の大きなシルエットと細かいシルエットのバランスがとても重要になるので、モデルの最終確認はシルエットのみにした状態で、いろいろな角度からバランスを見ることをオススメします。

図5-2-6 モデル全体のシルエット表示

5-3 陰影を操ろう

ここまでさまざまな解説をしてきましたが、いくらテクスチャを貼ってイラストのような見た目に見せたいと思っても「3D は 3D」です。実際にライトを当てたとき、立体的な陰影がついてしまいます。

イラストの場合、顔や髪などはライトの向きに関係なく、不自然な陰影が入らないように影を調整することが多々あります。また、イラストだけでなく、カメラマンが写真撮影の際に陰影が出ないように、顔に反射光や補助光を当てることを知っている方もいるかと思います。

ただ、常に顔にライトを当て続けることは困難なため、この場合はポリゴンの形を変えずに、ポリゴンの光が当たる向きを変えることで、不自然な陰影を軽減することができます。これを「法線編集」と言います。

法線編集による陰影の見え方

まずは、法線編集前と編集後を実際に比較してみましょう。

顔にはリアルな影が入り、髪は形状に合わせてハイライトが入って硬そうな印象があります。これらは法線編集を行うことで、2 次元的な柔らかい影やハイライトになりました。

図5-3-1 法線編集前と法線編集後の比較

ポイントライトのような減衰のあるライトだと、法線編集の恩恵がわかりやすいと思います。

服にはシルエットを出すために凹凸を入れていますが、そこにはリアル目の影が入ってしまいます。また、顔も同様にリアル目な影になっていますが、法線編集を行うことでその影が消えていることがわかります。

図5-3-2 ポイントライトでの法線編集前と法線編集後の比較

このように、法線を調整することにより、陰影がフラットになりました。UTS2をはじめとするNPR系のシェーダーは、このように法線編集を組み合わせることで、より2次元的な見た目にすることができます。

法線編集の方法（Mayaでの例）

それでは、実際に法線編集をどのように行っているかを解説していきます。今回使用したソフトは「Maya」のため、Mayaでの操作解説となります。

まず、法線を調整していないオブジェクトを見てみます。

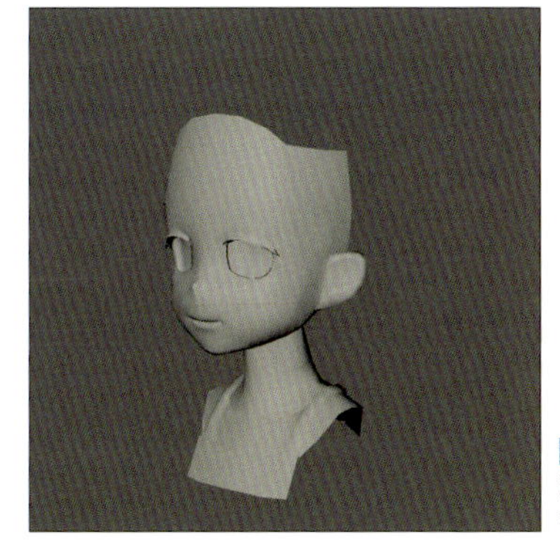
図5-3-3
法線を調整していないキャラクターのオブジェクト

モデルの立体に合わせ、普通に立体的な陰影がついているのがわかります。そこで、目の奥まったところを含めてシェーディングをフラットにしたいので、目の周りのポリゴンを削除したり、貼り直したりしてフラットにします。

そこから、フラットにしたオブジェクトを複製し、複製した顔の形状を変更し、意図したシェーディングになるように調整を加えます。

図5-3-4 法線編集用にポリゴンを調整してオブジェクトをフラットにする

顔の形状の調整が終わったら、複製元のオブジェクトに対して、形状調整を行ったオブジェクトから「Transfer Attributes」の機能を利用して「法線転写」を行います。法線は、Attributes To Transferの「Vertex normal」をOnにすると転写することができます。

Transfer Attribuetsのオプションにある「Sample space」は、どの情報を利用して法線転写を行うかという設定です。図5-3-5のように「Component」の設定の場合、頂点の持つ番号をもとに転写します。この頂点番号は、頂点の増減がない限り変更されることはないので、綺麗に転写することができます。

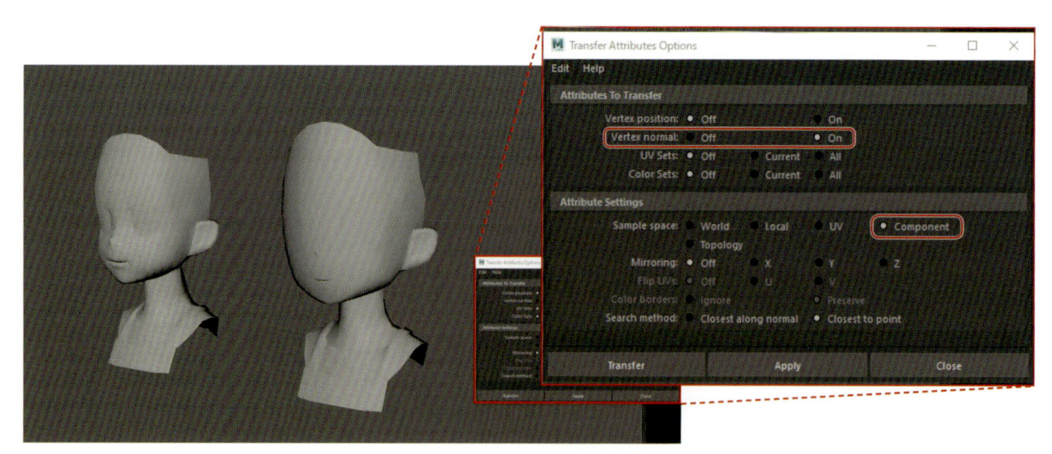

図5-3-5「Component」でフラットにしたオブジェクトの法線を元のオブジェクトに転写

法線転写を行うと、このように右の形状調整した法線がそのまま元のオブジェクトに転写されます。

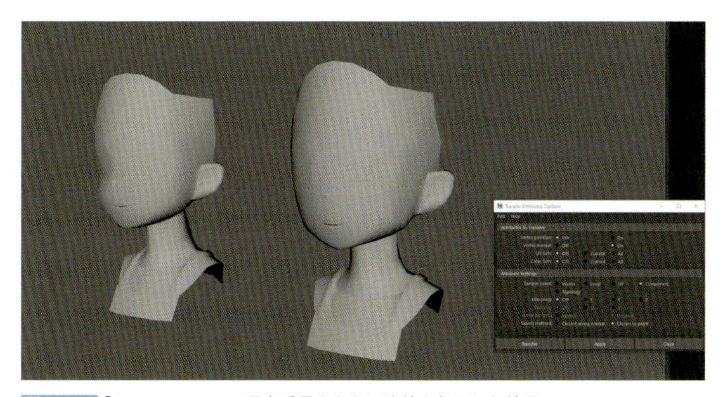

図5-3-6 「Component」で頂点番号をもとに法線を転写した結果

ここで紹介した法線編集用に作成したオブジェクトは、目の周りのポリゴンを削除・追加しているため、頂点番号が変わっています。そのため、今度はSample spaceを「Local」に変更して転写を行います。Localとはオブジェクトの移動・回転・スケール情報がすべて0の時に、その場にある面や頂点の位置を参照します。

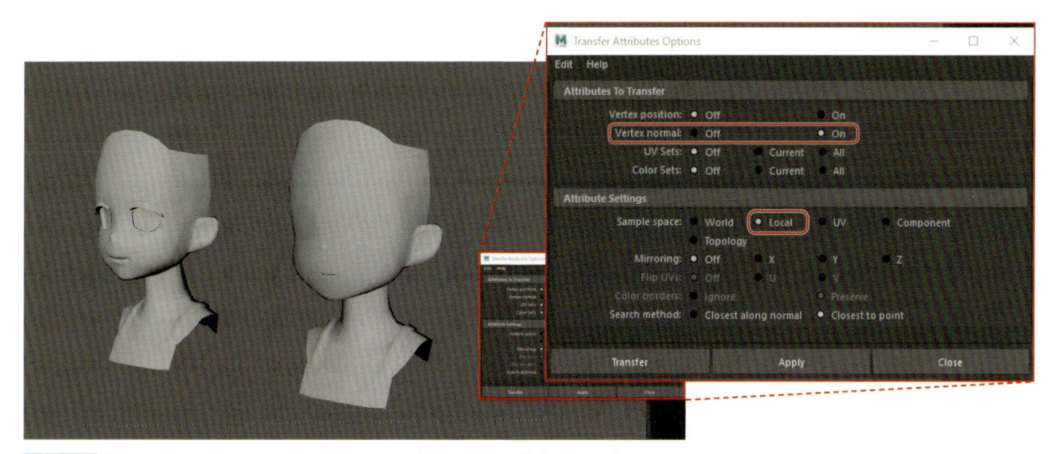

図5-3-7 「Local」でフラットにしたオブジェクトの法線を元のオブジェクトに転写

転写すると、元のオブジェクトの形状に関わらず、立体的な陰影がなくなったことがわかります。

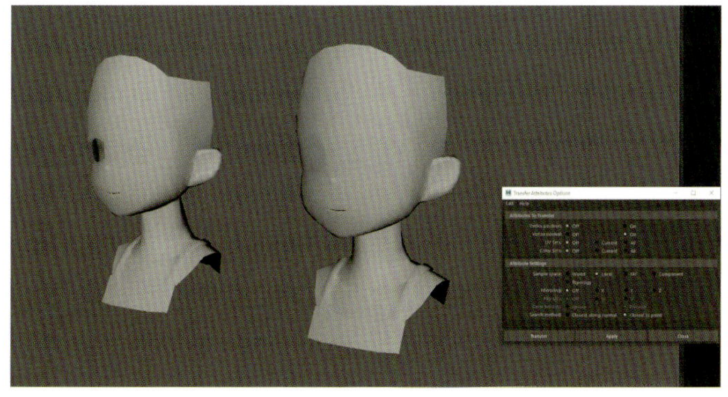

図5-3-8 「Local」で法線を転写した結果

続いて、髪の調整を行っていきます。

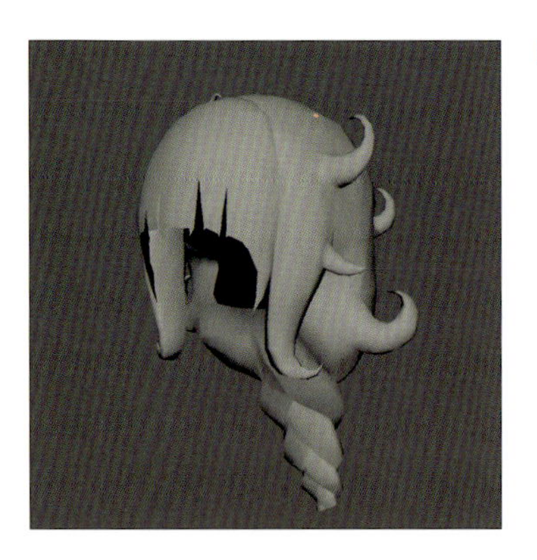

図5-3-9 法線を調整していない髪のオブジェクト

顔と同様に、髪の毛も立体感が気になる箇所を重点的にモデルを修正していきます。

髪の毛で立体感の気になったところは、「前髪」「横上のつなぎ目」「特徴的な大きな癖毛」ですので、前髪は横髪と頂点を繋げて soft edge で滑らかにし、癖毛は削除してフラットにしました。

また、滑らかにするにあたって不要な部分を削除したり、癖毛と調整モデルの形状に差があり過ぎるので、図 5-3-10 の右の中間モデルも用意しました。

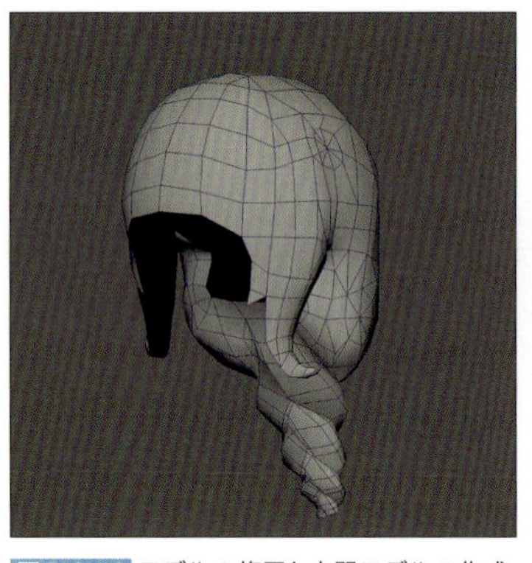

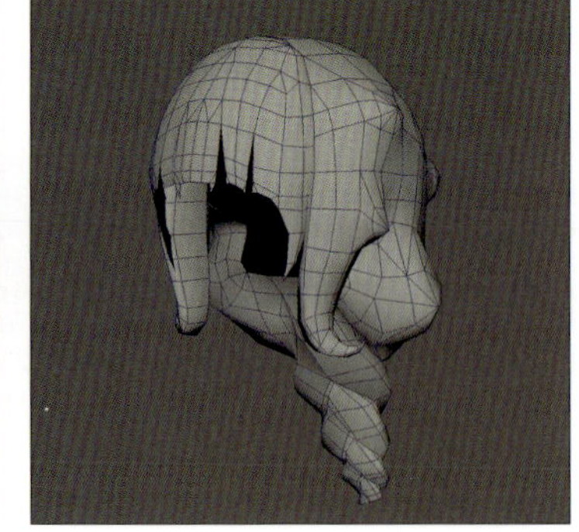

図5-3-10 モデルの修正と中間モデルの作成

それでは、顔と同様に右のモデルから左のモデルに法線転写をします。今回も、頂点番号が変わってしまっているので、Sample space は「Local」で転写します。

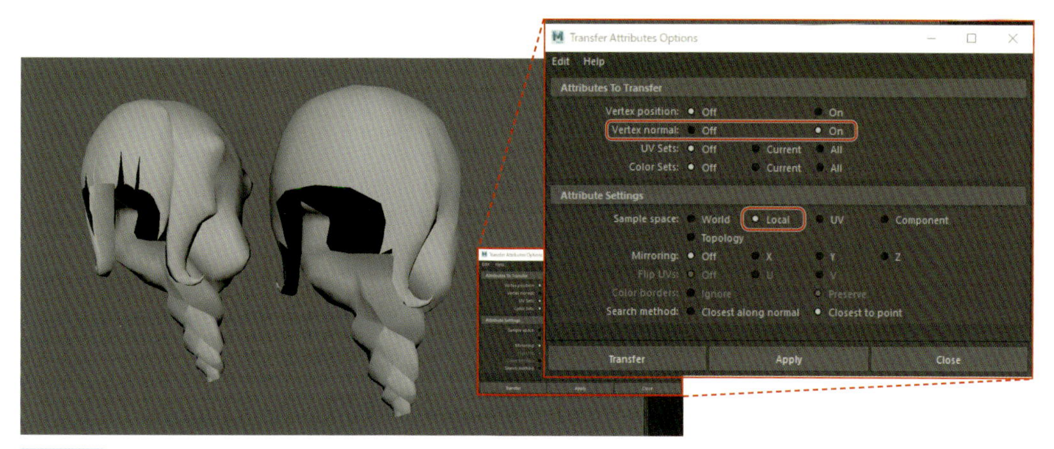

図5-3-11 「Local」で法線を転写

シェーディングを滑らかにするため、一部ポリゴンを削除した影響で法線がおかしくなってしまっている箇所が出てきました。

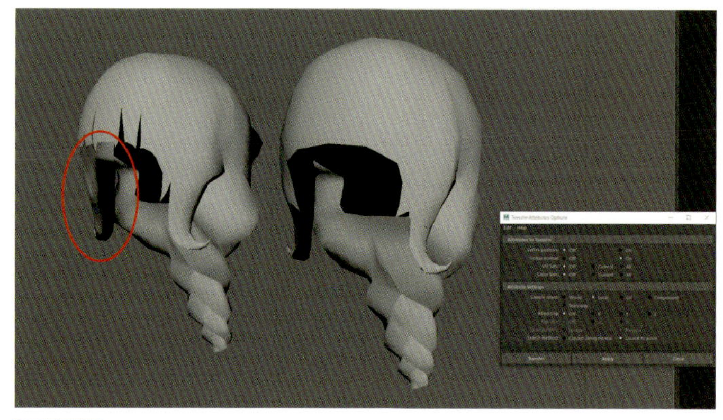

図5-3-12 法線の不具合が出た部分

transfer attributesを転写すると、法線にロックがかかります。そこで、転写不要な部分の頂点を選択後、unlock normalsを適応すると、法線転写前の状態に戻ります。これで、前髪の境界の立体感がなくなりフラットになりました。

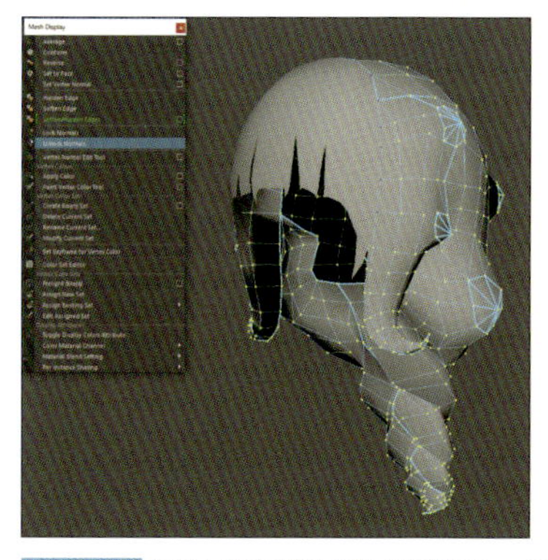

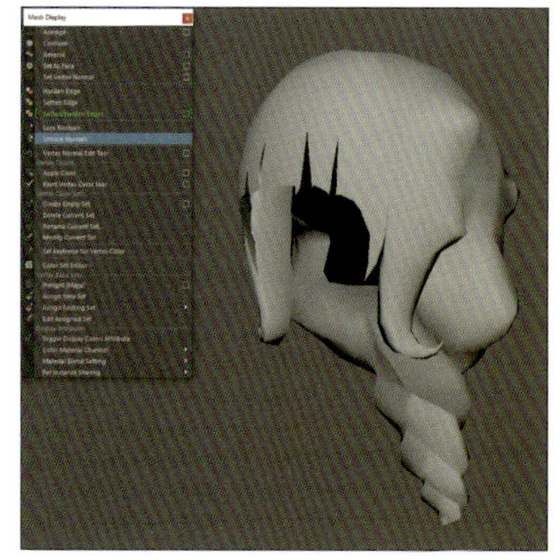

図5-3-13 転写不要な部分の頂点を選択し、法線ロックを解除

後は、調整の終わった中間モデルから、本モデルに対してSample spaceを「Local」に設定して転写を行えば、完了です。

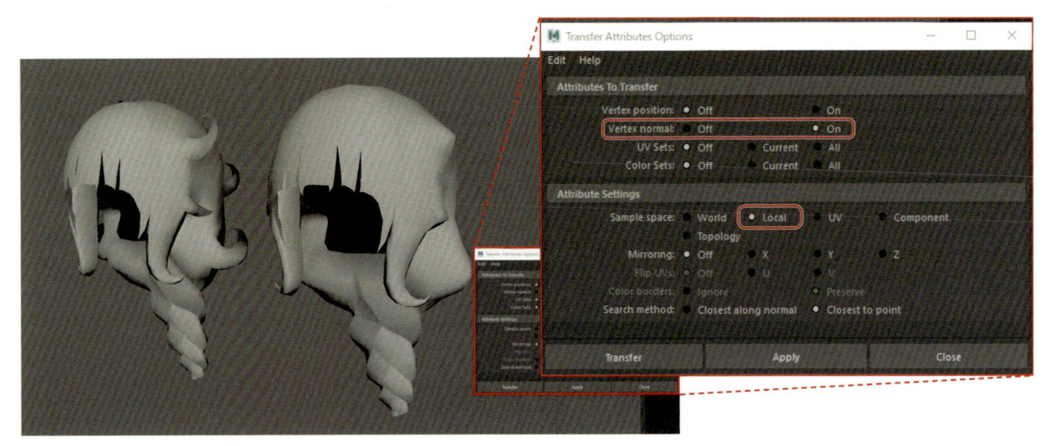

図5-3-14 調整後の中間モデルから、「Local」で法線を転写

最後に、コートの法線調整です。

図5-3-15 法線を調整していないコートのオブジェクト

図5-3-16の右が法線調整用にエッジを削除して、表面を滑らかにしたモデルです。頂点番号が変わってしまっているため、Sample spaceを「Local」で転写したいところですが、今回は上手くいきません。

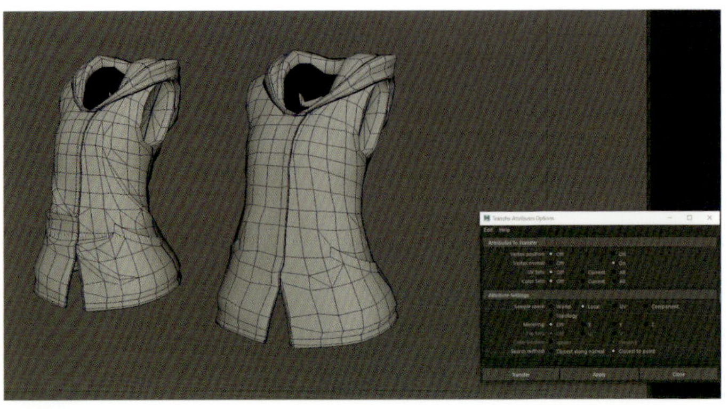

図5-3-16 エッジを削除して、表面を滑らかにしたモデルを準備して、法線を転写

転写後、一見問題がないように見えますが、オブジェクトに厚みがあり入り組んだ場所にあるため、位置情報での転写でコートの下側に黒い影が出てしまいました。

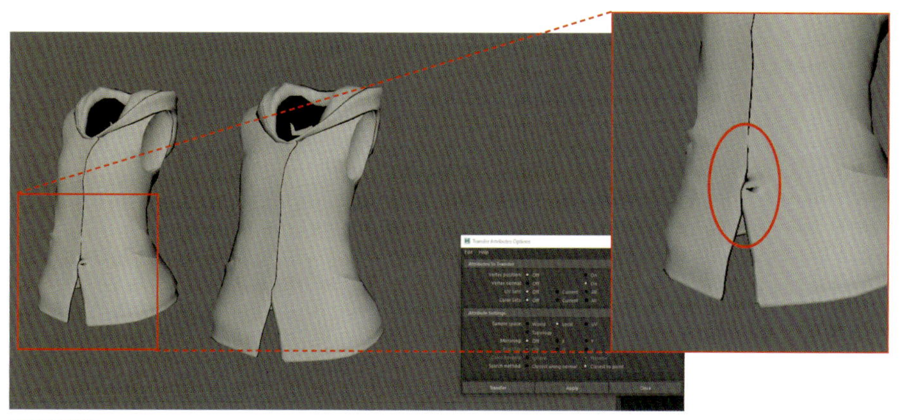

図5-3-17 入り組んだ場所に黒い影が出てしまう

今回の場合は、Sample space を「UV」に切り替えて転写を行います。転写結果を見てもわかるように、黒い影も消えて、綺麗な転写ができています。

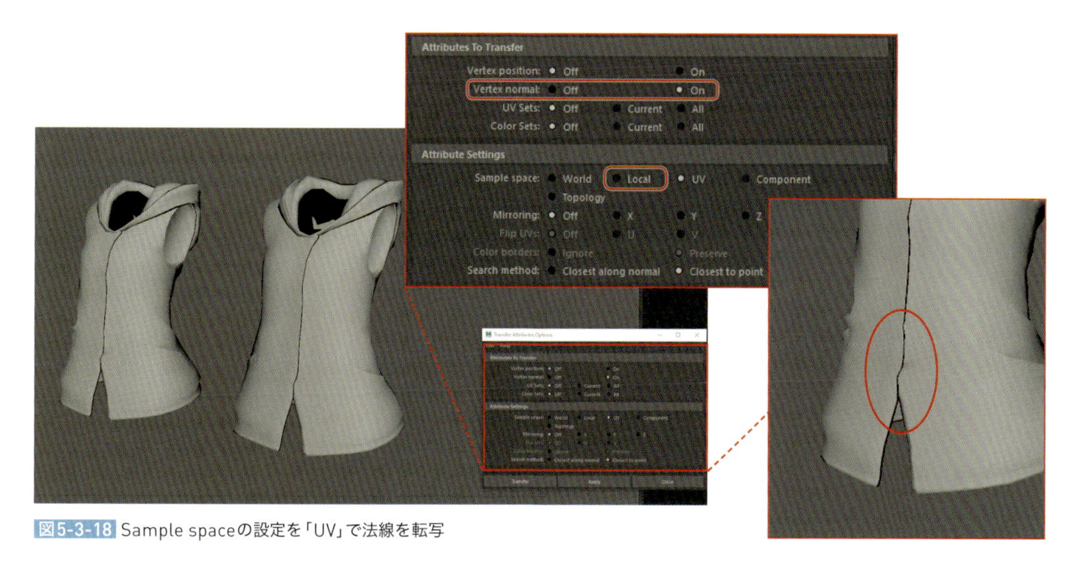

図5-3-18 Sample spaceの設定を「UV」で法線を転写

Sample space の「UV」とは、UV のポジションを参考にして転写を行うので、以下のように頂点番号が変わってしまったモデルでも、UV を揃えておけば綺麗に転写することが可能です。

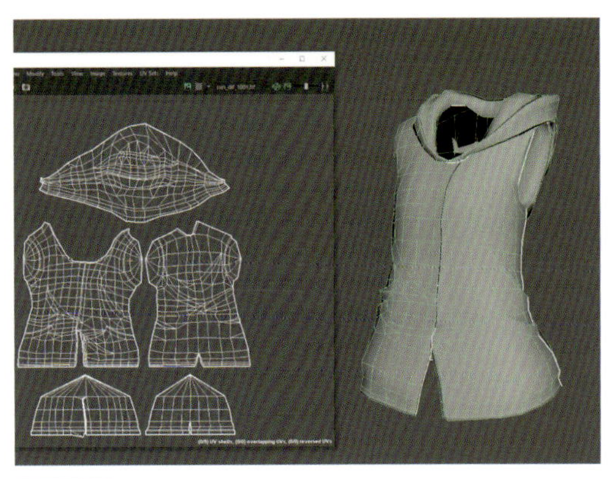
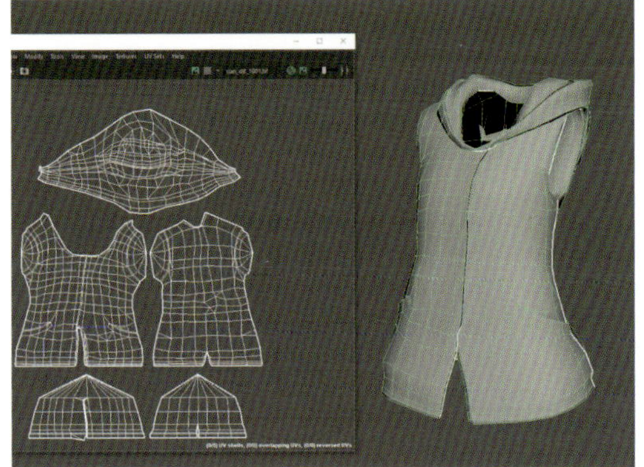

図5-3-19 UVを変えずに編集を行う

この節で、顔、髪、服のパーツの「maya」での法線転写を見てきましたが、これまでの解説でわかるように、法線転写の方法は状況に応じて臨機応変に変えることで、クオリティや制作のスピードアップに繋がります。

COLUMN

法線編集とノーマルマップの併用

この節では、モデルに対して法線編集を行い、顔や身体の陰影を調整しました。今回のモデルでは触れていませんが、モデルの法線編集に加えて「ノーマルマップ」を併用するとさらに面白い表現が可能になります。

こちらは、今年の秋頃に私が販売予定のアバター「ハクト」の画像ですが、鼻から頬にかけてイラスト的な陰影が入るように、目頭から頬にかけてノーマルマップを加えて陰影を調整しています。

図 アバター「ハクト」でのノーマルマップの適用例

これは、イラストでもよく見られる影の描き方ですが、絵画や写真などでも有名な「レンブラントライティング」という技法の1つに近いです。

ライティングの方向を決め、目の下に逆三角形の光が入るようにして顔の立体感を表現する技法ですが、この逆三角が出やすいにように陰影をコントロールすることで、ただ陰影をフラットにするだけではなく、イラスト的な立体感を表現することが可能になります。

CHAPTER 6 テクスチャを描く

一通りモデリングとUV作業が終わったところで、ここからはテクスチャを描いていきます。テクスチャを描くツールも最近はバリエーションが増え、特に3Dペイントソフトがたくさん出てきました。

今回の「高尾サン」の作例では、3Dソフト「Modo」でおなじみのFoundry社が開発している「Mari」を使用して解説していきます。また、Mariを使用する上で、Jens Kafitz氏の「Mari Extention Pack4」のプラグインも使用しています。

6-1 3Dペイントソフト「Mari」の概要

この章で使用する3Dペイントソフト「Mari」は、Foundry社が開発した製品で、3ヶ月レンタル、永続ライセンス、年間サブスクリプションなど、用途に応じたライセンスを購入することで使用できます。

- 「Mari」の公式Webサイト
  https://www.foundry.com/ja/products/mari

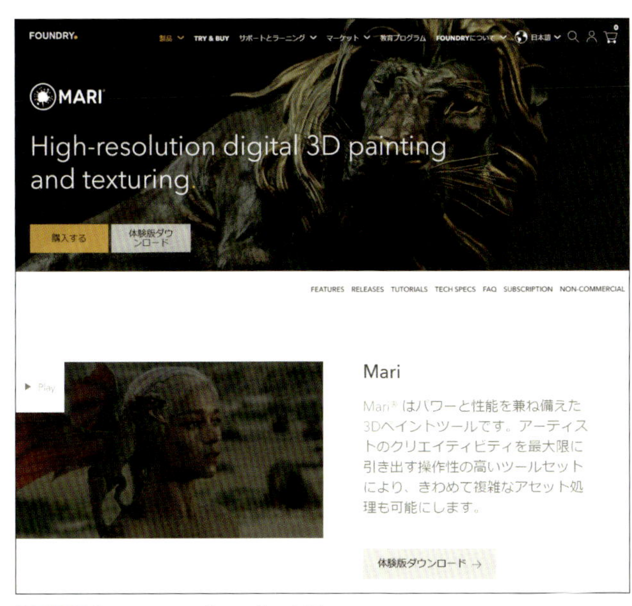

図6-1-1 「Mari」のトップページ(日本語)

「Mari」の特徴は、UDIMという通常1枚のUVをタイル上に並べることにより、複数のテクスチャを同時に扱えるテクスチャのシステムを、大量にかつ軽量にペインティングできる点です。

大量なテクスチャを軽量にペインティングできる利点から、Mariが使用されるケースはハイエンドなVFX作品が多く、このような作品では1ファイルで数百以上の4Kテクスチャのペイントと管理がされています。

3Dペイントソフトと言われていますが、実際にはテクスチャプロジェクションソフトで、3Dビューの上に描いたテクスチャをそのままモデルに投影して焼き付ける仕組みなので、通常の3Dペイントソフトよりも比較的軽快にテクスチャを描くことが可能です。

また、Jens Kafitz氏が制作したMariの拡張プラグイン「MARI EXTENSION PACK4」(有償)を使用することで、かゆいところに手の届くさまざまな調整レイヤーやプロシージャルテクスチャ、そのほかの拡張機能が追加され、「Mari」をさらに便利に使えるようになります。

- MARI EXTENSION PACK4の公式サイト
  https://www.jenskafitz.com/development/mari/mari-extension-pack-4/

図6-1-2 「MARI EXTENSION PACK4」のトップページ

Mari以外の代表的な3Dペイントソフト

今回使用する「Mari」以外にも、さまざまな3Dペイントソフトがあります。代表的なものを簡単に紹介しておきます。

● **3D-Coat**

スカルプト、リトポロジー、UV 展開、3D ペインティングなど、1 つのソフトでさまざまな活用ができるソフトです。Photoshp との連携もでき、ペイントの軽快さによりイラストライクからフォトリアルまで幅広く使えます。

● **Mudbox**

スカルプト、リトポロジー、3D ペインティング機能の付いたソフトです。こちらは Mudbox 上で UV 展開などをすることはできませんが、比較的シンプルな UI で操作も覚えやすく、初心者でも扱いやすいソフトになっています。

● **Substance Painter**

上記のソフトとは異なり、3D ペイントのみに機能をフォーカスしたソフトです。一番の特徴としては、ハイポリゴンからローポリゴンにノーマル情報をベイクしたり、ベイクした情報からさまざまなマスクを作成することができ、ペイント機能を使わずとも、素早く高品質なテクスチャを制作することが可能です。

6-2 色彩設計をもとに色を配置する

まず、作成した色彩設計をもとに、実際に色を配置していきます。今回は各色レイヤーを作り、マスクを使用して配色していきます。

① 色を追加

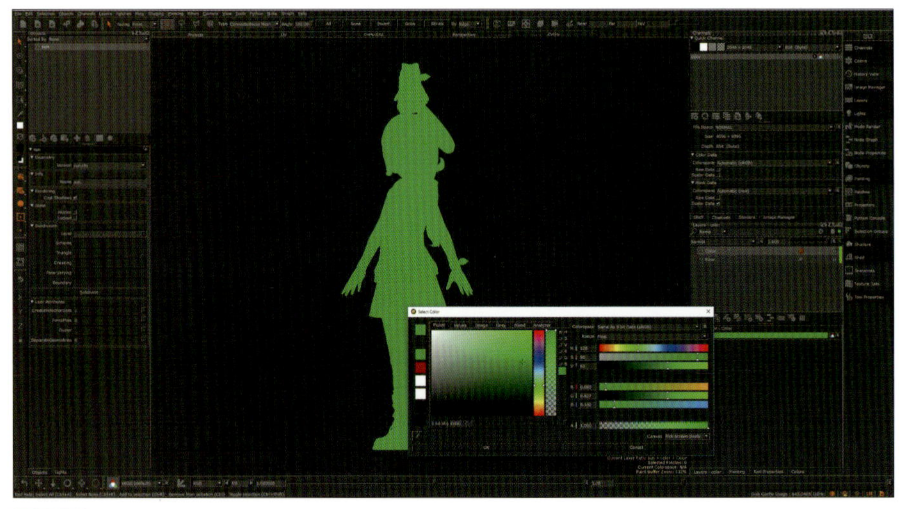

図6-2-1 Mairで最初の色を追加する

② 追加した色レイヤーにマスクを追加

「Layers」パネルからレイヤーを選択し、下部にある「Add Layer Mask」アイコンをクリックすると、レイヤーにマスクアイコンが追加されます。それをクリックして、マスクを編集します。

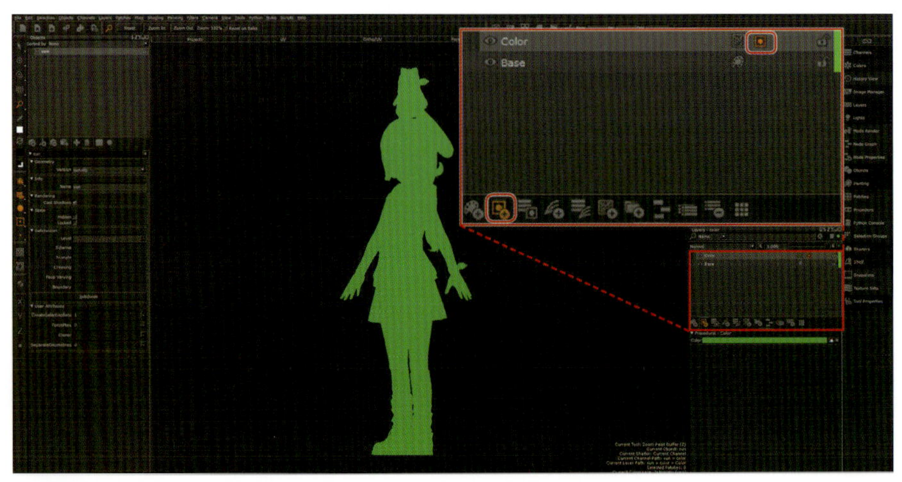

図6-2-2 色レイヤーにマスクを追加

③ 追加したマスクを利用して、色の範囲を決める

図6-2-3 例として「マスク」という文字を範囲してみた

④ マスクが見えづらい場合は、Shader を「Current Paint Target」モードにする

図6-2-4 ShaderをCurrentPaint Targetモードに変更

このような方法で、「陰影をデザインする」で作った色を「基本色」「1影」「2影」のレイヤーを作り、配置していきます。

基本色

図6-2-5 基本色の配置

1影

図6-2-6 1影の配置

2影

図6-2-7 2影の配置

アウトラインを描く

ポリゴンの表面のアウトラインは、シェーダーで描画することができないためテクスチャで描いていきます。

① アウトラインのマスクを作成

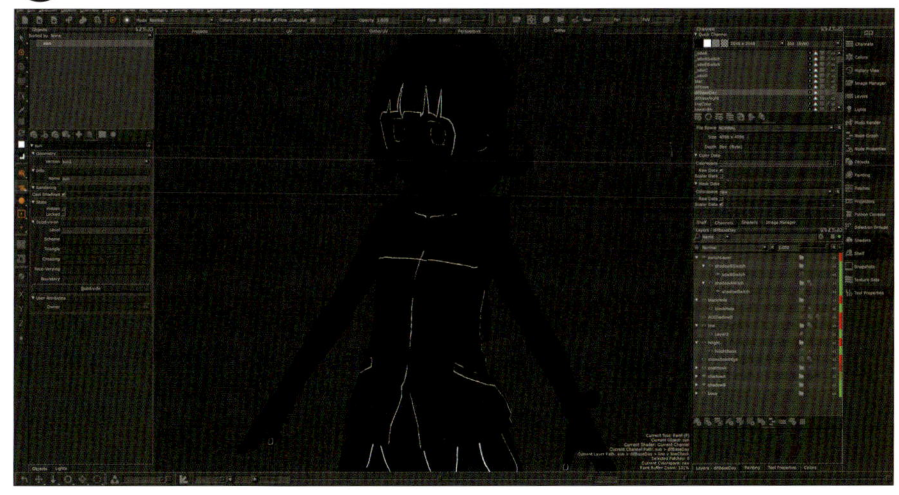

図6-2-8 アウトラインのマスクの作成

② アウトラインのカラーを作成

図6-2-9 アウトラインの作成

③ アウトラインカラーをマスクで抜き、各カラー素材の上に重ねる（合算は乗算を利用）

図6-2-10 マスクで抜き、乗算で合算

陰影のマスクを描く

色の配置が終わったら、次はマスクで陰影のテクスチャを作成していきます。こちらも「陰影をデザイン」するで解説したように、マスクで陰影を抜いていきます。

① 基本色用の固定した影のマスクを作成

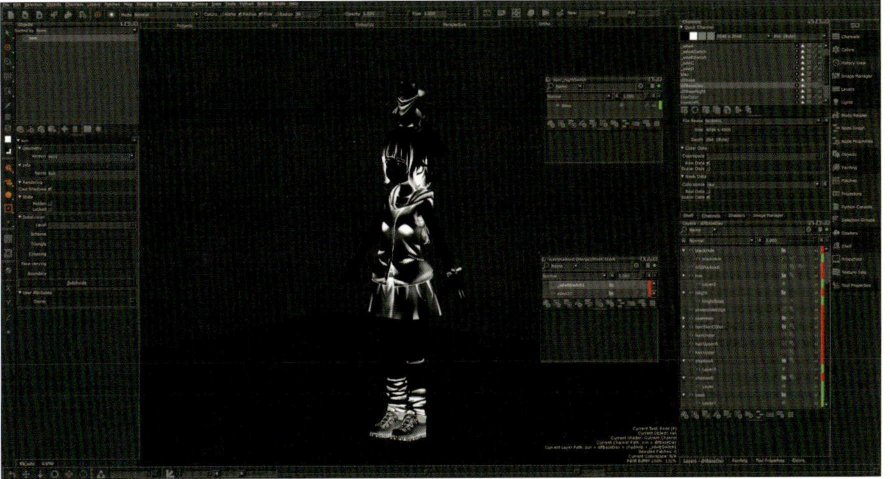

図6-2-11 固定した影のマスクの作成

② 1影と2影のマスクに適応して、基本色を作成

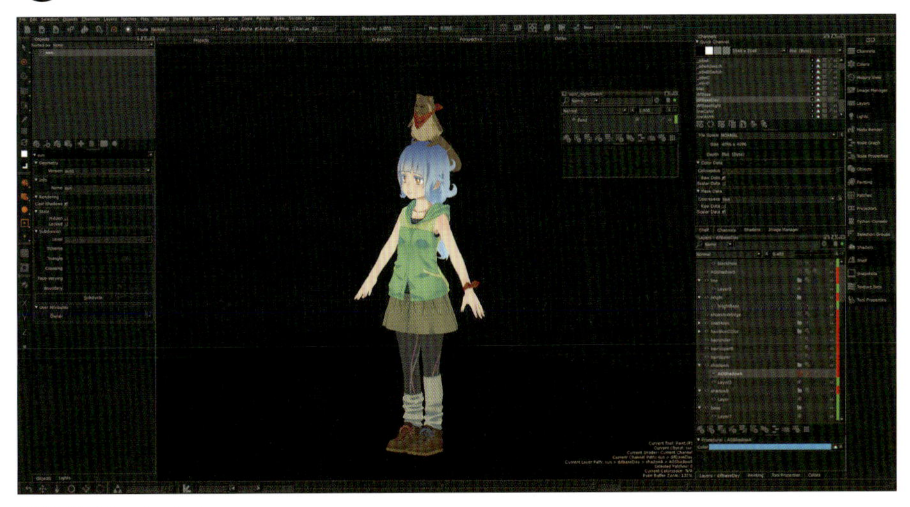

図6-2-12 基本色の作成

③ 2影用に反射光で下からほんのり明るくなるマスクを作成

図6-2-13 2影用のマスクの作成

④ 1影と2影のマスクを適応して、2影を作成

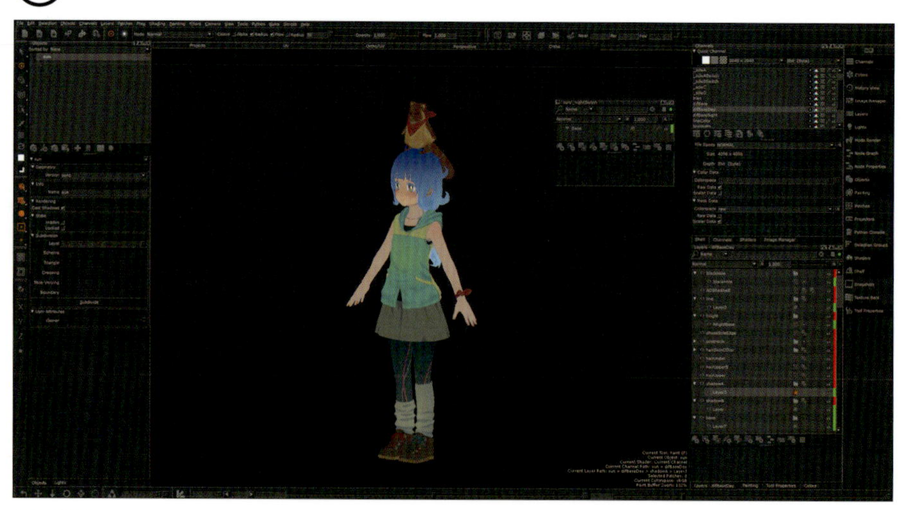

図6-2-14 2影の作成

5 1影用のテクスチャは、1影のマスクをオフにして作成

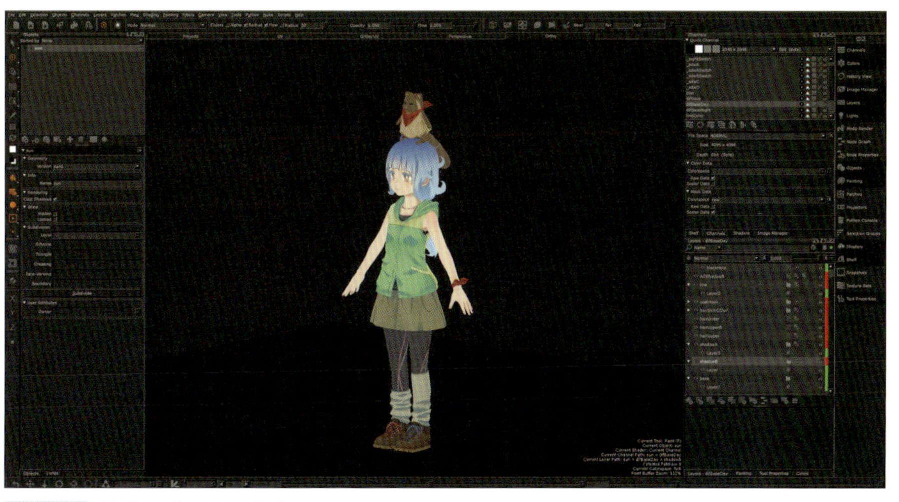

図6-2-15 1影用のテクスチャの作成

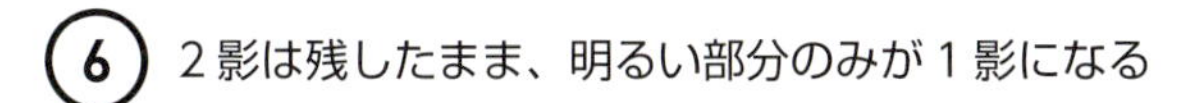

6 2影は残したまま、明るい部分のみが1影になる

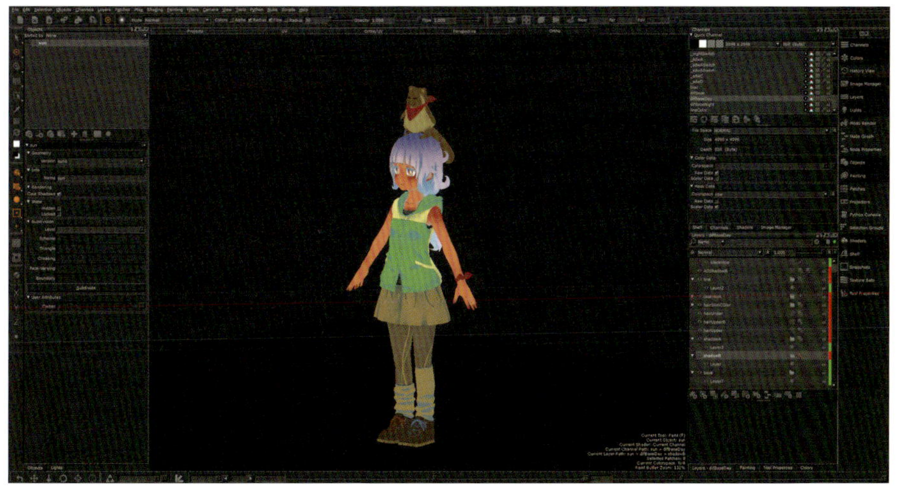

図6-2-16 1影の作成

AO（アンビエントオクルージョン）で2影に奥行き感をつける

環境次第では2影のみになる場合もありますので、2影の中にも奥行を出すために、ベイクしたAO（アンビエントオクルージョン）をマスクとして使用し、イラストの雰囲気に近づけます。

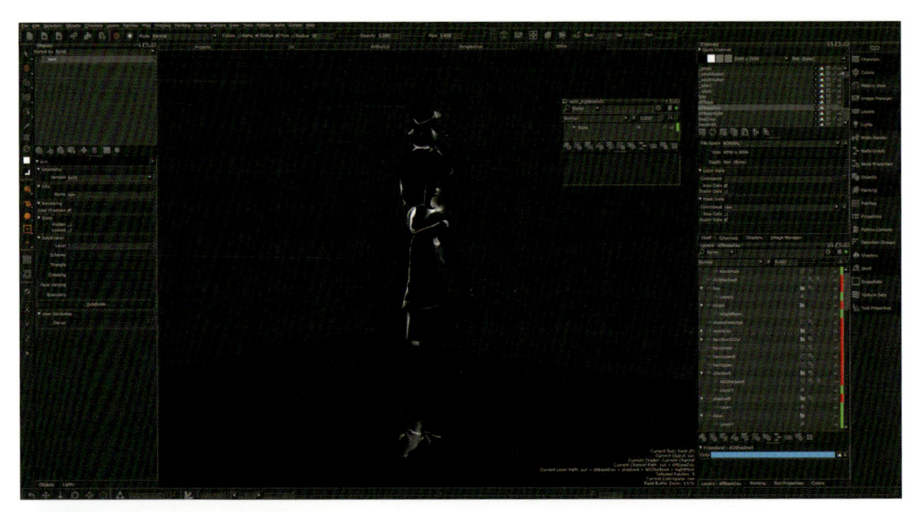

図6-2-17 2影にベイクしたAOをマスク

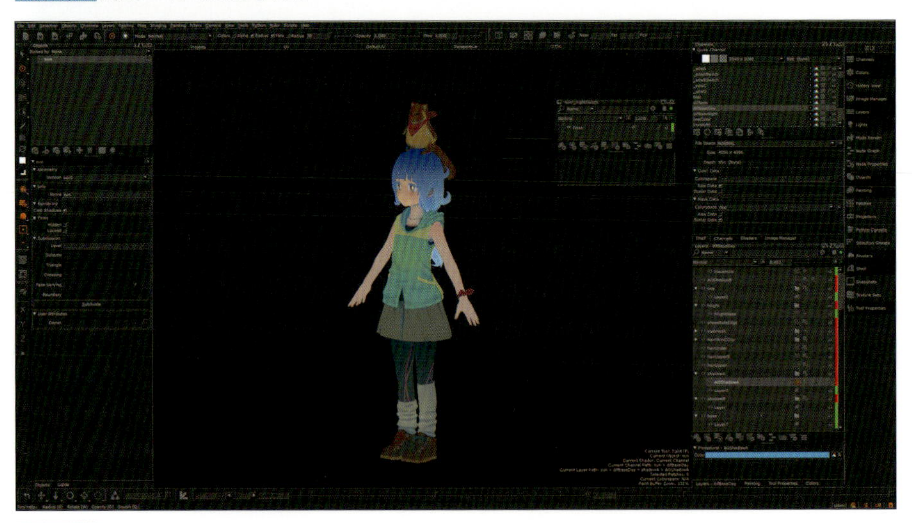

図6-2-18 2影にマスクを適用した結果

図6-2-19が、AO（アンビエントオクルージョン）を入れる前（左）と入れた後（右）の比較画像です。

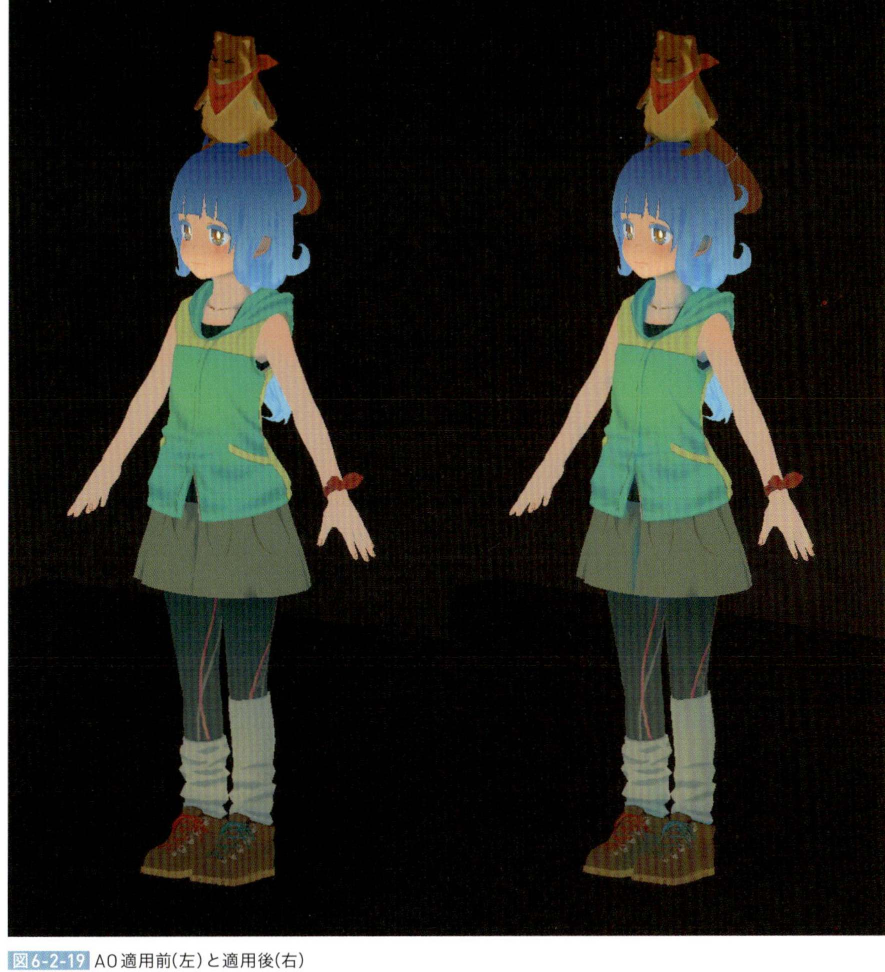

図6-2-19 AO適用前(左)と適用後(右)

グラデーションで味付けする

最後に、イラストと同様にちょっとしたアクセントにグラデーションをオーバーレイで追加します（図 6-2-21）。図 6-2-20 は、どのようなグラデーションを乗せているかがわかりやすいように、下地にグレーを置いています。

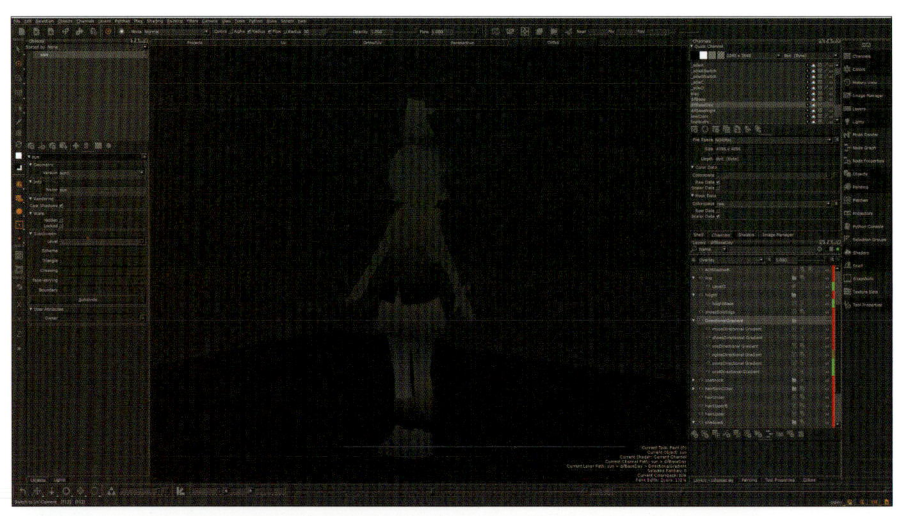

図 6-2-20 グレデーションをわかりやすく表示した例

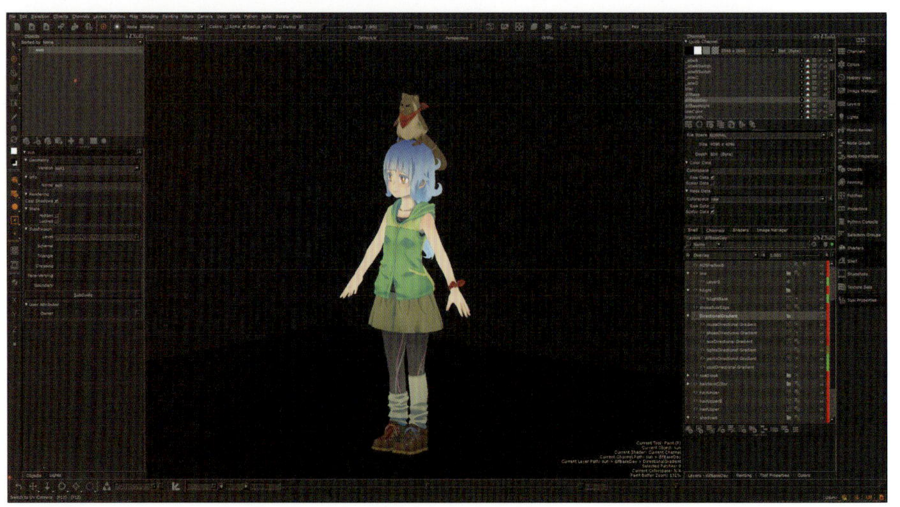

図 6-2-21 完成したテクスチャにグラデーションを追加

6-3 レイヤーシェーダーで簡易確認

「Mari」では、さまざまなレンダラーでの見た目をビューポートで確認するために、いくつかのシェーダーが備わっています。その中に、複数のシェーダーを重ねて利用する「レイヤーシェーダー」があります。これを利用することで、簡易的に陰影の色味の確認をすることができます。

シェーダー追加のアイコンをクリックすると、「Layered」というシェーダーがあります。それを追加選択すると、シェーダータブの左側に新しく「ShaderLayers」というタブが増え、レイヤーシェーダーを編集できるようになります。

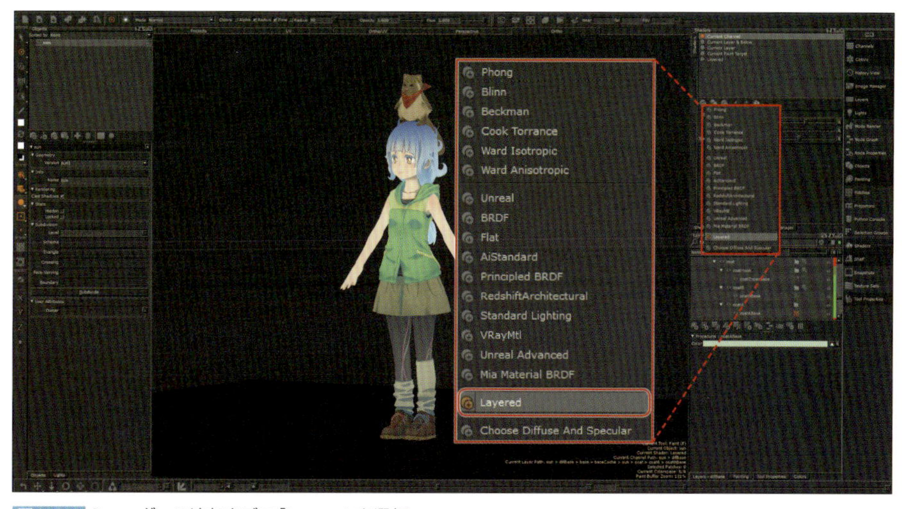

図6-3-1 シェーダーの追加タブで「Layerd」を選択

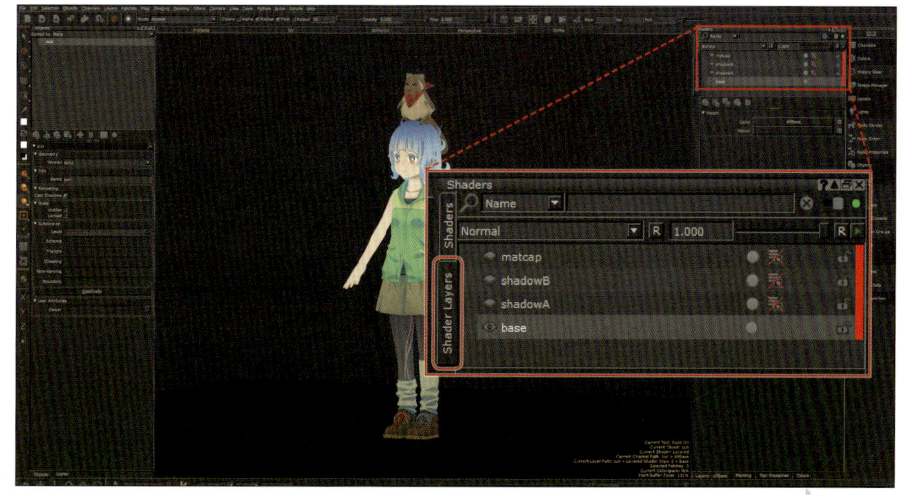

図6-3-2 「ShaderLayers」タブが追加される

今回は、複数のFlatシェーダーをレイヤーシェーダーのなかで使用し、陰影確認用のシェーダーを作成します。それではまず、制作した「基本色」「1影」「2影」のチャンネルを、各Flatシェーダーの「Color」の中に追加します。

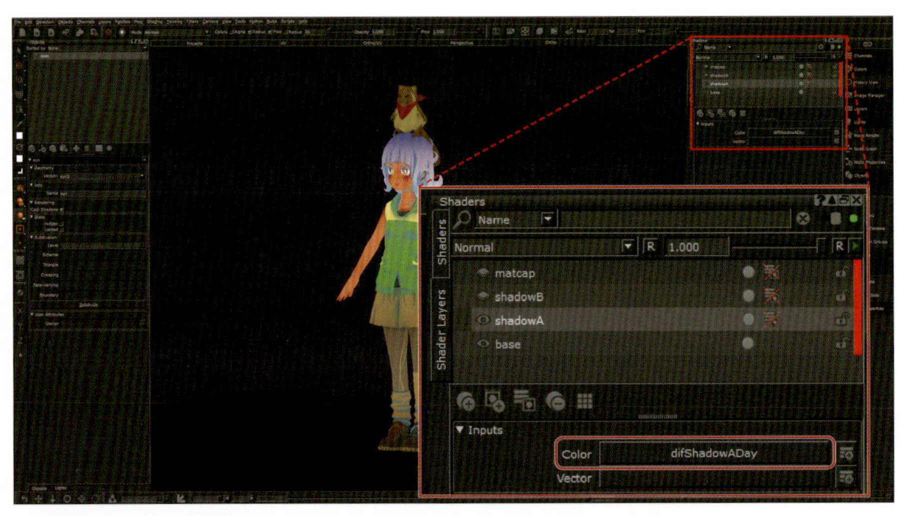

図6-3-3 1影のカラーを追加

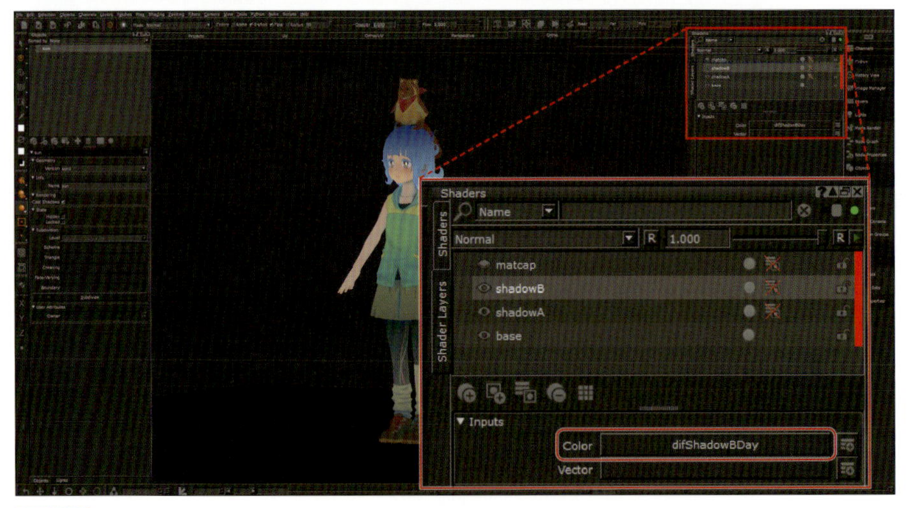

図6-3-4 2影のカラーを追加

影のレイヤーにマスクスタックを作成し、LightタブのEnvironmentを利用して外部プラグイン「Mari Extension Pack」のプロシージャルレイヤー「Environment Light」を追加します。これを使用すると、環境光をテクスチャに反映することができます。

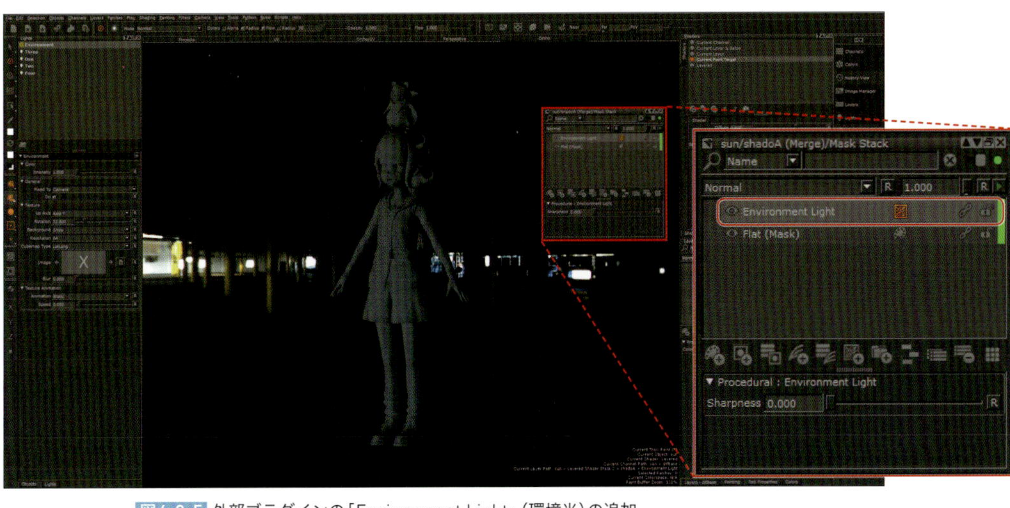

図6-3-5 外部プラグインの「Environment Light」(環境光)の追加

マスクの結果がわかりやすいように、マスクスタック内のレイヤーを選択し、シェーダーを「Current Paint Target」に変更して確認しながら調整します。

Environment Lightが反映されたのを確認したら、アジャストメントレイヤーの「Level」を追加し、コントラストの調整を行います。

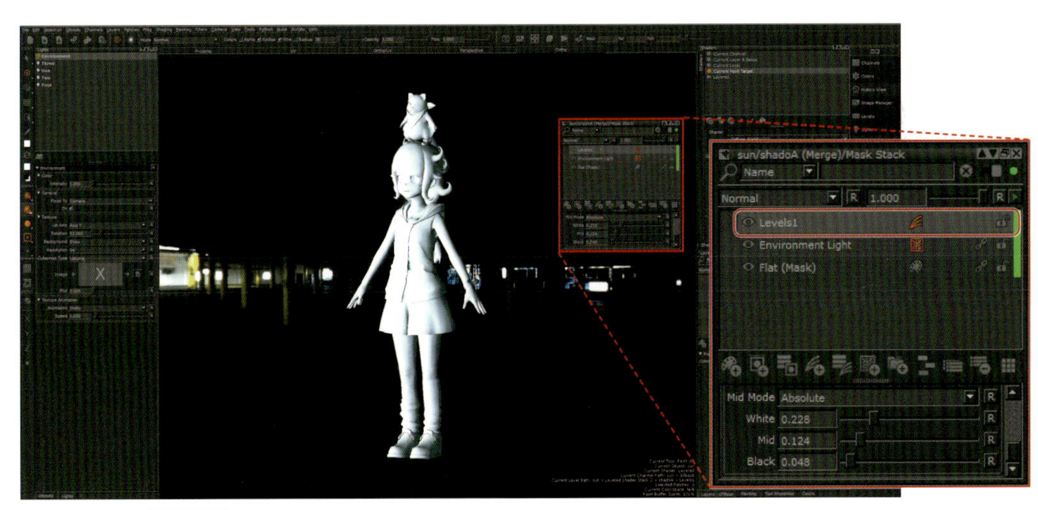

図6-3-6 「Level」を追加し、コントラストを調整

最後に、アジャストメントレイヤーの「Invert」を追加することで、Environmentのライトを利用した影用のマスクを作ることができます。

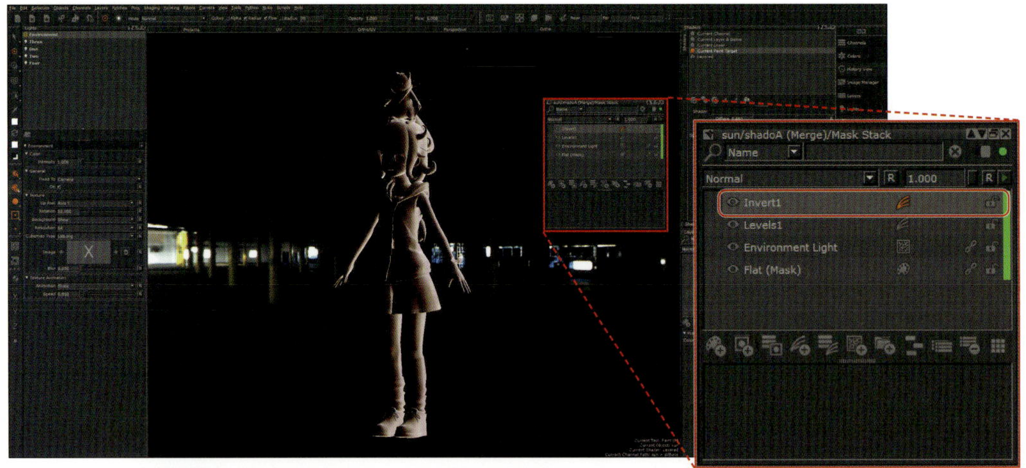

図6-3-7 アジャストメントレイヤーの「Invert」の追加

図6-3-8 環境光による影用のマスクの作成

1影、2影に影用のマスクを入れて、基本色と合成した結果が図6-3-9になります。

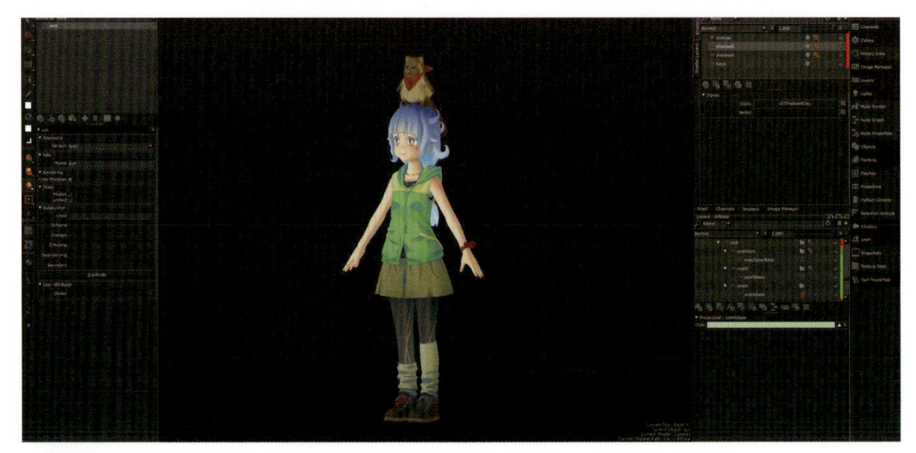

図6-3-9 1影、2影に影用のマスクの追加し、基本色と合成

また、別途プロシージャルレイヤーの「Sphere Map」を利用すると、UTS2で言うところの「MatCap」と同じ機能が使えます。こちらをマスクとして利用することで、MatCapを含めた確認も「Mari」上で行うことが可能です。

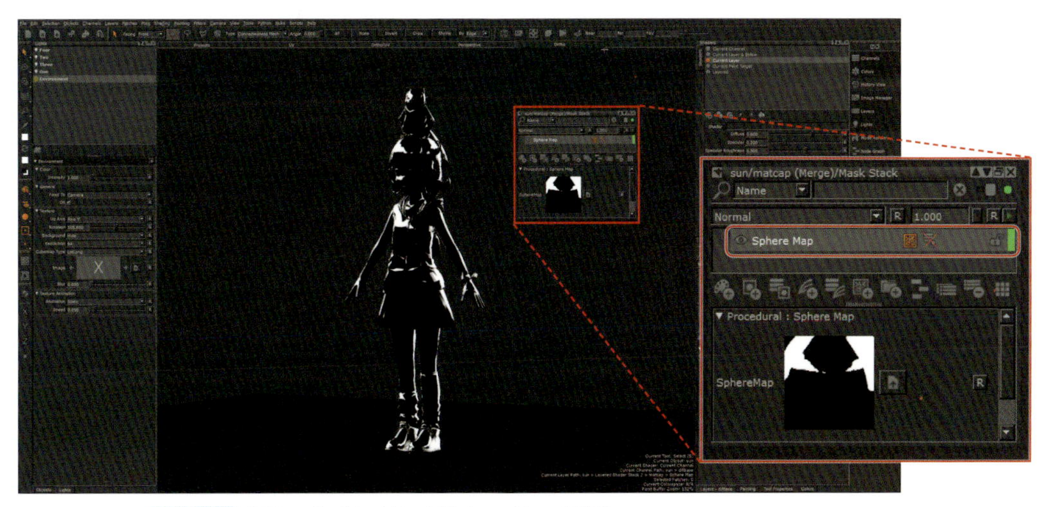

図6-3-10 プロシージャルレイヤーの「Sphere Map」の追加

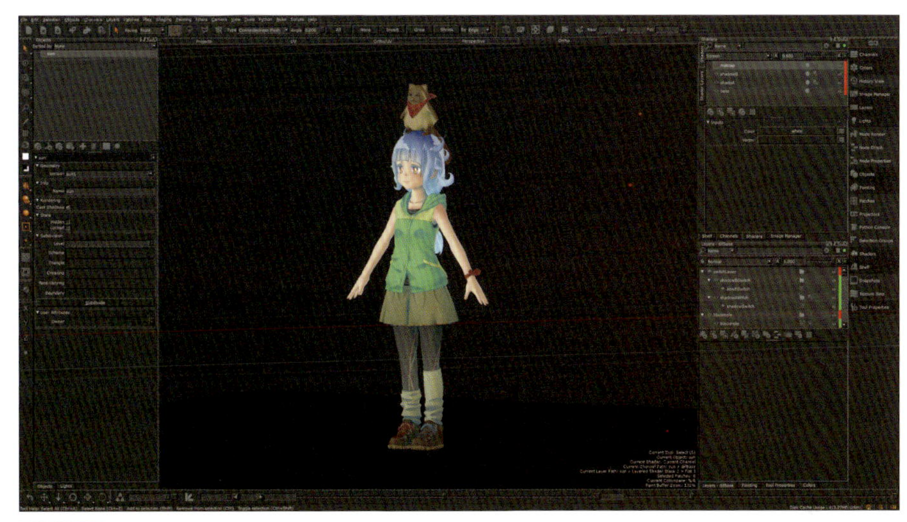

図6-3-11 「Sphere Map」を利用した表示

このように、チャンネルからリアルタイムで色の調子を見ながら、調整することが可能になりました。

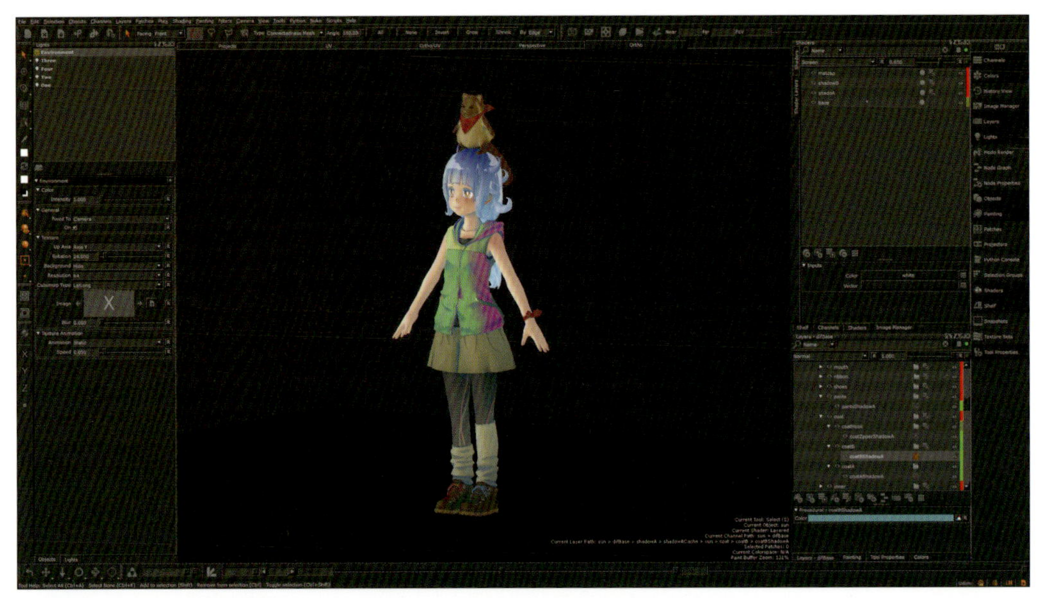

図6-3-12 チャンネルの色味を確認しながら調整1

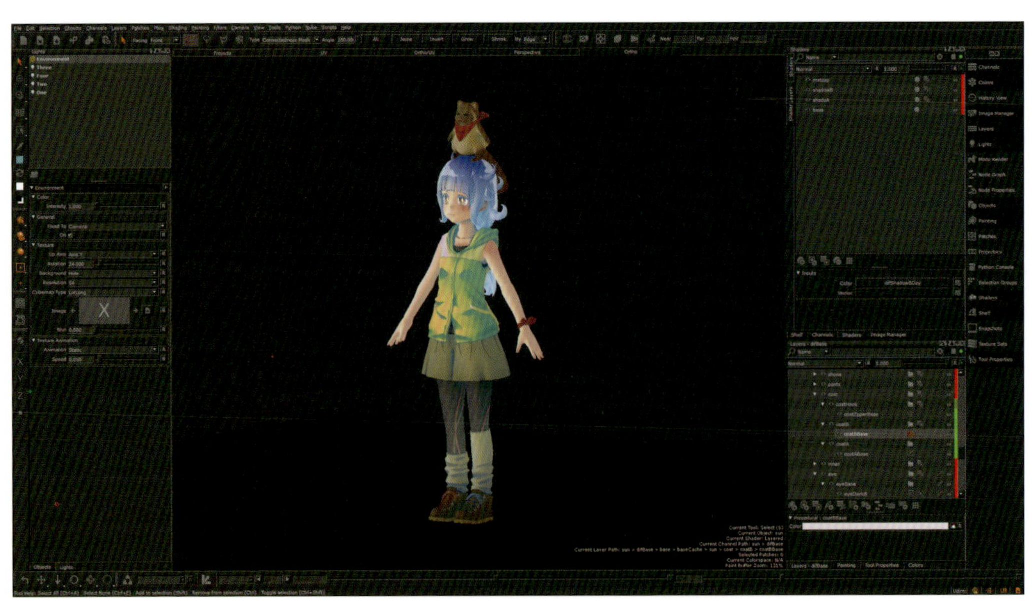

図6-3-13 チャンネルの色味を確認しながら調整2

6-4 シェアレイヤーによるテクスチャ管理の効率化

「Mari」にはシェアレイヤーという機能があります。これは、コピーしたレイヤーで同じテクスチャをそのまま別のレイヤーで共有できるため、似たようなレイヤーをコピーペーストしたり、再編集する必要などがなくなります。また、アイデア次第では、レイヤーの擬似的な切り替えが行えます。

影のマスクをシェアする

「高尾サン」では、1影と2影のマスクは同じものを利用しています。同じマスクを重ねることで、影の境界に1影が乗るようにするためです。ただ、「マスクを調整してはコピーする」を繰り返すととても効率が悪いため、シェアレイヤーを利用して管理します。

影のマスクは「_sdwA」という別のチャンネルを作成し、そこで管理しています。実際に「_sdwA」チャンネルをマスクを利用してできた影が、図6-4-2の画像です。

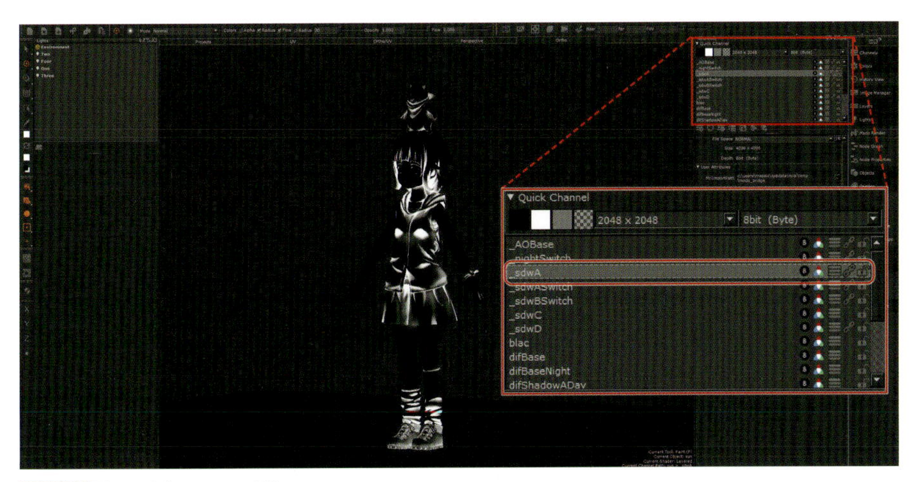

図6-4-1 影マスク「_sdwA」の追加

図6-4-2 「_sdwA」チャンネルをマスクを利用してできた影

試しに、_sdwA チャンネルに「シェアレイヤー」という文字をブラシツールで描くと、カラーテクスチャ側にも影色で「シェアレイヤー」という文字が追加されました。

図6-4-3 _sdwAチャンネルに文字を追加

図6-4-4 _shdwAチャンネルに書いた文字が影色になる

テクスチャのスイッチングを行う

チャンネルをそのままシェアレイヤーとして使うことで、テクスチャの切り替えを行うこともできるようになります。

たとえば、2影用のテクスチャを同一のチャンネルで描いてしまいたい場合、「_sdwASwitch」のチャンネルの中にある「shadowSwitch」というレイヤーをオンにすることで、2影用に調整したマスクに切り替わります。

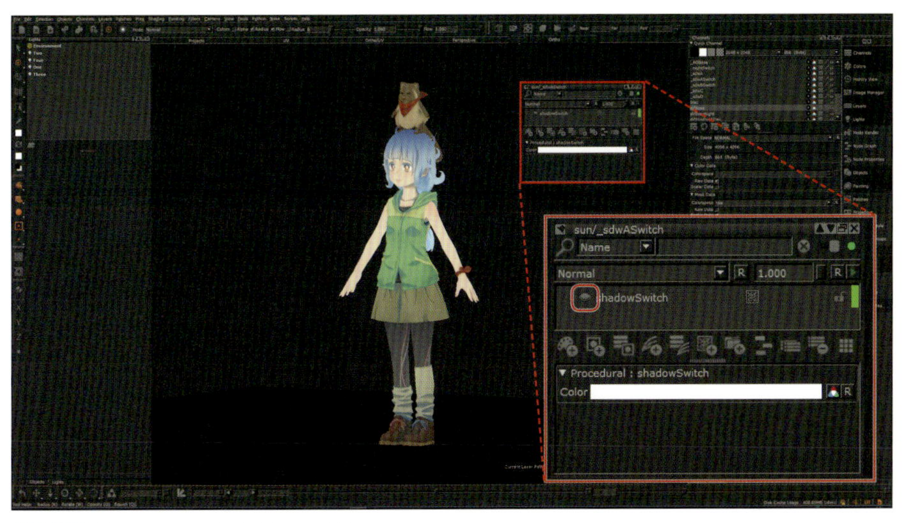

図6-4-5「shadowSwitch」レイヤーはオフ

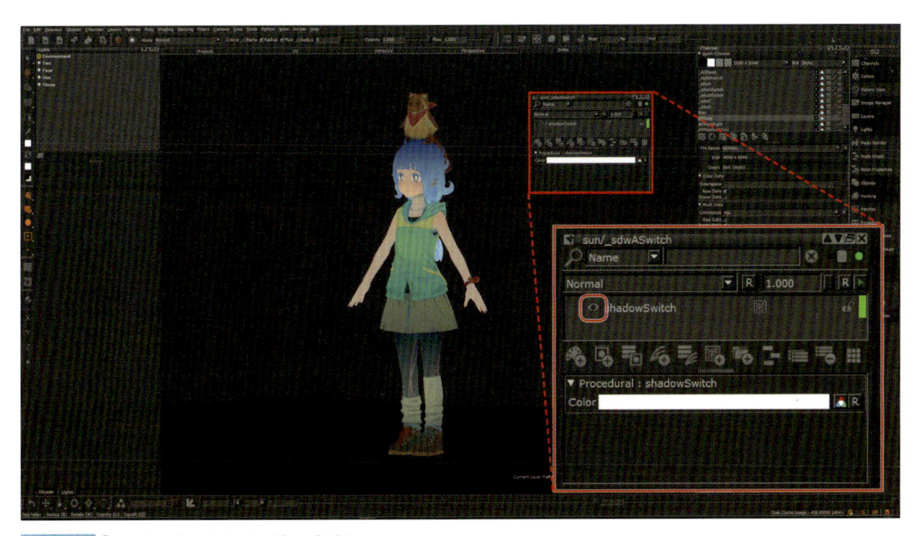

図6-4-6「shadowSwitch」レイヤーをオン

構造としては、影用のマスクチャンネルの「_sdwA」のなかに2影用のマスクのグループを作成し、レイヤーの一番上に配置します。

そのグループに対して、「_sdwASwitch」のチャンネルをマスクとして入れることで、レイヤーがオンになるとマスクが真っ白になり、2影用のマスクが表示されるようになるという仕組みです。

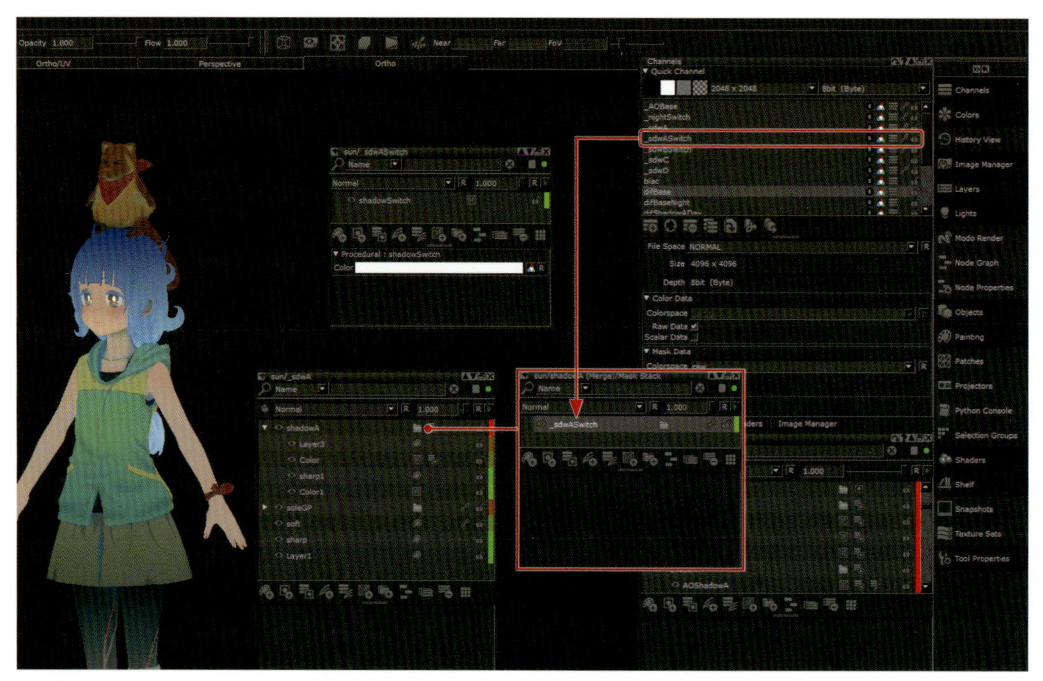

図6-4-7 2影用のマスクのグループを作成し、「_sdwASwitch」のチャンネルをマスクとして配置

6-5 オブジェクトのバージョン機能を利用する

「Mari」には、オブジェクトを複数読み込んで切り替えられる機能があります。これを利用することで、テクスチャはそのままでモデルの更新が行えたり、形状を変化させることで描きにくい場所に直接描けたりなど、テクスチャの見た目の確認を行うことが可能です。

図 6-5-1 と図 6-5-2 は、バージョンにフェイシャルのモデルを追加して変更しています。これにより、確認しづらい口の中や、まぶたを閉じた時のテクスチャの伸び具合を確認することができます。

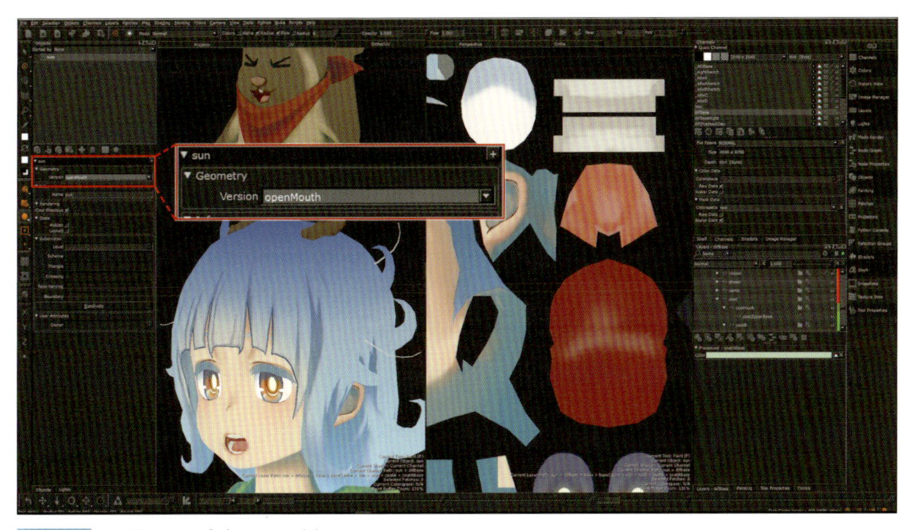

図6-5-1 口を開けたオブジェクトの追加

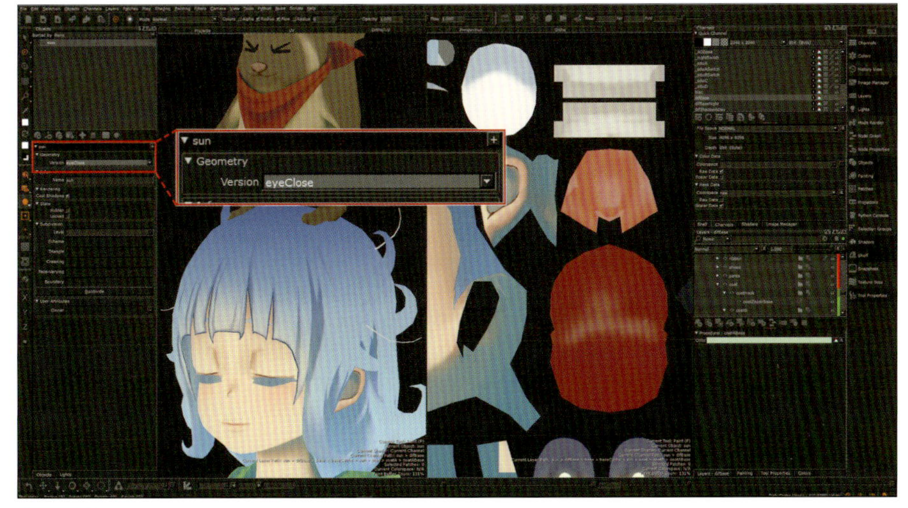

図6-5-2 まぶたを閉じたオブジェクトの追加

また、前節で解説した「シェアレイヤー」を利用したテクスチャの切り替え機能と併用することで、コンバーチブルモデルなどの管理を1つのファイルで行うことも可能です。

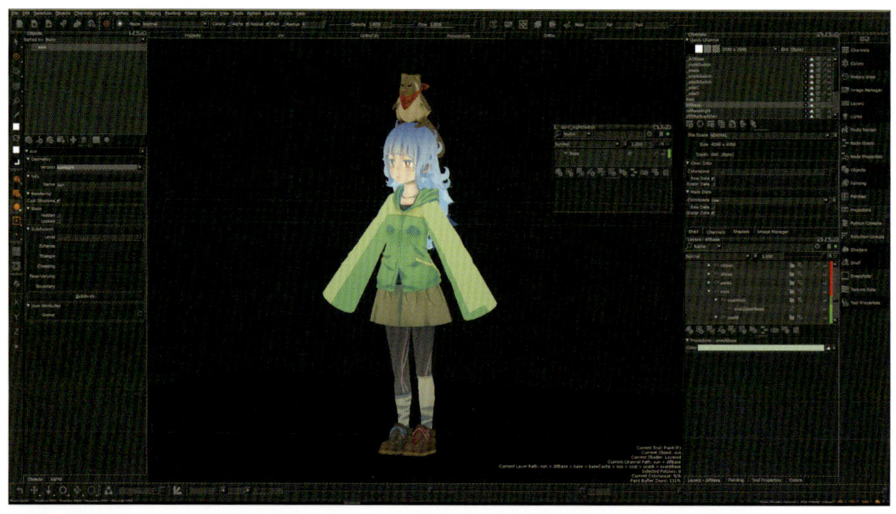

図6-5-3 コンバーチブルモデルを管理するチャンネルを表示

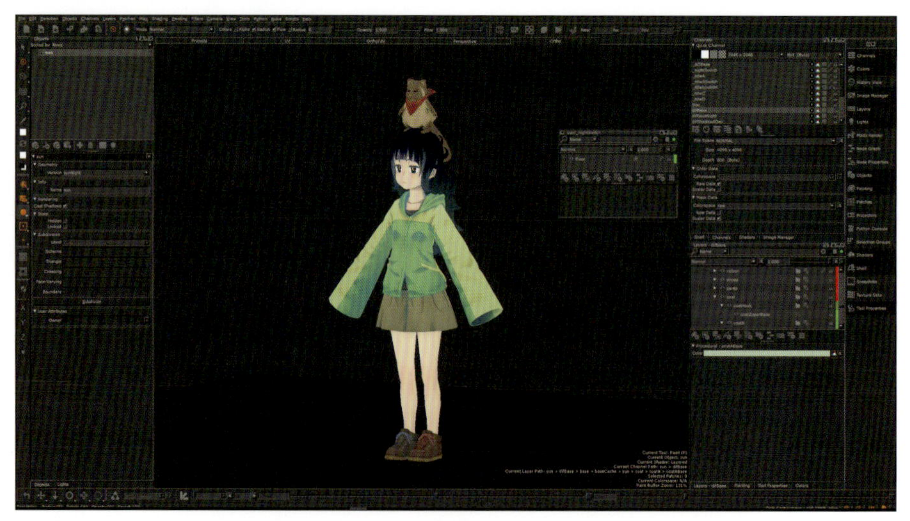

図6-5-4 Baseレイヤーを表示することでテクスチャを切り替え

6-6 作業軽量化のための Tip

「Mari」では、作業を行う際にレイヤーを増やしていくと、処理負荷のために作業ができなくなるほど重くなることがあります。そのため処理負荷を軽減し、快適にテクスチャを描くための Tips をいくつか紹介します。

レイヤーを減らす

レイヤーの削減は、凄く単純なことですがとても大事です。ただ、単純にレイヤーを減らすだけでなく、マスクレイヤーも同様に多用すると処理負荷が増大します。

図 6-6-1 は基本色、1 影、2 影を調整しやすいように 1 つカラー要素に対してレイヤーをまとめて、各レイヤーにシェアレイヤーのマスクを入れています。これをやると、シェアしたレイヤー分計算が行われて、処理負荷が増してしまいます。

この場合、少し調整しづらくなってしまいますが、図 6-6-2 のように基本色、1 影、2 影のグループを作成し、そのグループに対してシェアレイヤーを入れることで、グループのなかにあるレイヤーの数だけ処理負荷が軽減されることになります。

図6-6-1 各レイヤーにシェアレイヤーのマスクを入れた場合

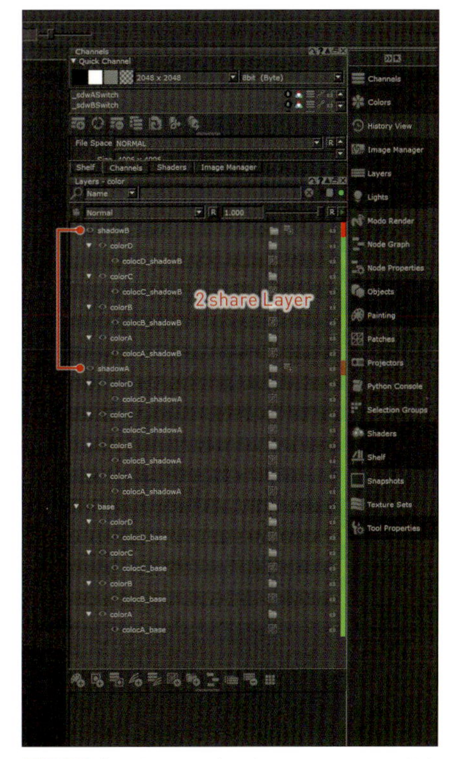

図6-6-2 グループを作成し、グループにシェアレイアーを入れた場合

レイヤーのキャッシュを作る

レイヤーを減らすといっても、作業上どうしても多くなってしまうことは、実際には多々あります。その場合、「Mari」の機能の１つでレイヤーのキャッシュを作り、軽量化する方法があります。

キャッシュを使用する場合、キャッシュを作りたいレイヤー、またはグループの上で右クリックします。メニューが開いたら Caching から「Cache Layers」を選択すると、選択したレイヤーまたはグループのキャッシュが作成されます。キャッシュが作られたレイヤーは、一時的にすべて結合されて、１枚のレイヤーとして計算されるようになります。

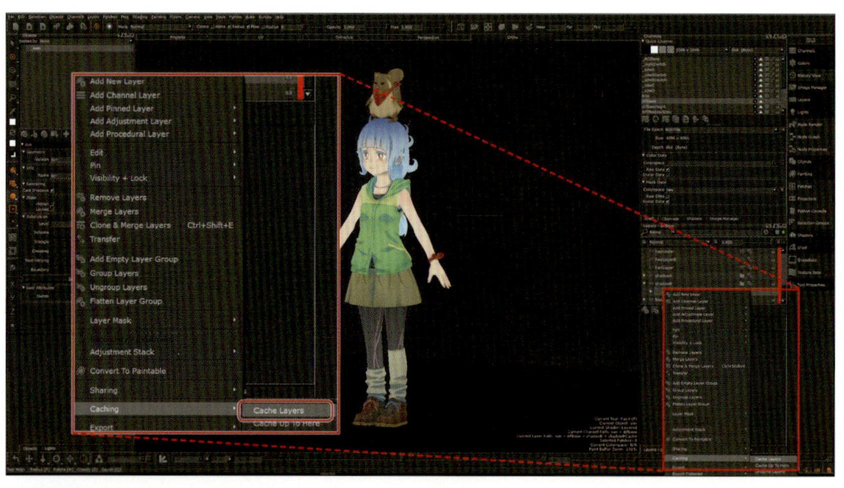

図6-6-3 右クリックのメニューから、「Cache Layers」を選択

図 6-6-4 のように右側の青くなったレイヤーがキャッシュの作られたレイヤーという意味で、色が青くなっている場合は、そのレイヤーは軽くなる代わりに一時的に編集ができなくなります。

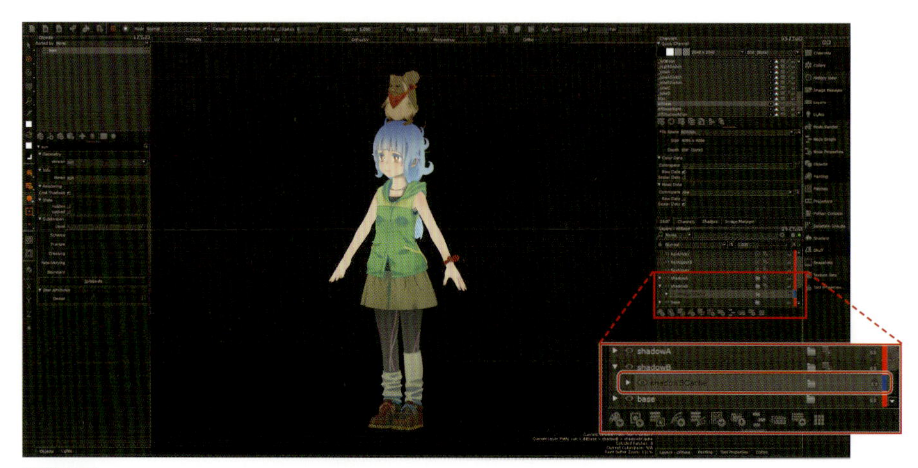

図6-6-4 キャッシュされたレイヤー(右側の青くなったレイヤー)は編集できない

また注意する点として、キャッシュを作成したレイヤーのなかにシェアレイヤーがある場合、それも編集ができなくなってしまいます。キャッシュを取りつつ作業をしたい場合には、シェアレイヤーの扱いに注意してください。

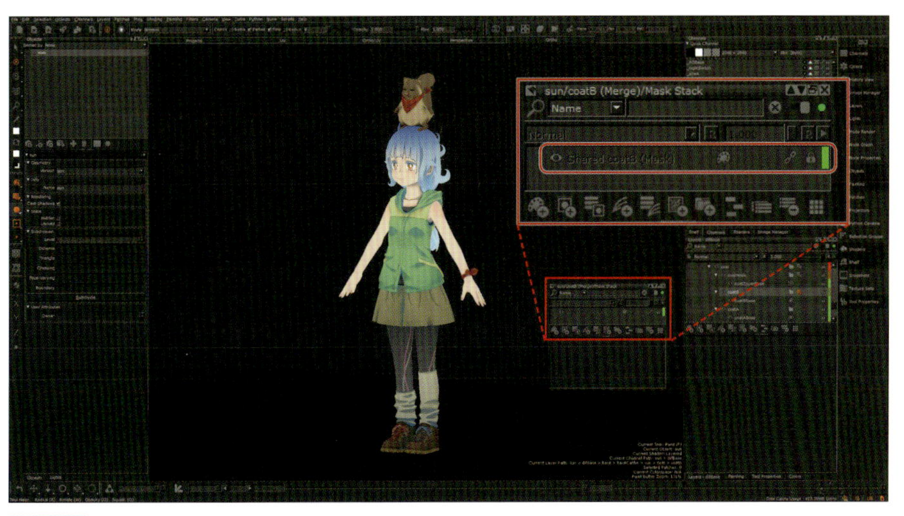

図6-6-5 シェアレイヤーが含まれる場合は、それも編集できない

もし、キャッシュを作ったレイヤーを再度編集する必要が出てきた場合は、キャッシュを作成したレイヤーを右クリックし、Caching から「Uncache Layers」を選択するとキャッシュが解除され、再度編集が行えるようになります。

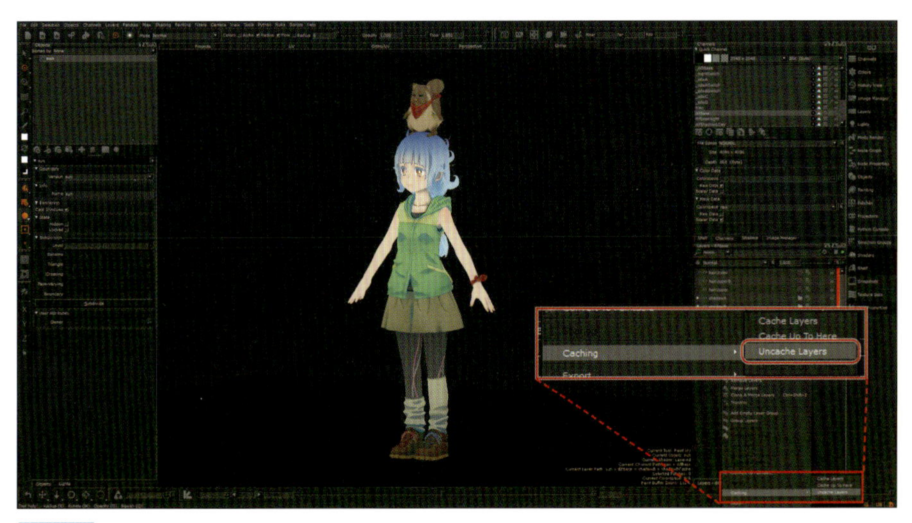

図6-6-6 右クリックのメニューから、「Uncache Layers」でキャッシュを解除

CHAPTER
7 UTS2の調整

いよいよ、ここからUTS2（ユニティちゃんトゥーンシェーダー 2.0）を使って、細かい調整を行い質感を高めていきます。「高尾サン」のキャラクターを例にして操作方法を紹介していますが、どのキャラクターでもよく使われる調整項目で、ほかでも応用できますので参考にしてみてください。

7-1 陰影を調整する

シェーダーを「UTS2」に変更し、作成したテクスチャを各項目にアサインしていきます。BaseMaterialを選択し、Shaderのドロップダウンリストから「UnityChanToon Shader → Toon_ShadingGradeMap」を選択します。

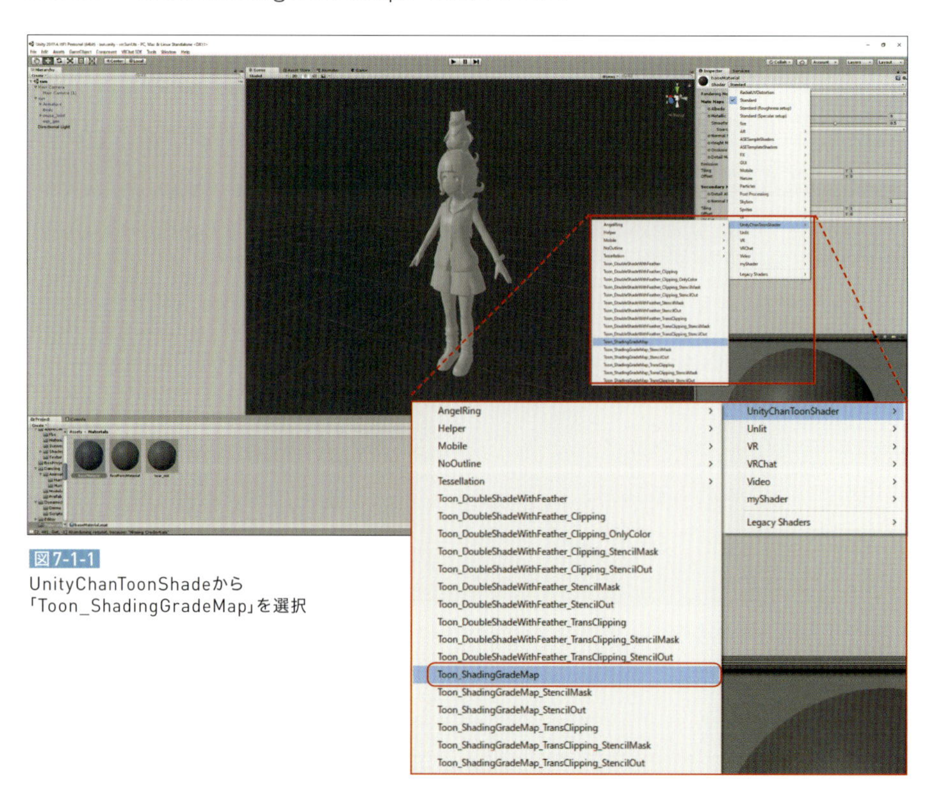

図7-1-1
UnityChanToonShadeから「Toon_ShadingGradeMap」を選択

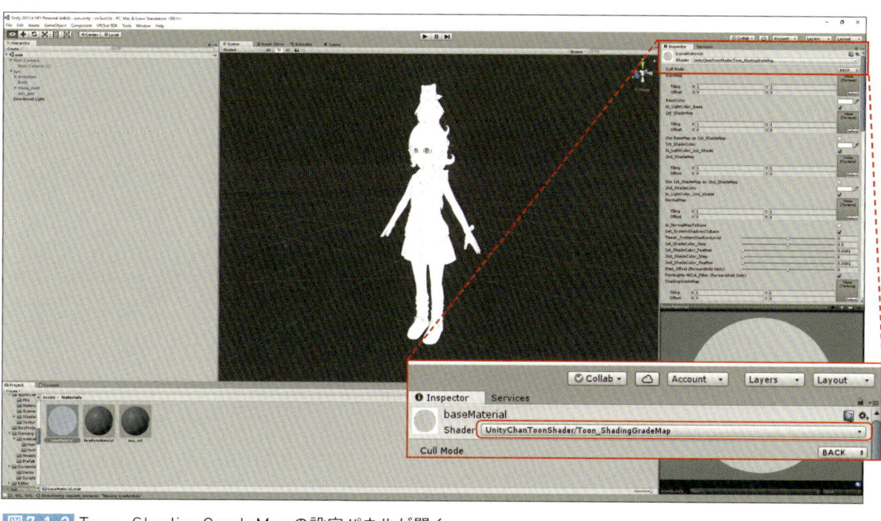

図7-1-2 Toon_ShadingGradeMapの設定パネルが開く

BaseMap、1st_ShadeColor、2nd_ShadeColorに作成した各種マップを追加し、2nd_ShadeColor_Stepの数値を上げて、2nd_ShadeColorが問題なく適応されているかを確認します。

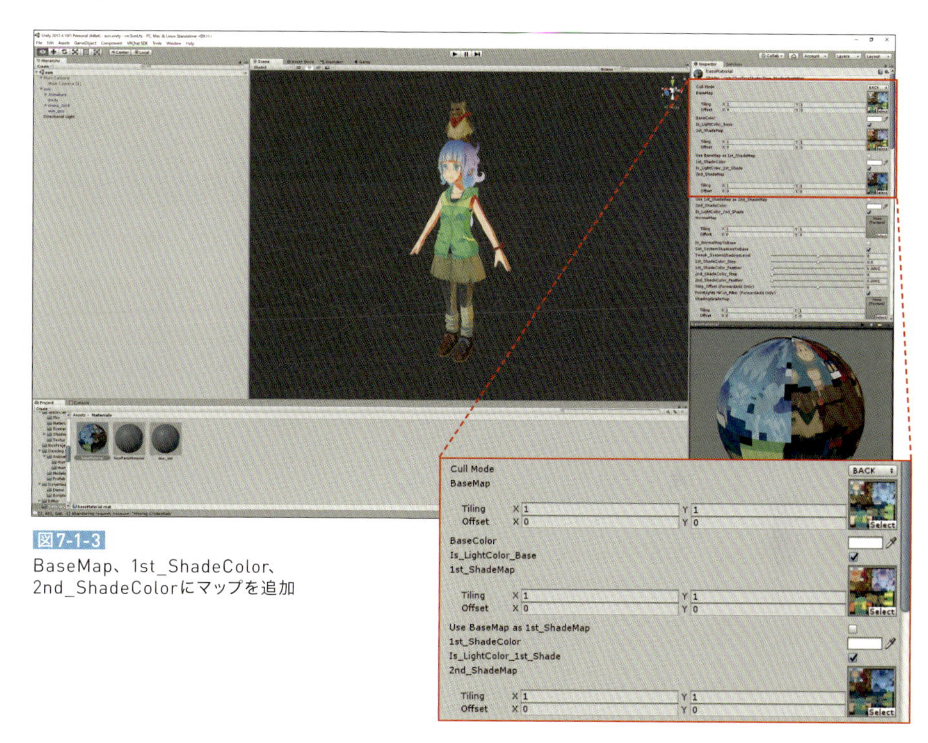

図7-1-3
BaseMap、1st_ShadeColor、2nd_ShadeColorにマップを追加

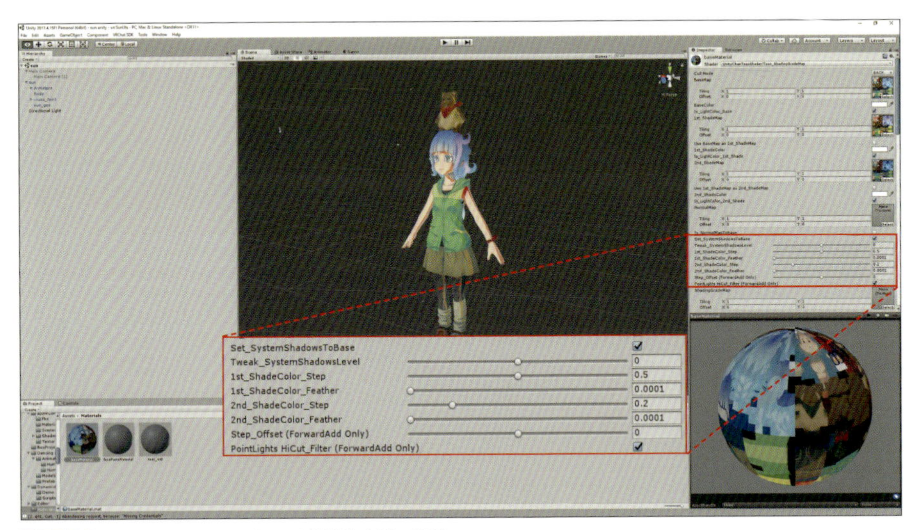

図7-1-4 2nd_ShadeColor_Stepの数値を上げて確認

BaseMap

1st_ShadeColor

図7-1-5 設定された各種マップ

2st_ShadeColor

7-2 シェーディングの調整をする

ここから、1st/2nd_ShadowColor_Step と Feather のパラメータを変更し、陰影のグラデーション具合を調整していきます。

陰影のグラデーションの確認のため、一度「Set_SyastemShadowsToBase」を Off にして、システムシャドウ（オブジェクトが落とす影）はオフにします。また、調整時に陰影の具合がわかりづらい場合は、1st_ShadowColor や 2nd_ShadowColor に極端な色を入れて試してみると、陰影の具合が確認しやすくなります。

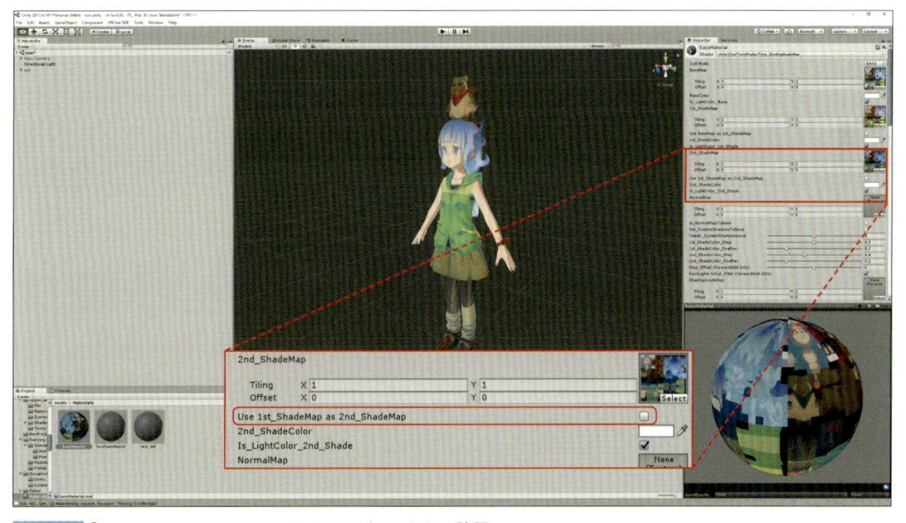

図7-2-1 「Set_SyastemShadowsToBase」をOffにして確認

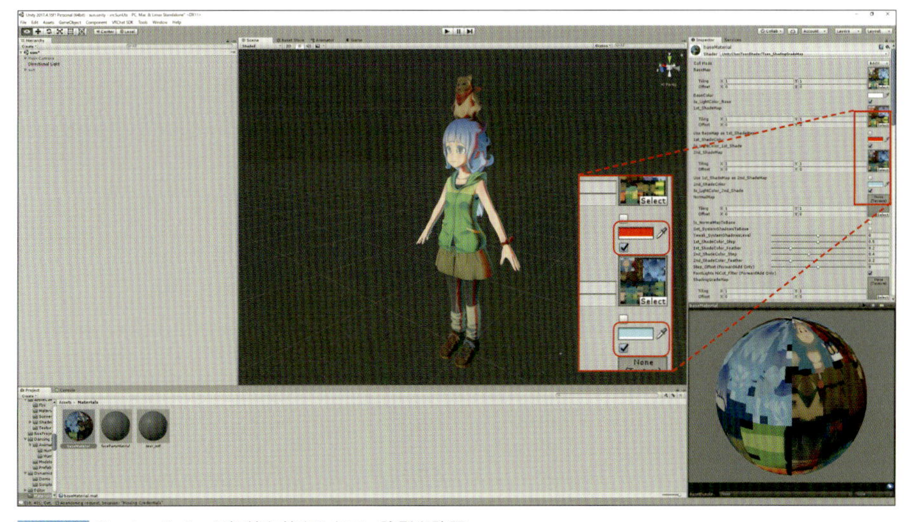

図7-2-2 ShadowColorに極端な値を入れて、陰影を確認

一通り陰影の具合の調整が終わったら、Set_SyestemShadowsToBaseを「On」にして、システムシャドウを表示します。すると、システムシャドウによって、陰影のグラデーションが潰れてしまいました。

図7-2-3 「Set_SyastemShadowsToBase」をOnにして確認

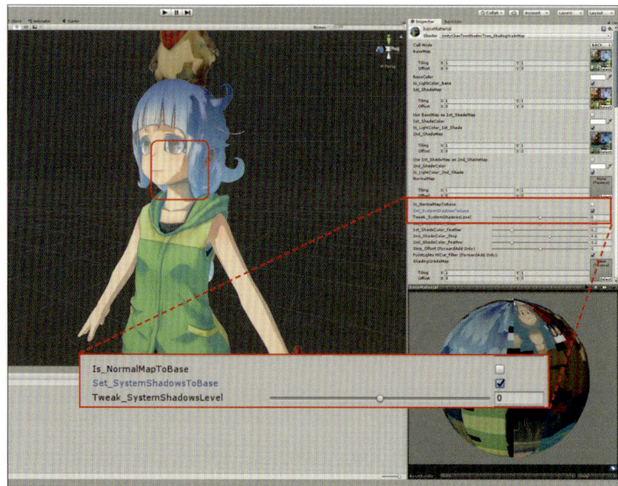

図7-2-4 陰影のグラデーションが潰れてしまう

システムシャドウに被らないように、1st/2nd_ShadowColorStepを「0.1」づつ足してちょっとだけ影を濃くします。そこから「Tweak_SyestemShadowLevel」に0.1を足して、落影の濃さをちょっとだけ薄めます。これである程度、落影による陰影の潰れが解消されました。

なお、TweakSystemShadowLevelは上げれば上げるほどシステムシャドウが薄くなりますが、影が落ちて欲しいところには、逆に影が乗らなくなっていきますので注意してください。

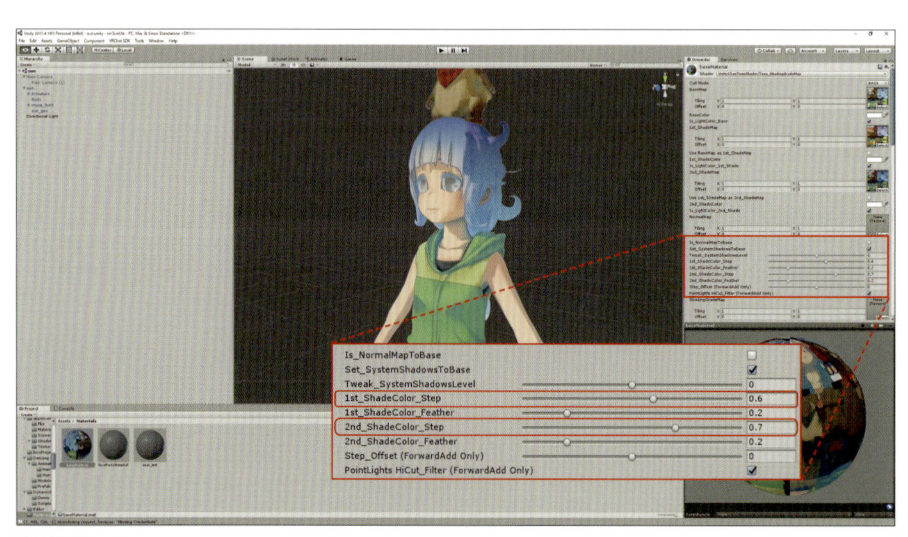

図7-2-5 1st/2nd_ShadowColorStepに「0.1」を加えて、影を濃くする

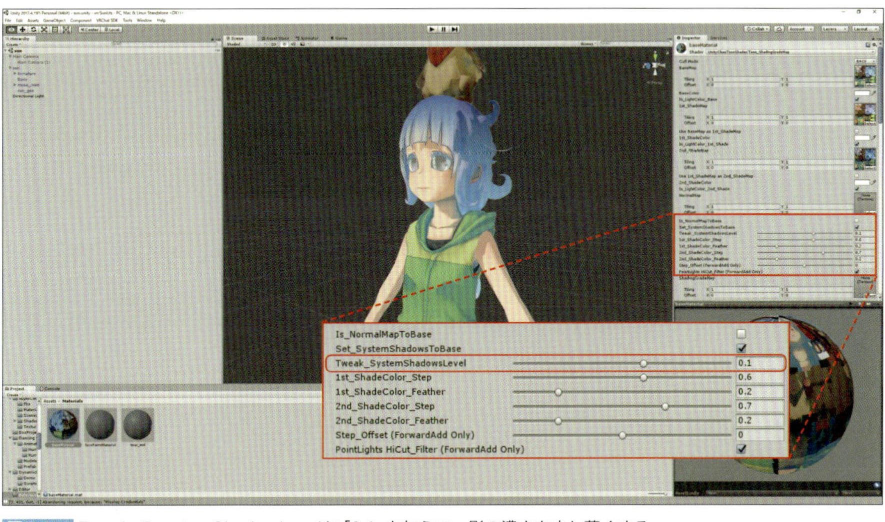

図7-2-6 Tweak_SyestemShadowLevelに「0.1」を加えて、影の濃さを少し薄くする

調整が終わったら、ディレクショナルライトをぐるぐる回してみて、陰影に問題がないかを確認します。

図7-2-7 ディレクショナルライトで陰影を確認

7-3 リムライトを調整する

次にリムライトを調整します。リムライトは、ライティング用語で後ろから照らすライトのことです。実際に撮影でリムライトを使用する場合、ほとんどは被写体のシルエットを浮き立たせる際に使用します。イラストでも同様に、リムライトを描くことにより、背景からキャラクターを浮き立たせて見せる効果があります。

今回の「高尾サン」では、そういった輪郭を浮き立たせる意味もありますが、空の色が陰に乗ったり、環境の色がフレネル反射し、シルエットが浮き立つという意味合いで使用しています。

それでは、RimLight のチェックボックスをオンにして、RimLight を適応させます。

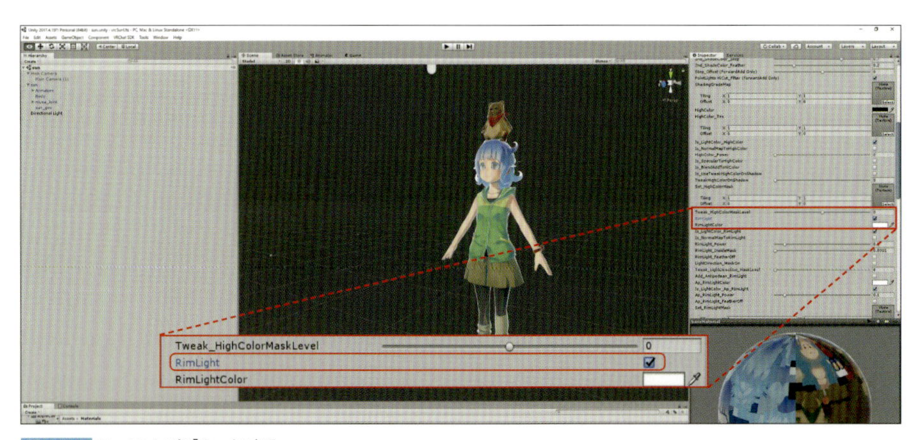

図7-3-1 RimLightを「On」にする

次に、空の青い光をイメージして RimLightColor の色を調整し、RimLight_Power の数値を変更してリムライトの明るさを調整します。

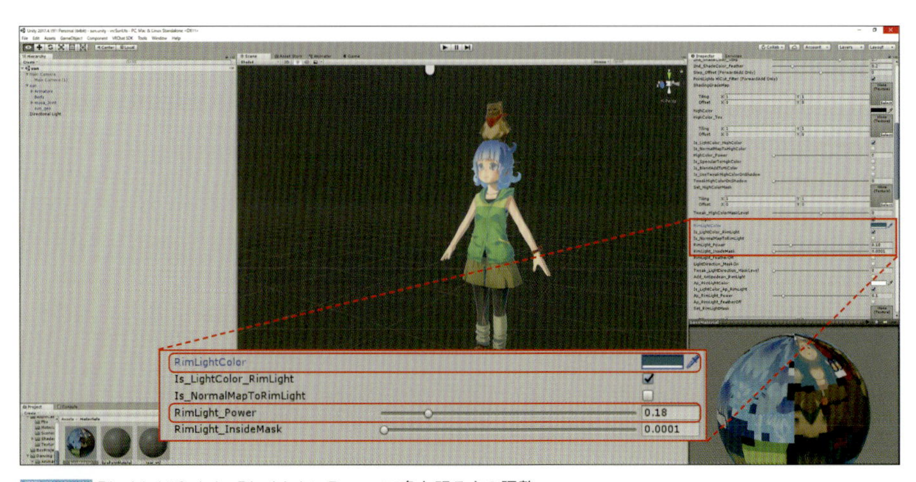

図7-3-2 RimLightColol、RimLight_Powerで色と明るさの調整

UTS2の調整

追加したRimLightだけだと、ただ周りがふんわり発光しているイメージになってしまいました。そこで、「Add_Antipodean_RimLight」をオンにして、影のなかのRimLightを強くします。

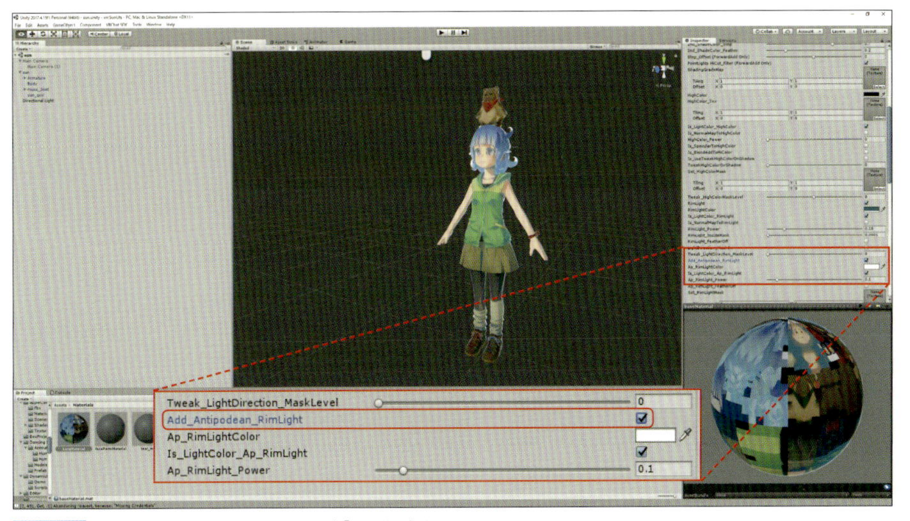

図7-3-3 Add_Antipodean_RimLightを「On」にする

こちらも、RimLight同様にAp_RimLightColorで色を追加し、Ap_RimLight_Powerを少し強めにしました。

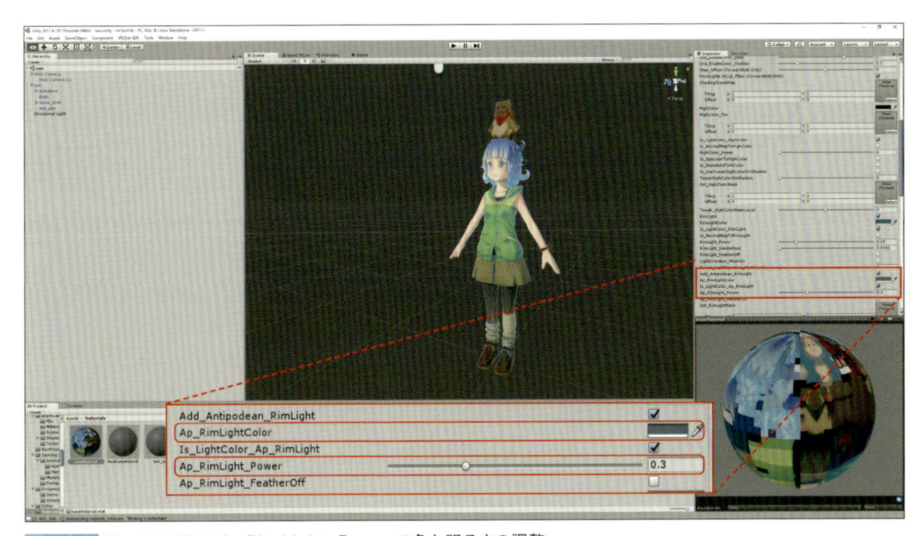

図7-3-4 RimLightColol、RimLight_Powerで色と明るさの調整

リムライトにより、シルエットが浮き上がるようになりました。ただ、不必要なところにもリムライトが入ってしまい、テクスチャで描いた立体感が損なわれてしまいました。

そこで、影になるような入り組んだところにはマスクを使用して、リムライトが入らないように調整します。

リムライトマスクなし

リムライトマスクあり

リムライトマスクなし

リムライトマスクあり

図7-3-5 リムライトマスクのあり／なしの比較

図7-3-6 使用したリムライトマスク

7-4 MatCapを追加する

髪の毛のハイライトは、デザインされたイラスト調のハイライトにしています。これを通常のCG的なハイライトで表現することは、現状ですとできません。Unityでは、CG的なハイライトは基本的に丸い円になりますが、イラストで見られる星やハート型のような意図的にデザインされた形のハイライトは作ることができないからです。

また、カラーテクスチャに描き込んでもよいのですが、ハイライトの位置がモデルに固定されてしまい、違和感を感じます。こんなときは、「MatCap」機能を利用します。

「MatCap」というのは法線方向に合わせ、カメラの正面からテクスチャを投影する機能です。これを利用すると、髪の毛のハイライトだけでなく擬似的な金属の表現や、意図したタッチを入れるなど、イメージどおりのテクスチャを貼り付けることができます。

使い方を解説していきましょう。まず、MatCapのチェックボックスをオンにします。そこから、「MatCap_Sampler」に空の雲をイメージしたハイライトのマスクを追加します。これで、MatCapの画像が投影されたことがわかります。

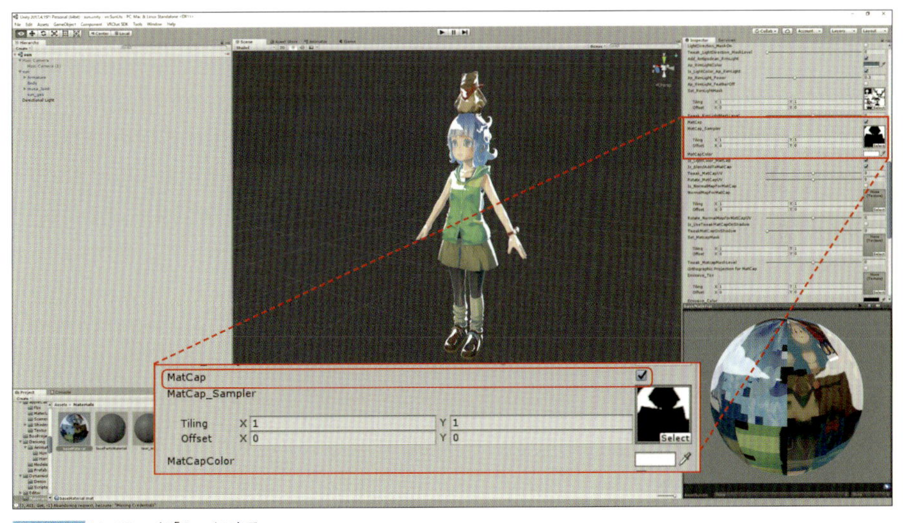

図7-4-1 MatCapを「On」にする

ただ、現状では白飛びし過ぎているため、MatCapColorを利用して色の調整を行います。

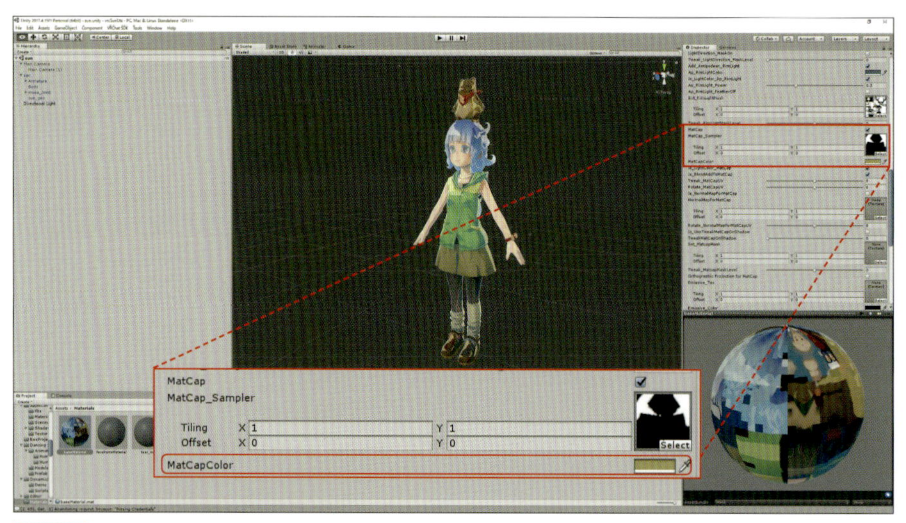

図7-4-2 MatCapColorで色の調整

図7-4-3 使用したHairMatCap

MatCapを貼り付けたことで、一見よい感じに見えます。ですが、マテリアルが1つのため、身体全体に入ったり後ろから見てみると三つ編みの部分に、不要なハイライトがたくさん入り邪魔になっています。

このようになってしまった場合は、「MatCap mask」を利用して、不要な場所にMatCapが反映されないようにします。これは、不要な場所のMatCapを避けるだけでなく、マテリアル数の削減にも繋がります。

MatCapマスクなし

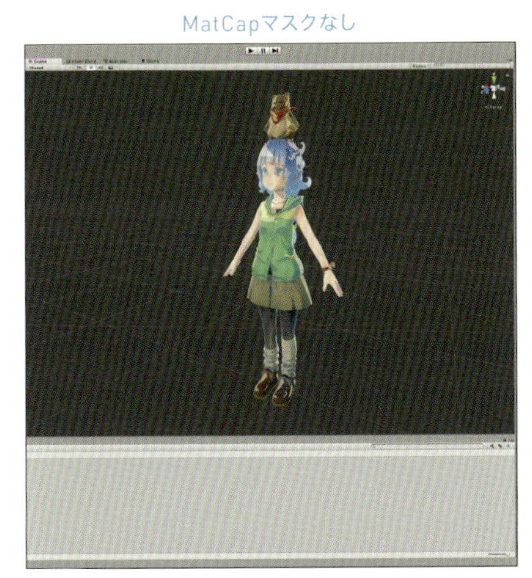

MatCapマスクあり

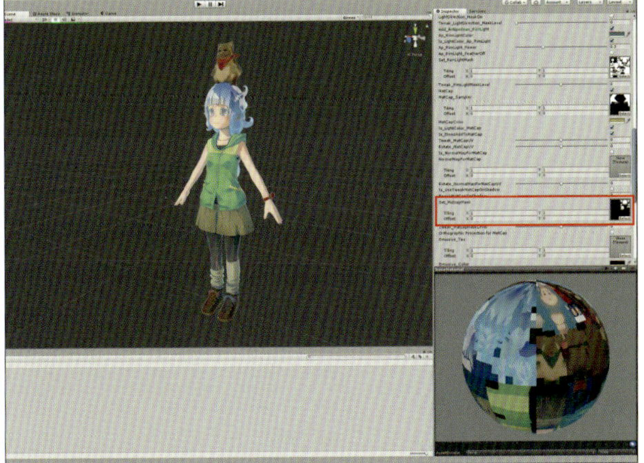

MatCapマスクなし

MatCapマスクあり

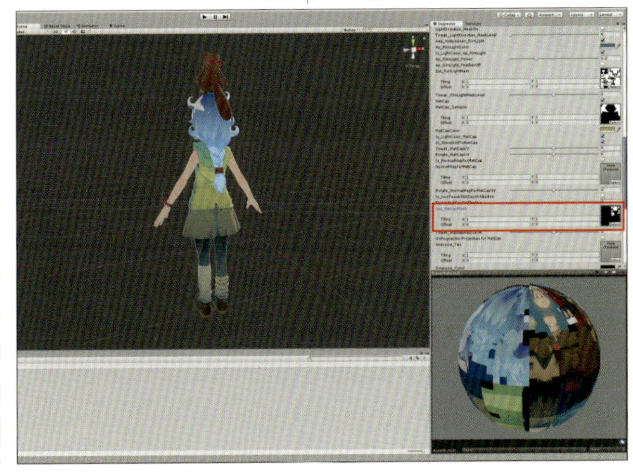

図7-4-4 MatCapマスクのあり／なしの比較

図7-4-5 使用したMatCapマスク

7-5 アウトラインを調整する

引き続き、アウトラインの調整を行います。デフォルトのアウトラインはグレーになっていてわかりづらいので、一度アウトラインを赤にします。すると、目の周りなどに不要なアウトラインが出ていることがわかります。

また、後れ毛にもアウトラインがあり、髪の毛の毛先も均等に太くなっているために、毛先のしなやかさが弱くなってしまいました。これらを調整するために、アウトラインのマスクを使用して調整を行います。

Outlineマスクなし

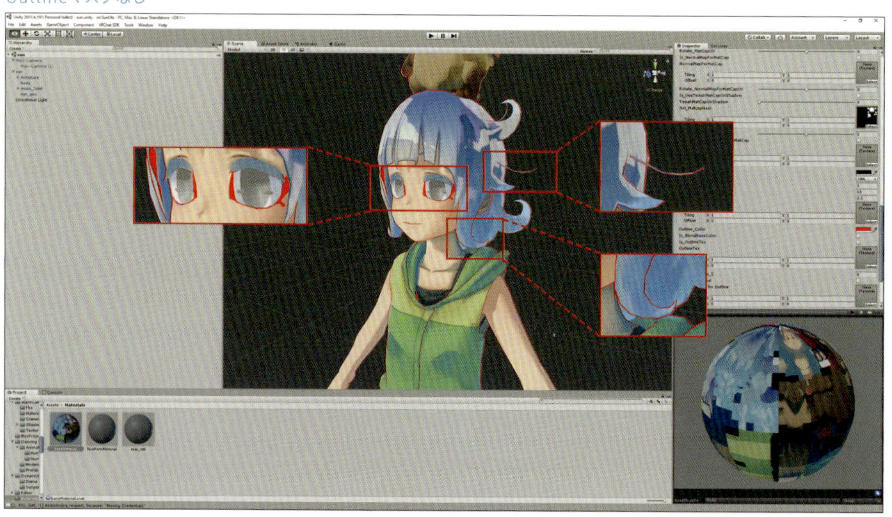

Outlineマスクあり

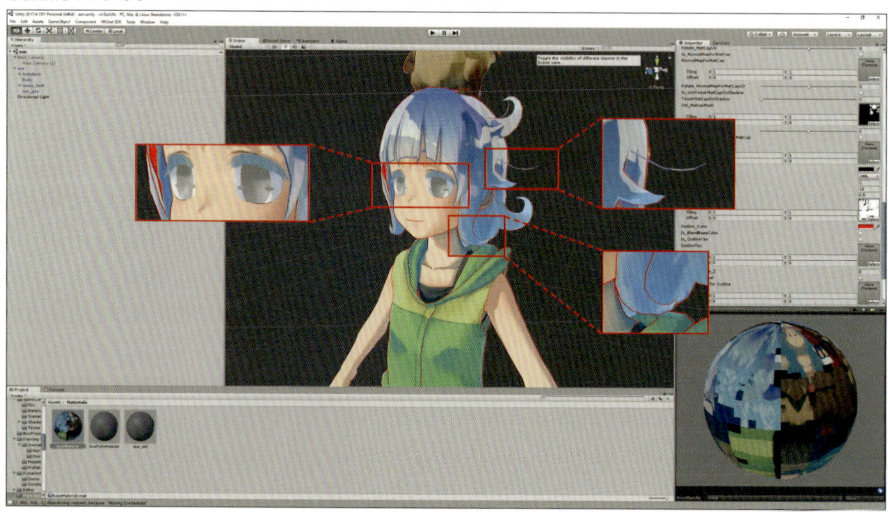

図7-5-1 アウトラインのマスクで、アウトラインを調整

図7-5-2 使用したOutlineマスク

アウトラインの太さが調整できたところで、アウトラインのカラーを調整していきます。
まず、純粋に黒いアウトラインにしてみました。これだと全体的に硬いイメージになってしまうため、アウトラインカラーのテクスチャを作成して、色の硬さを抑えます。

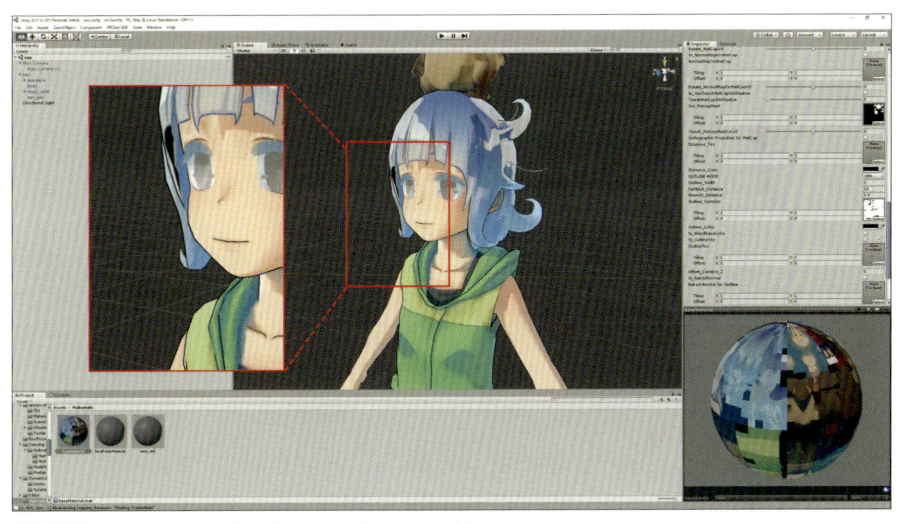

図7-5-3 黒のアウトラインだと、硬いイメージになってしまう

アウトラインカラーのテクスチャを使用する場合は、「Is_OutlineTex」のチェックをオンにして、OutlineTexにカラーを貼り付けます。その時、Outline_Colorに色が入っているとその色が乗算されてしまいますので、ここは白に設定し直します。

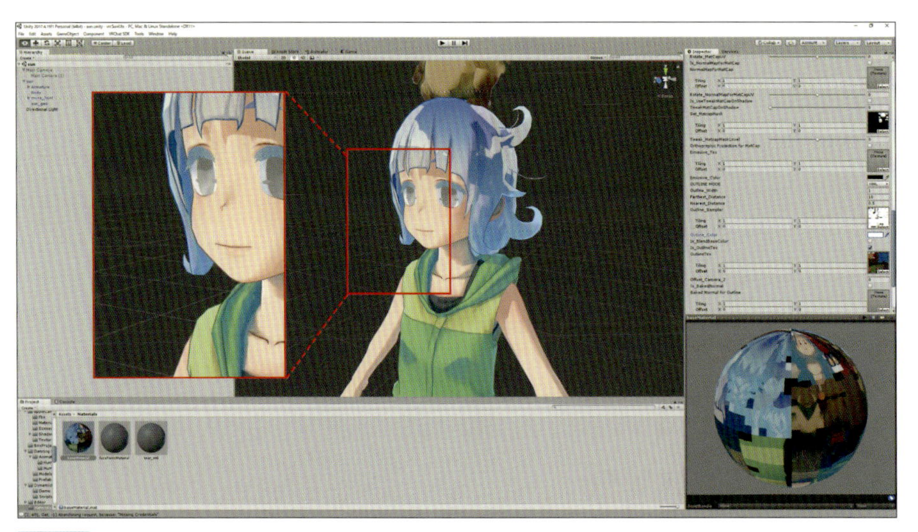

図7-5-4 Is_OutlineTexを「On」にして、Outline_Colorを白で設定

ただし、ここでEnvironment Lightingを暗くすると、アウトラインの色が環境の色に合わせて変化せず、発光しているように見えてしまいます。

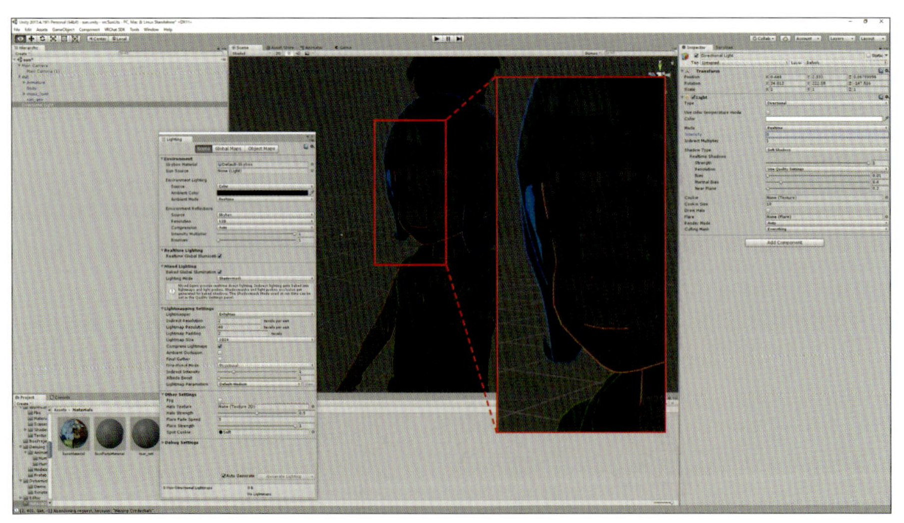

図7-5-5 環境光を落とすと、アウトラインが発光して見えてしまう

そこで、この場合は「Is_LightColor_Outline」をオンにします。これを使用すると、ライティングに合わせてアウトラインカラーを変化させるため、Environment Lightingの影響も受け、いっしょにアウトラインも暗くなります。

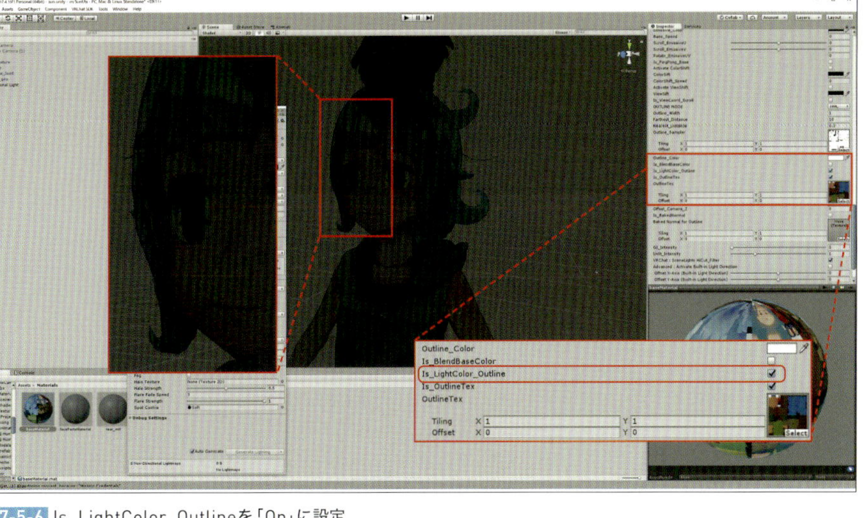

図7-5-6 Is_LightColor_Outlineを「On」に設定

7-6 目のマテリアルを設定する

目のマテリアルは、別のMatCapを使用するためにマテリアルを分けています。ただし、ベースのマテリアルはほとんど同じなので、baseMaterialを複製してそれをベースに調整していくほうが効率的です。

まずは、使用している「facePartsMaterial」を削除します。次に、baseMaterialを選択し、「Ctrl+D」でマテリアルを複製します。

図7-6-1 baseMaterialを複製する

あとは、複製されたbaseMaterial1を「facePartsMaterial」に名前を変更し、削除の際にマテリアルが外れてしまったところに再度割り当てて、baseMaterialの設定をそのまま利用します。

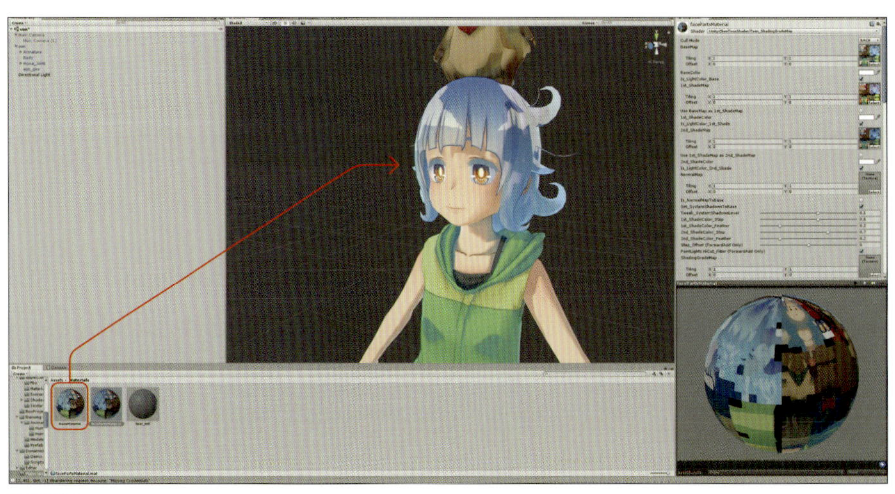

図7-6-2 facePartsMaterialを再設定

処理負荷削減のため、Toon_ShadingGradeMap のシェーダーを「NoOutline」に変更し、リムライトやアウトライン周りのテクスチャを外します。

図7-6-3 Toon_ShadingGradeMapを「NoOutline」に変更

さらに、リムライトも見た目の影響が大きいため、こちらもオフにします。

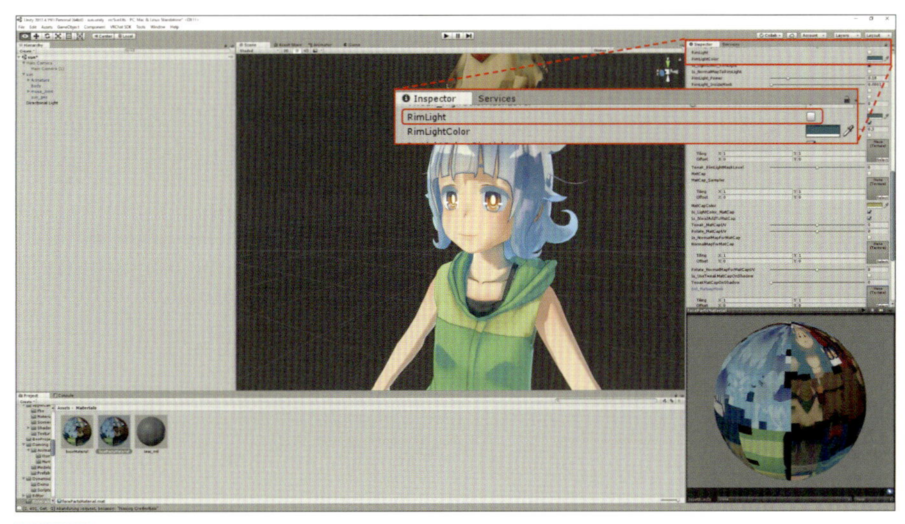

図7-6-4 リムライトを「Off」

目の質感は、これだけでは少々物足りないので、角膜のような質感を追加します。現状では、目の形状が凹んでいるため、今回は目の MatCap のみに「ノーマルマップ」を使用します。

図 7-6-5 の画像のように、目のオブジェクトに合わせ、目の角膜のようなオブジェクトを別途用意します。こちらを重ね合わせて、角膜のオブジェクトからベースのオブジェクトにノーマルマップをベイクしました。

今回のベイクでは「xNormal」というソフトを使用しましたが、ほかにも「Substance Painter」や各種3Dソフトでも、ノーマルマップをベイクすることができます。

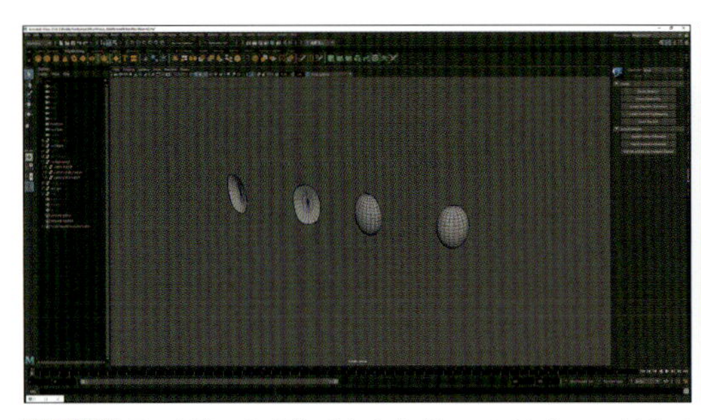
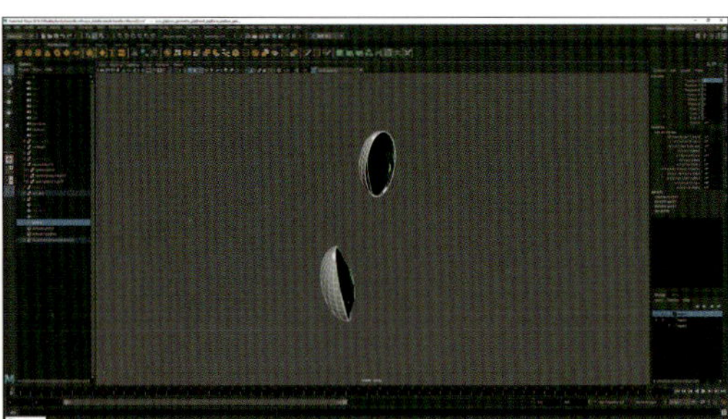

図7-6-5 目の角膜のオブジェクトを作成し、ベイク（ここでは「xNormal」を使用）

COLUMN

ベイク専用アプリ「xNormal」

「xNormal」は、ハイポリゴンからローポリゴンにノーマルやオクルージョンなど、さまざまな情報をベイクできる無料で使えるWindows用ソフトウェアです。

「xNormal」を起動後、プラグインマネージャから「日本語」を選択すると、メニューなどを日本語にすることもできます。

- 「xNormal」の公式Webサイト
  https://xnormal.net/

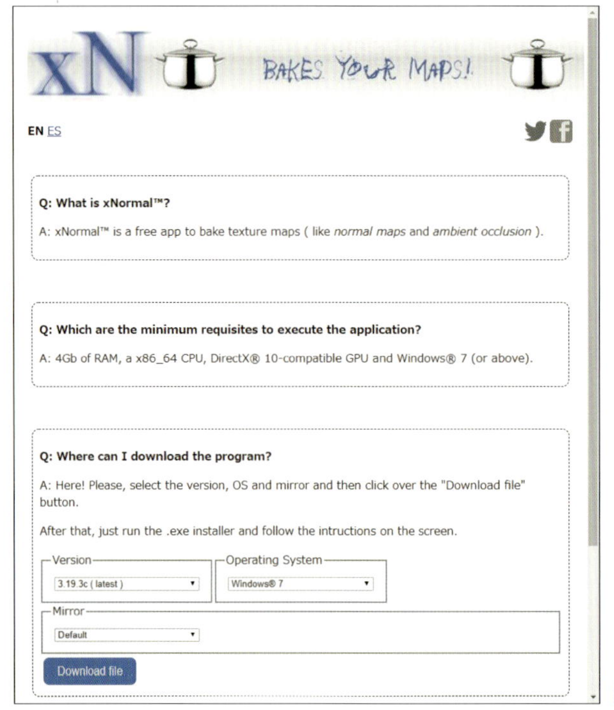

図「xNormal」のトップページ

試しに、Standardシェーダーを割り当て、ノーマルマップを適応してみました。オブジェクトの形状は同じですが、目の表面が出っ張って見えるようになりました。

ノーマルマップ適用前

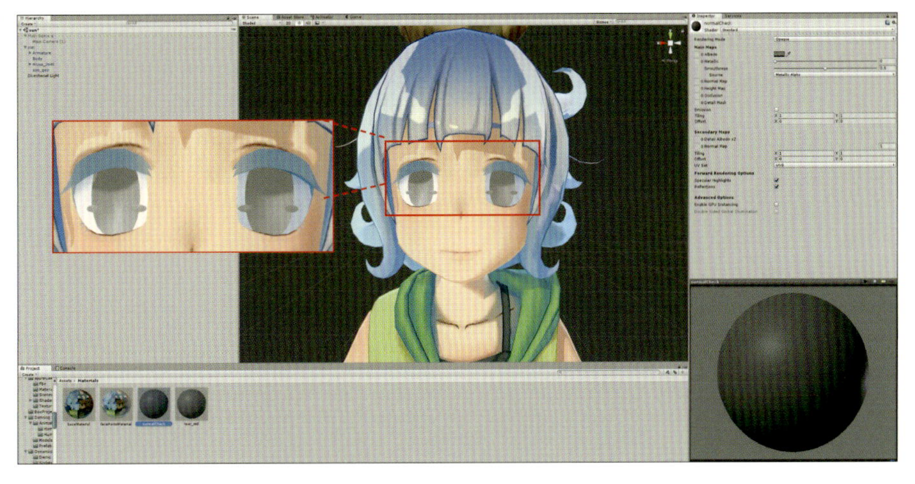

ノーマルマップ適用後

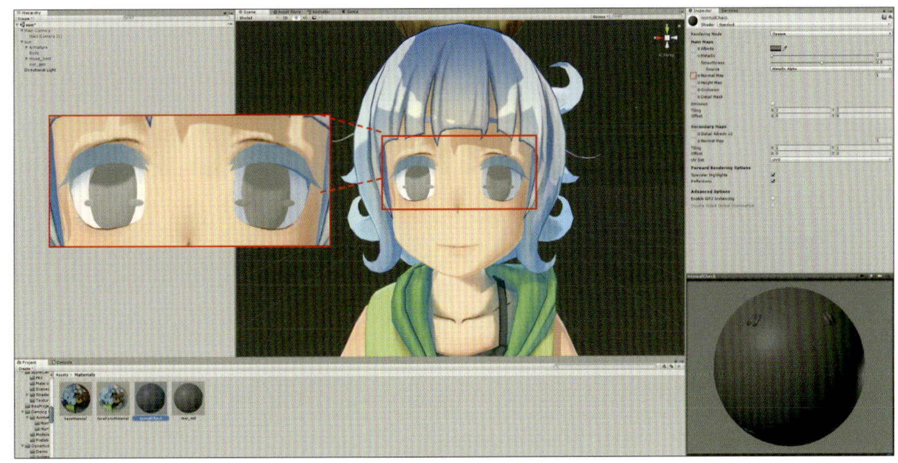

図7-6-6 目の表面の変化をStanderdシェーダーで確認

それでは、目にMatCapを適応し、Is_NormalMapForMatCapをオンにして、ベイクしたノーマルマップを適応します。これで、MatCapのみにノーマルマップが適応されます。

こちらのノーマルマップは、Matpcap専用になり、通常のシェーディングには影響が出ないため、目には凹んだシェーディングが入り、MatCapでは膨らんだハイライトが入ることになります。

ノーマルマップ
適用前

ノーマルマップ
適用後

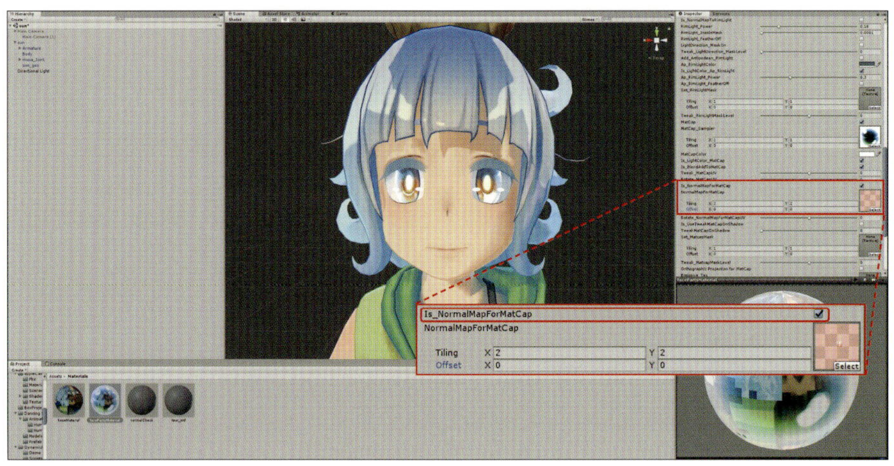

図7-6-7 目にMatCapを設定し、ノーマルマップを適用

仕上げに、目のMatCapの明るさが強過ぎるため、MatCapColorの色を暗めにして、調整を行いました。このような反射物の調整の際は角度によって見え方が変わるため、モデルをくるくる回しながら調整するのがオススメです。

図7-6-8 MatCapColorの色を暗めにして、モデルの角度を変えて確認

図7-6-9 使用した「EyeNormalMap」と「EyeMatCap」

7-7 透過を使用しない限定的な水の表現

「高尾サン」では、VRChat 用に涙を流すアニメーションを入れています。ただ、透過処理は負荷が高いため、透過を使用せず、透過して見える質感設定を行いました。

涙のアニメーションは、基本的に頬を伝うようになっており、オブジェクトから離れることはありません。このような場合、オブジェクトに接していることを前提として、透過を使用しない限定的な水の表現をすることが可能です。

まず実際に、ティーポットに付いた水滴を観察して見ると、ポットの立体の陰影とは逆の陰影になっていることがわかります。そして、水滴の表面にはハイライトが乗っていますので、この 2 つの要素を UTS2 で表現してみます。

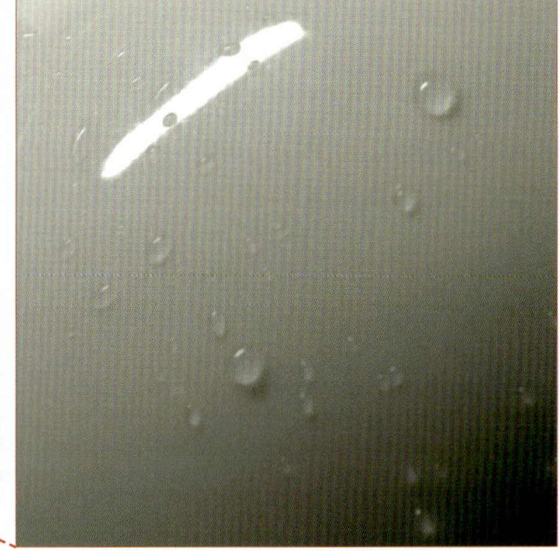

図7-7-1 実際の水滴を観察して見る

涙自体は、頬の上を伝うだけなので、頬のベースカラーと 2 影を逆転すると近い質感になります。ただ、完全に 2 影のみの環境になってしまった場合は、涙の影色がベースカラーなので明るくなってしまうことがあります。

そこで、ベースカラーに肌の２影を入れ、影の影響を受けないように設定します。

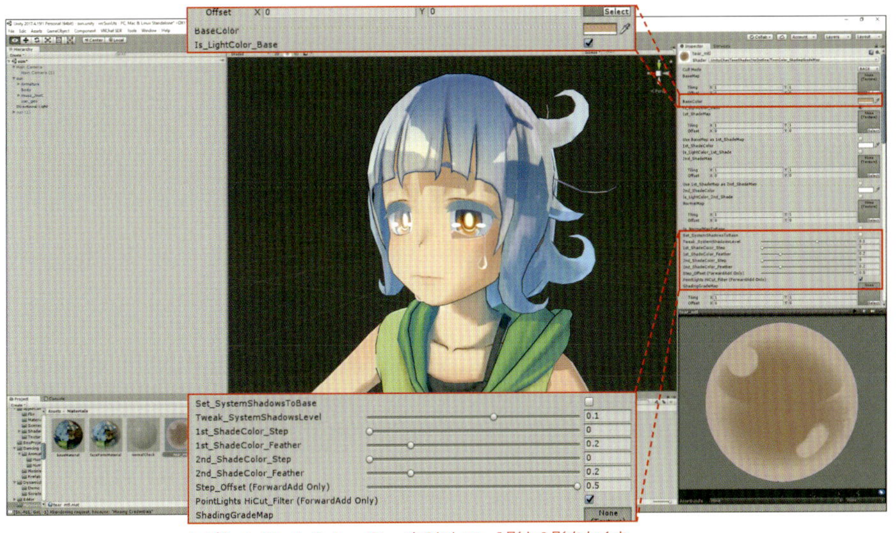

図7-7-2 影の影響を受けないように、ベースカラーと2影を逆転させ、ベースカラーに肌の2影を入れる

そして、涙用にハイライトの MatCap を上から重ねることで、透過を使用せず屈折がかかったような水の表現が可能になります。

図7-7-3 涙用にハイライトのMatCapを重ねる

CHAPTER 8 VRChat 向けのキャラクターの設定

この章では、作成した 3D モデルのキャラクターを「VRChat」で使うための設定について解説します。

VRChat では、ワールドに対してライトの仕様はなく、ワールド制作者によってさまざまなライティング設定がされています。そこで、どのライティングにも対応できるように、VRChat 向けに設定を調整する必要があります。

ここでは、RootGentle 氏と坪倉輝明氏に許可をいただき、お二人が制作した VRChat のワールドでの見た目を確認しながら、VRChat 向けのオススメの設定を解説していきます。

8-1 Step_Offset（ForwardAdd Only）の調整

スポットライトやポイントライトの見た目は、「Step_Offset（ForwardAdd Only）」という項目で調整を行います。

調整次第で見た目も大きく変わりますので、VRChat ではここは要調整ポイントの 1 つです。VRChat にはさまざまなライティング環境があるため、今回はディレクショナルライトとアンビエントライトは完全に暗くしています。

まず、Step_Offset を「0」から「0.5」に変更してみます。これにより減衰度合いが変更され、Step_Offset 0 に比べて陰影がハッキリするようになります。ただ、ライトの距離や光量での減衰がかなり変化しますので、調整には注意が必要です。

Step_Offset
0

Step_Offset
0.5

図8-1-1 Step_Offsetを0から「0.5」に変更

次に Step_Offset を「－ 0.5」に設定しました。これにより陰影は完全に消えてしまいますが、ライトの影響は残ります。もし、ポイントライトやスポットライトでリアルな陰影が乗るのが嫌な場合は、－ 0.5 にすることをオススメします。

Step_Offset
-0.5

図8-1-2 Step_Offsetを「−0.5」に変更

坪倉輝明氏制作の「Virtual TV Studio 720p」で、Step_Offset の数値の変動による影響を見てみます。「Virtual TV Studio 720p」では、照明の明るさや位置が変更できます。まずは、ディレクショナルライトが「100%」の状態で、スポットライトを斜め後ろから当てて、Step_Offset の値を変えるとどうなるかを見てみます。

Step_Offset 0.5 では、スポットライトの位置に対して、陰影の付き方に少し違和感を感じます。また－0.5 になると、陰影は完全になくなりました。

Step_Offset 0

Step_Offset 0.5

Step_Offset -0.5

図8-1-3
「Virtual TV Studio720p」でStep_Offsetの違いを確認（ディレクショナルライト：1）

次に、ディレクショナルライトを「0%」に下げて同じ環境で確認します。今度は、Step_Offset が 0.5 でもスポットライトの影響は 0 とさほど変わりませんが、強度の印象が少しだけ変化しています。

Step_Offset 0

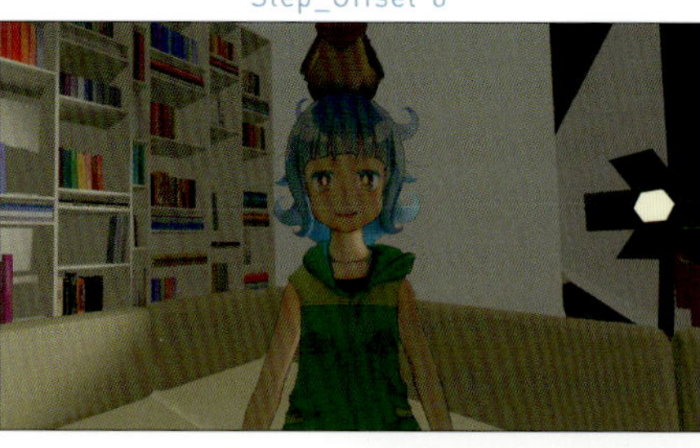

Step_Offset 0.5

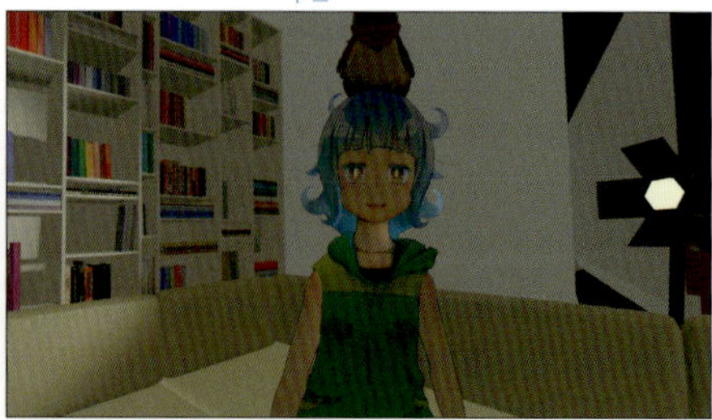

Step_Offset -0.5

図8-1-4
「Virtual TV Studio 720p」でStep_Offsetの違いを確認（ディレクショナルライト）

次に、坪倉輝明氏制作の「坪倉家 - 夜｜ Tsubokura's Home-Night」で、ポイントライトの影響を見てみます。Step_Offset 0.5 では、影用のテクスチャが強めに出てきています。-0.5 では、ポイントライトによる陰影はなくなりました。

Step_Offset 0

Step_Offset 0.5

Step_Offset -0.5

図8-1-5
「坪倉家 - 夜｜ Tsubokura's Home-Night」でStep_Offsetの違いを確認（ポイントライト）

このように、VRChat での見た目を考慮すると、スポットライトやポイントライトで陰影表現をしたい場合は Step_Offset は「0」に、陰影を消してフラットな状態にしたい場合は「-0.5」に設定することをオススメします。

COLUMN

VRChat のワールド「Virtual TV Studio 720p」「坪倉家」

本文で取り上げたワールドを簡単に紹介しておきます。

Virtual TV Studio 720p

VRChat 上でカメラやライト、大道具や小道具、舞台セットなどさまざまなアイテムを使用して TV 番組制作を体験できるワールドです。すでに用意されたオブジェクトはもちろん、控え室には番組に使用できるさまざまなアバターが用意されています。

図 Virtual TV Studio 720p

坪倉家 ― 昼 / 夜

VRChat 内に作られられた坪倉輝明氏の邸宅です。実際にマンションの一室のように作られ、ストリーミング動画サービスの URL を入力することで、設置されたテレビでみんなで動画を見ることもでき、人の家にお邪魔して遊ぶ感覚を味わえるワールドです。

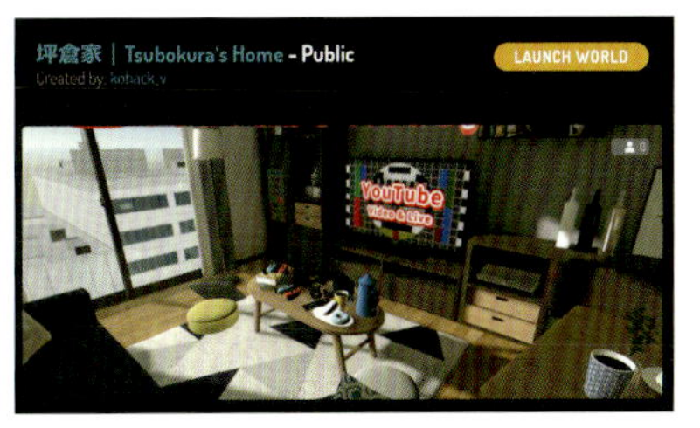

図 坪倉家

8-2 Unlit_Intensity の調整

「Unlit_Intensity」では、環境光の影響を受けるかどうかを設定することができます。値が 1 以上になると通常よりも環境光の影響を受けやすくなり、暗い場所では明るく、明るい場所では規定値を超えると純粋なテクスチャの色が出るようになります。

RootGentle 氏制作の「Japan Shrines」で、Unlit_Intensity の数値の変動による影響を見てみます。数値が上がるにつれて明るくなりますが、1.5 を超えたところで明るさに変化がなくなりました。

これは、環境の明るさが一定値を超えたため、色飛びが起きないように純粋なテクスチャの色だけが出るようになったためです。

Unlit_Intensity 0.5

Unlit_Intensity 1.0

Unlit_Intensity 1.5

Unlit_Intensity 2.0

図8-2-1 「Unlit_Intensity」の設定値の違いを確認(環境光：明るめ)

次に、影の中に入ってみました。こちらだと、Unlit_Intensity の値が「0.5 ～ 2.0」の間まで、明るさが滑らかに変化しています。影の中の場合は環境光が暗めなので、明るさが一定値を超えず滑らかに変化するからです。

COLUMN

VRChat のワールド「Japan Shrines」「SunsetGarden01」

本文で取り上げた以下のワールドは、2018 年 5 月時点で非公開となりました。本文は、執筆時点の公開時に確認したものになります。

Japan Shrines

高クォリティな日本の神社のあるワールドです。ワールドに入ると、強い日差しのなかセミの鳴き声が響き、神社の中の待合所には食事スペースなどもあり、どこか懐かしい気持ちにさせられるワールドです。

SunsetGarden01

小さな円上の広場のまわりに海があり、海の向こう側には山や民家の明かりが見え、波の音が聞こえるシンプルで落ち着きのある綺麗なワールドです。

Unlit_Intensity 0.5　　Unlit_Intensity 1.0

Unlit_Intensity 1.5　　Unlit_Intensity 2.0

図8-2-2 「Unlit_Intensity」の設定値の違いを確認(環境光：暗め)

さらに、RootGentle氏制作の「SunsetGarden01」で、Unlit_Intensityの数値の変動による影響を見てみます。0.5では暗めに、1.0では風景になじみ、1.5以上にあると明るさがブーストされます。

このように、暗めの環境で見た目を明るくしたい場合は、Unlit_Intensityを高めに設定するのがオススメです。VRChatでは、さまざまな環境がありますので、個人的にオススメの設定は「1.0」のままです。

Unlit_Intensity 0.5　　Unlit_Intensity 1.0

Unlit_Intensity 1.5　　Unlit_Intensity 2.0

図8-2-3 「Unlit_Intensity」の設定値の違いを確認(夕暮れの風景)

8-3 SceneLights HiCut_Filter の設定

VRChat では、「VRChat:SceneLights HiCut_Filter」をオンにすることを推奨します。こちらは、VRChat 向けの設定となっていて、シーン上にあるディレクショナルライトやポイントライトの値が 1 以上になる場合、自動的に 1 以上の明るさにならないように抑えてくれます。

HiCut_Filterなし

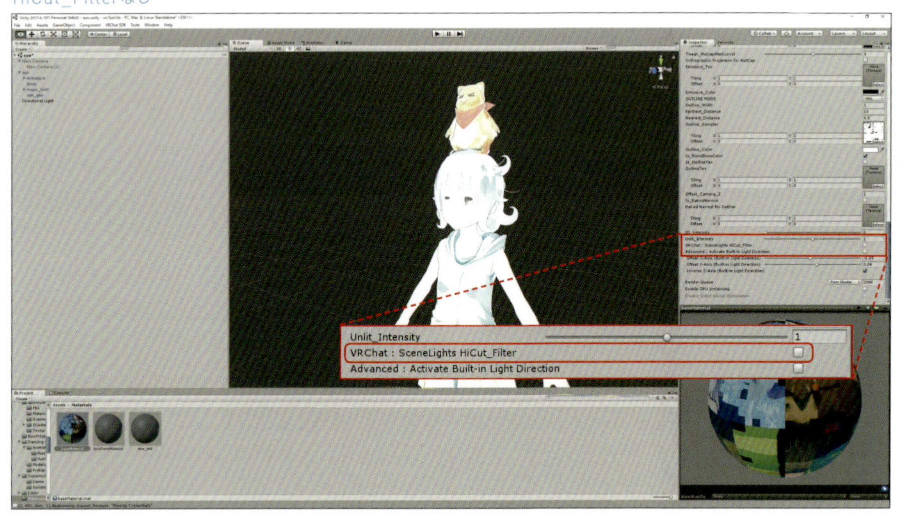

HiCut_Filterあり

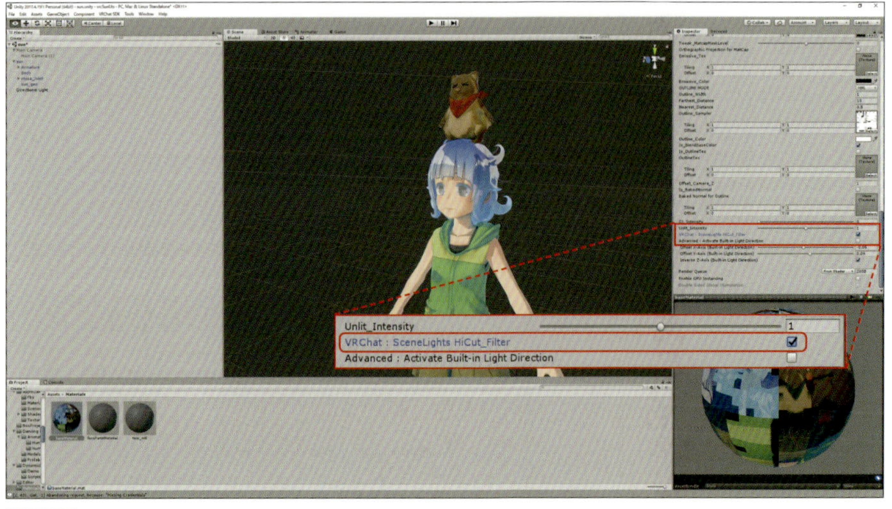

図8-3-1 HiCut_Filterの「On」「Off」の違い

8-4 MatCap の CameraRolling_Stabilizer の設定

こちらも「UTS 2.0.6」で追加されたMatCapの新機能で、「Activate Camera Rolling_Stabilizer」をオンにすると、カメラの向きに合わせて「MatCap」が回転するようになります。

Activate CameraRolling_Stabilizer　オフ

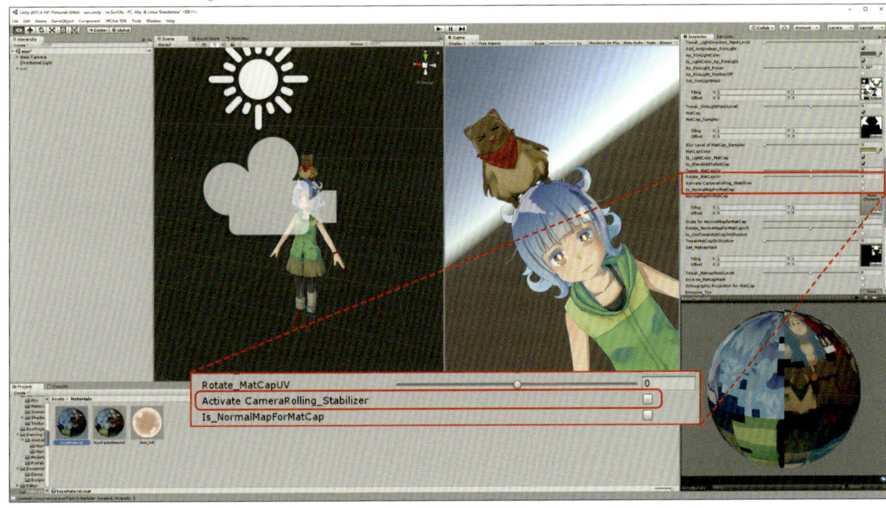

Activate CameraRolling_Stabilizer　オン

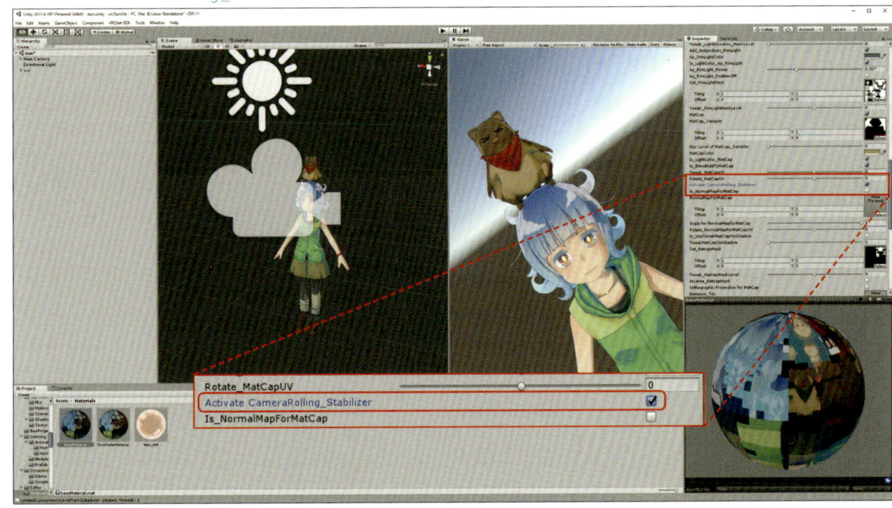

図8-4-1 Activate Camera Rolling_Stabilizerの「On」「Off」の違い

VRChatには、VRモード使用時に現実のカメラのように「スクリーンショット」を撮影する機能があります。それを使用する際に、縦にして撮影することもあり、図8-4-2のように「CameraRolling_Stabilizer」をオンにすることで、MatCapがカメラに合わせて回転します。

Activate CameraRolling_Stabilizer オン

図8-4-2 CameraRolling_Stabilizerの「On」「Off」の違い

8-5 VR Chat Recommendation の設定

これまで解説してきたとおり、VRChat 向けの設定はいくつかあります。項目が多くて１つ１つ設定するのはたいへんです。そこで「UTS 2.0.6」では、新しく「VR Chat Redommendation」という機能がつきました。

これは、Apply Settings を押すと、「Hi-CutFilter」「GI_Intensity」「Unlit_Intensity」「CameraRolling_Stabilizer」などが、VRChat 向けの推奨の値に変更されます。VR Chat の設定に迷ったら、こちらのボタンを押してみましょう。

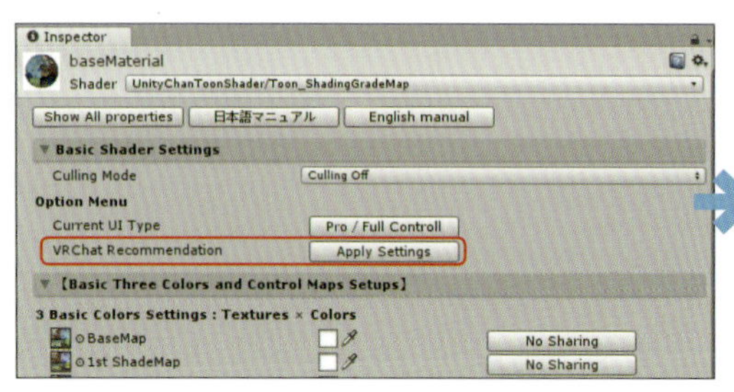

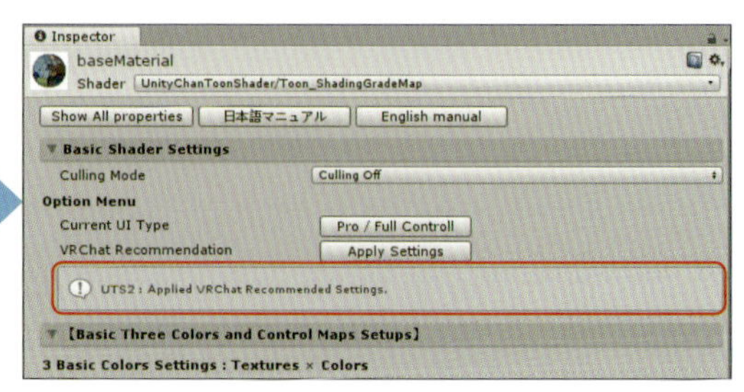

図8-5-1 UTS 2.0.6以降で追加された「VR Chat Recommendation」機能

8-6 テクスチャの解像度と容量を調整

テクスチャの解像度は、必要に応じて Unity 上で変更することができます。今回使用するテクスチャは、VRChat 環境ではたくさんのキャラクターが同時に表示されますので、グラフィック用のビデオメモリ容量削減のためメインの基本色、1影、2影のテクスチャは、4K から 2K へリサイズします。

Unity の下部にあるプロジェクトウィンドウから使用しているテクスチャを選択すると、テクスチャのインスペクターが表示されます。設定項目の「MaxSize」を 2K にすることにより、Unity 側でテクスチャを 2K にすることが可能です。

「高尾サン」では 2K にすることで、テクスチャの容量が 85.3MB から 21.3MB まで、削減することができました。

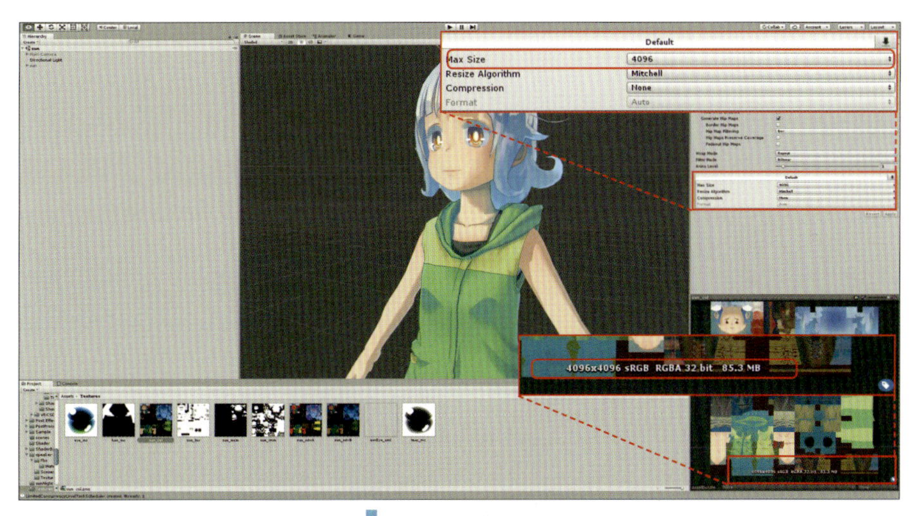

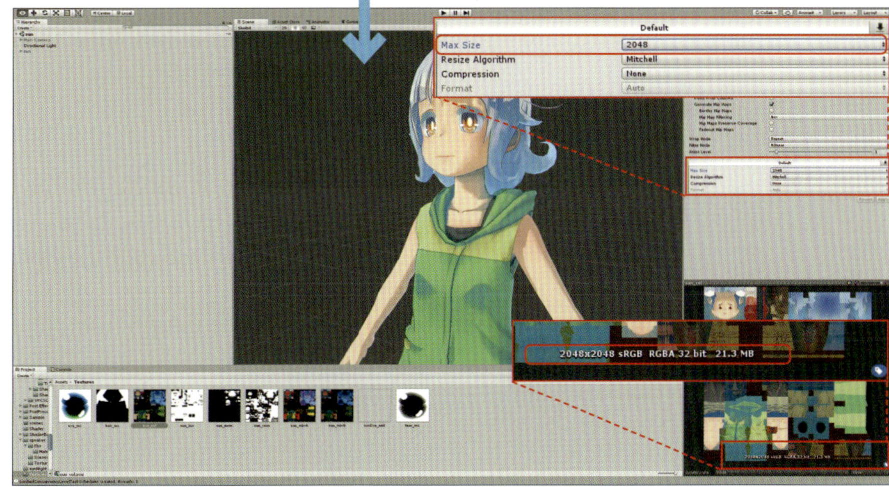

図8-6-1 テクスチャの「MaxSize」を2Kに変更

次に、圧縮の設定を行います。テクスチャはインターネットを通じてロードが行われるため、容量の大きいテクスチャを使用していると、インターネットの通信速度が遅い場合はアバターのダウンロードに時間がかかってしまいます。

テクスチャの解像度を変更した際と同様に、テクスチャのインスペクターを開きます。「Compression」よりNormalを選択し、Applyを押すことでテクスチャの圧縮が行われます。ただし、非圧縮に比べて少し画質が荒くなってしまいました。

そこで、「Compression Quality」を50から100に引き上げて、再度Applyを押します。容量は434.2KBから490.7KBに増えましたが、誤差範囲でテクスチャの画質が上がりましたので、こちらの設定を採用しました。

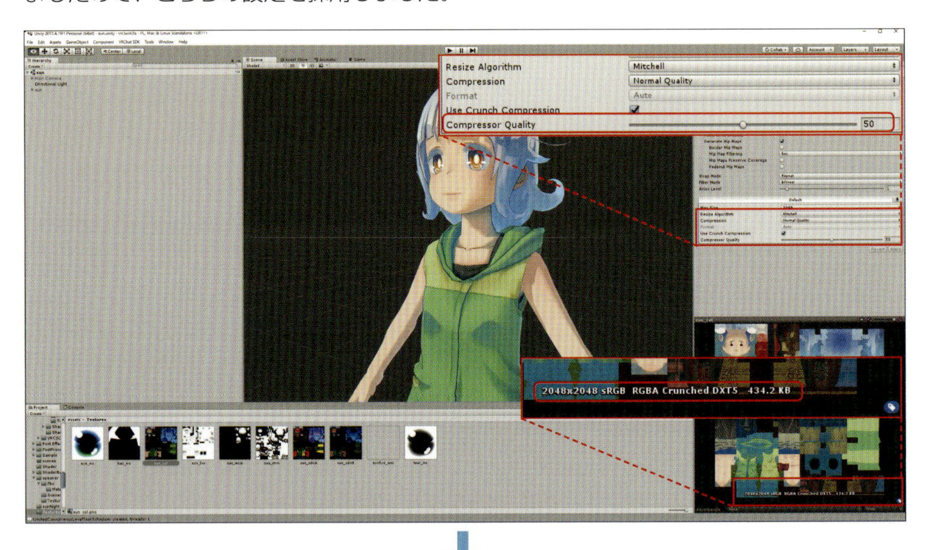

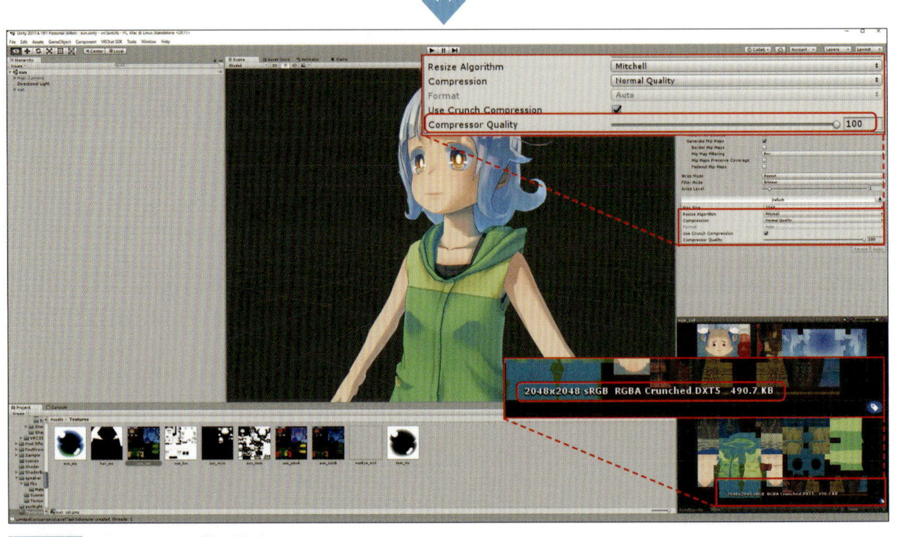

図8-6-2 テクスチャの圧縮の設定

最後に、白黒マスク素材の解像度も調整します。今回は、2Kから1Kに解像度を落としたもので画像を比較しましたが、基本となるカラーテクスチャに比べて、見た目にほとんど影響がありません。

　このように、見た目に影響がない範囲ですので、マスク素材は解像度を１段階下げることをオススメします。

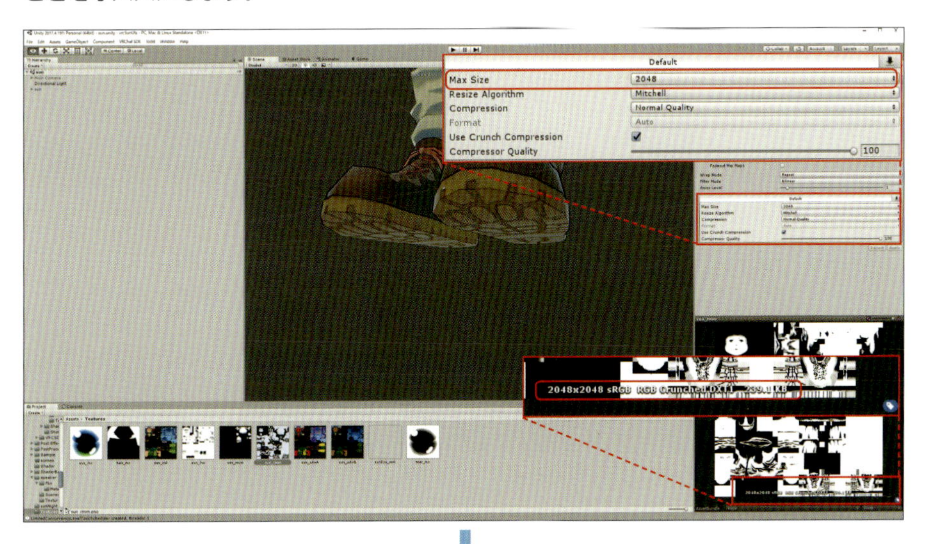

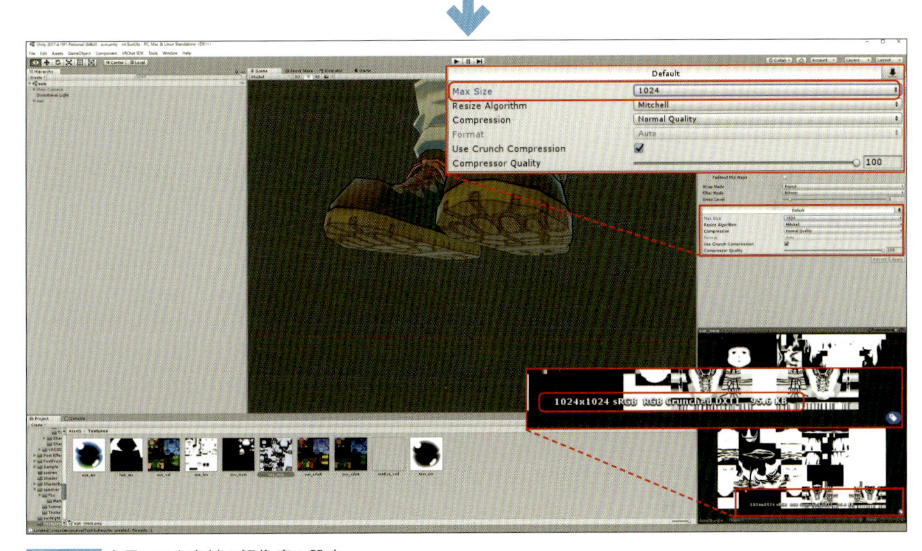

図8-6-3 白黒マスク素材の解像度の設定

まとめ

UTS2の真価を発揮するためには、UTS2以外の部分にも気を配ろう！

UTS2は、イラスト表現をするために必要な機能が一通り揃っています。ただし、UTS2の機能だけですべてをカバーできるわけではありません。「モデリング」「UV」「テクスチャ」「法線編集」など、イラスト表現をするにあたってさまざまな部分をていねいに作り込むことにより、UTS2の真価が発揮されるようになります！

また、今回はさまざまな手順を踏まえて解説してきましたが、実際作業する上で配色サンプルやイラストなどは用意していません。これは、イメージが著者のなかで既に固まった状態で作業を進めていたからです。

たとえば、自分がデザインしたキャラクターではなく、ほかの人がデザインしたキャラクターを作るとき、今回解説を行ったような手順があると意思疎通がしやすく、そこからイラストを解析してUTS2用にイラストを分解、再構築できるようになります。

「高尾サン」アバター試着場所

応用編で作例とした著者の「高尾サン」のキャラクターは、VRChatの坪倉輝明氏制作の「Virtual TV Studio 720p」にて、試着用ペデスタルを置かせてもらっています。こちらでアバターを着替えてもらえれば、VRChat内でのこの章で解説したUTS2の見た目を実際に確認することができます。

VRChat「Virtual TV Studio 720p」

最後に、応用編で使った著者の制作環境を紹介しておきます。

使用ツール

- Maya 2018 Update3
- Mari4.2（Mari Extention Pack4）
- Photoshop CC
- Unity2017.4.15f1
- UnityChanToonShader 2.0.6
- xNormal
- PureRef

Special Thanks：RootGentle 氏、坪倉輝明氏

作例編

1章　セル調キャラクターモデル制作と、静画の作例
2章　Matcapの活用事例
3章　VRアバター3Dモデルのデザインと
シェーダー設定

1章／執筆・作例制作：前島　2章／執筆・作例制作：あいんつ　3章／執筆・作例制作：ぽんでろ

1 セル調キャラクターモデル制作と、静画の作例

執筆・作例制作：前島（twitter@banayooo）
プロフィール：ゲーム会社で3Dキャラモデルを作っています。過去には、3D背景、UIなどもやってた何でも屋系。ご連絡・ご依頼などはTwitterのDMか、banayooo0801@gmail.comまでお願いします。

使用したツール	SAI、Photoshop、Maya LT、Nvidia Normalmap tool、PureRef
シェーダー	UnityChanToonShader/Toon_DoubleShadeWithFeather Ver.2.0.7、Unlit/Texture、Unlit/Transparent
追加アセット	Post Processing Stack

この章で紹介したキャラクターモデルの作例は、ダウンロード可能です。
また完成例は、「https://banayooo5000kg.tumblr.com/」でご覧いただけます。

　はじめまして。こんにちは、前島と申します。普段は、ゲーム会社でスマートフォン向けアプリのキャラクターモデルを制作するかたわら、プライベートではオリジナルのイラストやキャラモデルの制作をしています。
　今回ご縁があり、こちらの本に参加させていただくことになりました。

　ここでは、UTS2.0を使用したセル調キャラクターモデルと、そのモデルを使用した静画作品の作例を紹介します。
　モデリング初級～中級者の方、イラスト調やセル調のモデルにチャレンジしてみたい方向けの情報になるかと思います。よろしければ、最後までご覧ください。

キャラクターデザイン

最初に、キャラクターのコンセプトから、ラフの作成までを見ていきましょう。

作品のテーマ

まずは、今回の作品のテーマについてです。

「キャラクターのかわいさ・魅力が表現しやすい題材」、「セル調の表現と相性のよさ」も意識しつつ、あとは「一度作ってみたかったという気持ち！！」から、キャラクターのテーマを「アイドル」と設定しました。

キャラクターのコンセプト

ひとえにアイドルといっても、さまざまな個性や性格が想像できます。おっとり、ツンツンお嬢様、ちょっと影のある感じ、不思議系…などなど。

図1 さまざまなアイドル像

今回は、王道なアイドル感を表現したかったので「爽やかでかわいい」印象を目指すことにしました。キャラクターラフを描きながら、イメージの方向性を練っていきます。

デザイン画の作成

キャラクターラフをもとに、デザインを詰めていきます。

デザインの詳細を考えるにあたって、実際のアイドルの衣装をネットや書籍で調べたり、ヘアアレンジの動画を参考にしています。とにかく浴びるように資料を漁ります。描き起こしたデザイン画が、次ページの図3です。

図2 作成したキャラクターラフ

図3 キャラクターのデザイン画(三面図)

衣装

「スカート」「ヒールブーツ」「肌見せ」で、アイドルらしい可愛いシルエットを作りつつ、メインカラーを白・濃い目のブルー（＋差し色でネオンイエロー）で、爽やかさを演出してみました。

ディティールはフリルやハートは控えて、代わりにスタッズ調のアクセサリーで、甘過ぎない感じになるようにしています。

髪型

「髪型は、絶対にポニーテールにしたい！」というコダワリがありました。

ただ、普通のポニーテールにしてしまうと、3D になった時のシルエットが地味になってしまいそうだったので、髪の長さをスーパーロングにしつつ、毛先の巻きで特徴をつけています。

それでも、正面から見た時の印象がやや寂しかったので、耳横の毛にも巻きを入れて、リボン付きのカチューシャを足しています。髪色はオレンジにして、衣装の青と対比させてみました。

デザイン画の扱い方

モデリングする時には、基本的には描いたデザイン画をベースに進めますが、最終的には立体として気持ちのいいシルエットになっていることが大事なので、モデリングしながら多少のアレンジは加えていきます。

UTS2.0 を適用する際のカラーリングや影の色についても、こちらのデザイン画をもとにテクスチャに反映していきます。

作りたい印象の顔をつくるポイント

目と口は、キャラクターの印象を左右する重要なパーツです。目と口のパーツの位置が与える印象をポイントとして押さえておくと、キャラクター性を表現しやすくなります。

目の位置関係

まずは、目の位置関係についてです。次の図は、目と眉の大きさと形は変えずに、位置を調整した比較になります。

中央の図は、左目と右目の間にちょうど目が1つ入るような位置関係です。左の図は、それよりも両目がやや中央に寄り、右の図はやや両目が離れています。

図4 キャラクターの目の位置の比較

目の位置から受けるイメージですが、左の図は「求心顔」と言われ、知的、クール、意思が強いといった印象を与えやすいです。また、右の図は「遠心顔」と言われ、幼さ、おっとり、やさしいような印象を与えやすいイメージになります。

個人的には中央の図のバランスのよさ、クセのなさが好みなので、今回はこちらの方針で進めました。

ツリ目、たれ目、三白眼…といった目の形状のデザインと掛け算すると、よりキャラクターの個性を表現しやすくなると思います。

目と口の位置関係

次に、目と口の位置関係についてです。次の図5は、目と眉の形を変えずに、目の高さを調整した比較になります。

やや例が極端かもしれませんが、目と口の位置が近いほど幼く、離れるほど大人っぽい印象になるかと思います。

図5 キャラクターの目と口の位置の比較

顔のデザインやモデリングをしてみて、イマイチしっくり来ない時や、モデリングすると印象が似ない時は、次の図のように「**右目と左目と口を結んだ三角形**」を描くと、バランスの確認がしやすいのでオススメです。

図6
目と口を結ぶ三角形を描いて、
バランスを確認する

キャラクターモデリングの概要

デザイン画が準備できたので、ここからモデリングに入っていきます。ツールは「Maya LT」を使用しています。

モデルの仕様の設定

作成したモデルが静画だけでなく、VRChatや将来的にほかのアプリケーションなどでも使用できるように、モデリングをはじめる前に、いくつかの仕様を設定しました。

①身長は、約145cm
②ポリゴン数は、20,000ポリゴン以内
③骨は、humanoidの仕様に則したものにする

①身長は、ほかの人が作成したキャラモデルと並んだ時でも、違和感のないサイズ感を想定しています。
②ポリゴン数については、VRChatや実際のゲームに使用されるようなものを想定して「20,000ポリゴン以内」を自分ルールにして作成することにしました。なお、VRChatは現在、上限20,000ポリゴンの制約はなくなってしまいました。
③骨については、Unityのhumanoid仕様に合わせておくことで、VRChatやVpocketなど、ほかのアプリケーションでそのままモデルが使用できたり、アセットストアで頒布されているモーションが適用できるなど、メリットが多いのが魅力です。

モデリング

以上を踏まえて作成したモデルが、次の図になります。

基本的には、デザイン画を踏まえて作成しましたが、髪のシルエットがやや寂しかったので、毛束を少し増やしています。ポリゴン数は、19,992です。

図7 作成したモデル（テクスチャはまだなし）

顔のメッシュの割り方と法線調整

セル調の陰を綺麗に出すために非常に重要なのが、**「エッジの割り方」**と、**「法線の調整」**です。特に顔は、この2つのポイントを押さえておくと、完成度がグッと高まります。

顔のエッジの割り方

次の図のように、顔のエッジを格子状に割ると、セル調の陰をきれいに出すことができます。

特に**縦方向のエッジは、出したい陰の輪郭を取るように割る**と、その後の法線調整も楽になります。

三角ポリゴンをなるべく使用しないのが望ましいですが、難しい場合は法線の向きを分ける境界の部分だけでも、四角ポリゴンの格子状にしておくと、陰が落ちた時に見え方がきれいになります。

図8
格子状に割った顔のメッシュ

法線の調整

セル調の省略した陰を表現するために、顔の法線を調整します。

今回は、次の図で色分けしているように、耳より前の部分の頂点法線を4方向に整理しています。法線調整の方法は、さまざまありますが、私はMayaの頂点法線編集ツールを使用して、手で調整しています。

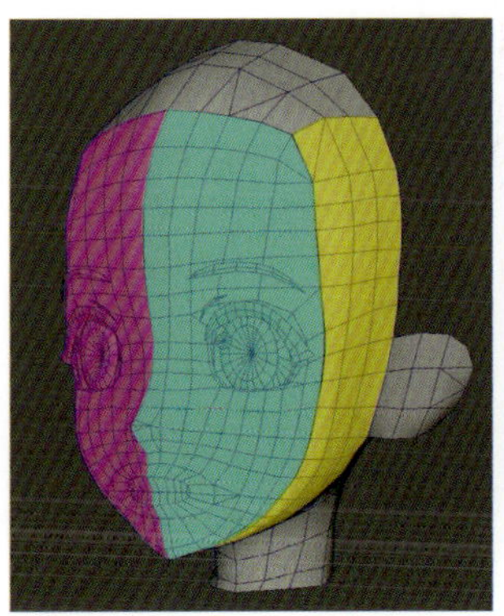

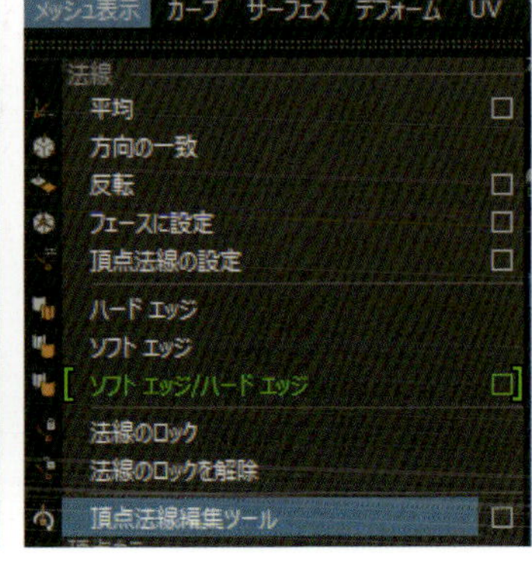

図9
Mayaで顔の法線を調整する

次の図は、頂点法線の調整の比較です。左が調整前、右が調整後です。

先述のように、耳から前の部分を大きく４方向に整理した後に、鼻の下向きの部分のみ、頂点法線の向きを下に向けています。

調整前

調整後

図10 頂点法線の調整の比較

顔の法線の処理は、私もまだまだ研究中ですが、やるとやらないとでは、セル調のシェーダーを適用した後の見え方が大きく変わりますので、セル調のルックに挑戦してみたい方は、ぜひ法線の調整を試してみてください。

法線調整前と後の状態で、UTS2.0を適用したモデルを比較すると、次の図のようになります。左が調整前、右が調整後です。陰の付き方に、かなり違いがあるのがわかるかと思います。

図11 UTS2.0適用したモデルの顔の比較

UV、テクスチャの作成

続いて、UV とテクスチャの作成についてです。

今回は、「**顔＆髪**」「**身体＆衣装**」でテクスチャを分けています。意図としては、「同じキャラクターの衣装や髪型が違うバージョンを作成しようとした場合に、テクスチャが分かれているほうが作りやすそう」というもので、こういう作りにしないといけない、というものではありません。

図12 UV、テクスチャを適用したモデル

テクスチャの作成

次の図が、「顔＆髪」「身体＆衣装」の UV とテクスチャです。Photoshop を使用し、2048 × 2048 で制作していますが、のちほど Unity 上で適正なサイズに縮小しています。

なお、陰影についてはシェーダー上でつける想定なので、描き込みは最低限にとどめています。

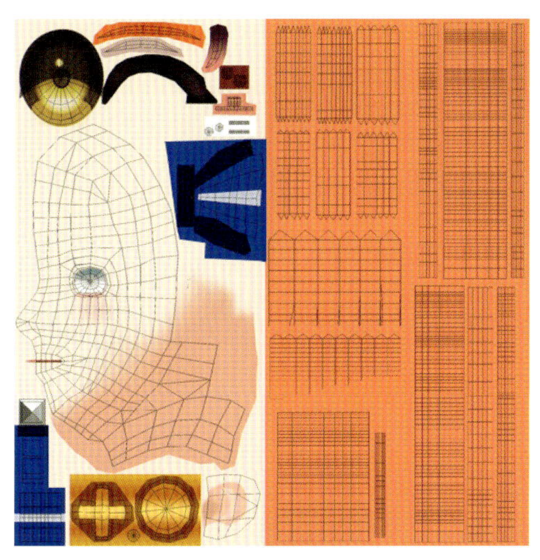

顔＆髪のテクスチャ

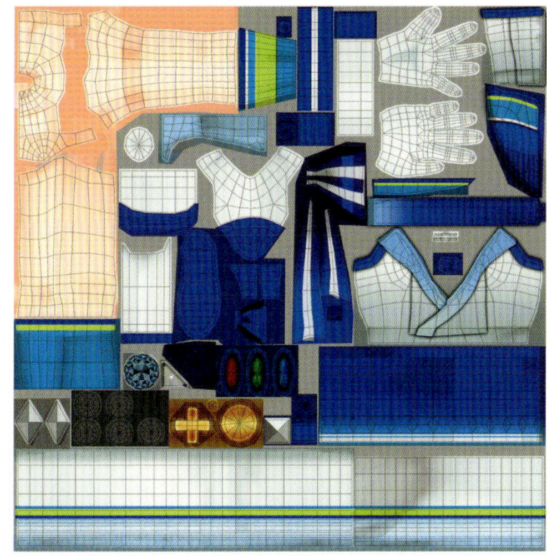

身体＋衣装のテクスチャ

図13 Photoshopで作成したテクスチャ

UV の作成

今回のサンプルで UV を作成するにあたり、「**できるだけ垂直・水平に UV を展開する**」、「**使いまわしのパーツの UV は重ねる**」という点に注意しました。

これは、テクスチャが低解像度になっても見た目が荒れにくく、なおかつテクスチャを描くのがいくぶん楽になる、というメリットがあります。一例として、スカートとアクセサリの UV を紹介します。

スカートの形状は緩やかにカーブしていますが、UV は垂直・水平に展開しています。このように展開することによって、スカートの模様を描く際は Photoshop 上で直線を引けばすむので、テクスチャを描く時の手数を減らすことができます。

スカート部分

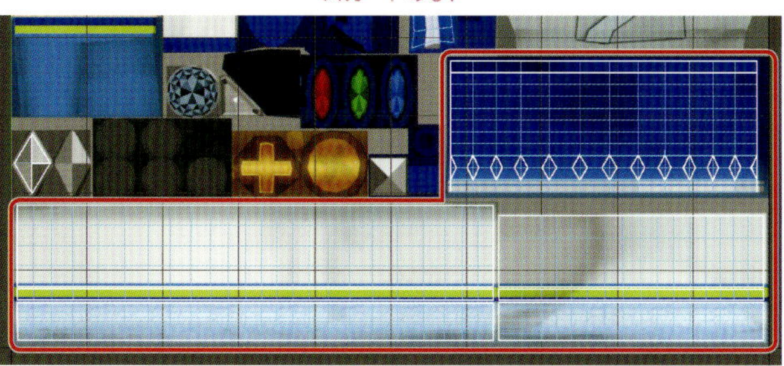

図14 スカート部分のUV

アクセサリは、スタッズ部分と周りのブルーのバンド部分のUVをこのように重ねています。リピートで使用するパーツはUVを重ねることで、テクスチャを描く手数を減らしつつ、UVを節約することもできます。

アクセサリ部分

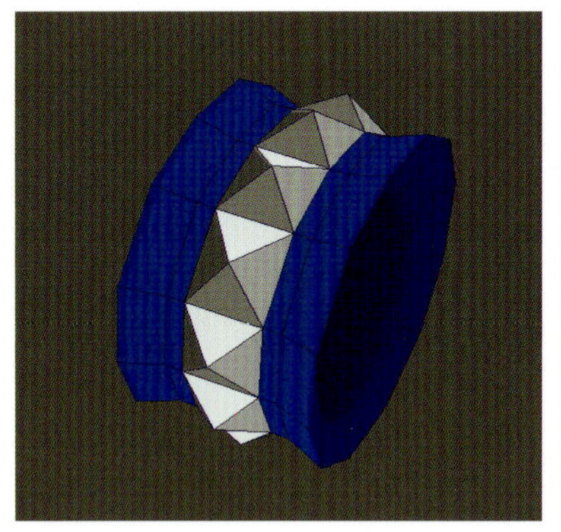

図15 アクセサリ部分のUV

アクセサリのUV

ゲーム用のモデルなどで、容量やスペックがシビアな場合は有効ですが、お行儀よくUVを展開するのも手間がかかりますので、ゆとりがある場合は気にしなくても特に問題はないかと思います。

注意 ノーマルマップを使用する場合など、UVが重なっていると不都合が起こることもありますので、UVは作成するモデルの仕様に合わせて編集してください。

骨の作成

骨については、Unity の humanoid のルールに則って作成しています。

人体の基本構造＋髪や、スカートにも追加しています。ウエイトを付ける際の MaxInfluence は、「2」にしています。

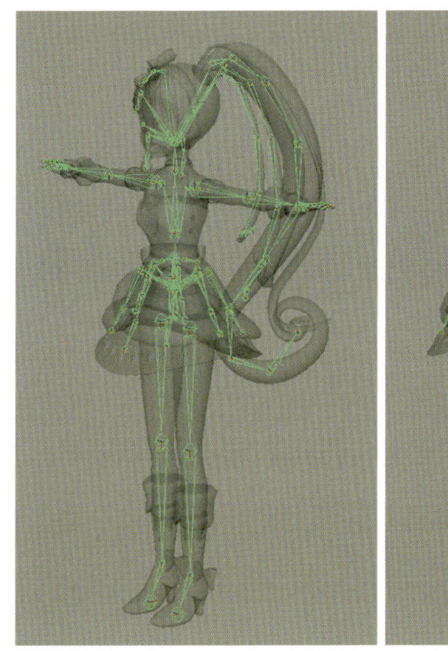

図16 骨は「humanoid」で作成

骨の入れ方としてはベーシックなものですが、ポイントとして、ポニーテール末端のカールの部分はひとかたまりとして扱って骨を入れています。このほうが、髪を動かした時にカールの形状を保ったまま動かせるので、理想に近い見た目になりました。

処理負荷軽減などの理由で、揺れものに使う骨数を少なめしたい場合は、末端に行くにつれて骨の感覚を狭めていくと、少ない骨数でも柔らかく動いているように見えます。

モーフターゲットの作成

目、眉、口のモーフターゲットを作成します。これらを組み合わせて、表情をつけていきます。

図17 表情をつけるためのモーフターゲット

UTS2.0 を適用する

いよいよ Unity 上で UTS2.0 を使用し、キャラクターのルックの調整をしていきます。

試行錯誤しながらイメージに近づけていったり、パラメータの調整中に偶然新しい発見があったりと、非常に楽しい工程です。

今回は、UTS2.0 の機能を使用して、セル調のシェーディング + αを意識した画作りを行ってみました。以降で、作成方法を詳しく解説していきます。

図18 完成したキャラクター

使用するシェーダー

シェーダーは、「UnityChanToonShader/Toon_DoubleShadeWithFeather」(Ver.2.0.7) を使用しています。

今回は、「**顔**」「**髪**」「**身体＆衣装**」用の3つのマテリアルを用意し、それぞれ使用するテクスチャと、パラメータを調整しています。

光と陰の境界線を表現する

まずは、使用している3つのマテリアルに共通する「**光と陰の境界線**」の設定についてです。最近のイラストなどでもよく見かける、光と陰の境目に彩度の高い色を入れる手法を、UTS2.0を使って表現しています。

＜この作例での設定のポイント＞
1st_ShadeColor に彩度の高い色を設定し、BaseColor_Step と ShadeColor_step の値を近くして、1st_ShadeColor が境界線になるように、細く表示させています。

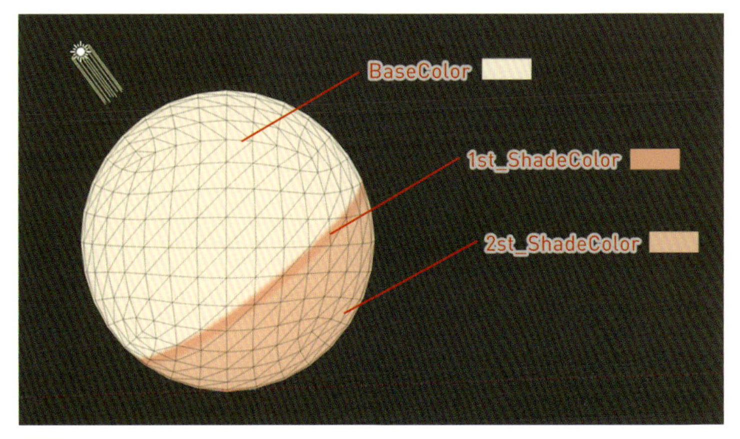

図19 光と陰の境界線の設定

パラメータは、次の図20のように設定しています。

この細い境界線を出すためだけに、1st_ShadeColor を使うのは贅沢な感じがしますが、通常のセル調シェーディングと比べて、キャラクターの肌に血色感と透明感が与えられるのが気に入っていて、個人的によく使用しているテクニックです。

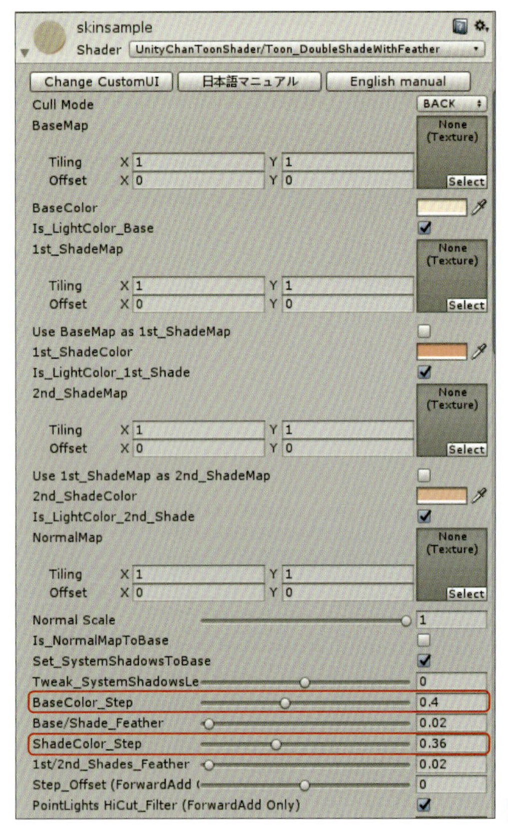

図20 肌陰の設定パラメータ

顔のマテリアル設定

続いて、顔のマテリアルについて解説します。顔のマテリアルは、キャラクターの顔の肌部分、カチューシャと髪を束ねるアクセサリーに使用しています。

図21 顔のマテリアル適用後のキャラクター

カラーマップの適用

顔用のカラーマップは、次の図の3枚を使用しています。左からBaseMap用、1st_ShadeMap用、2nd_ShadeMap用です。パーツによって陰になる色を変えたかったので、個別にテクスチャを作成してマテリアルに割り当てています。

前述した光と陰の境界線を表現するために、1st_ShadeMapは2nd_ShadeMapに比べて彩度をやや高くしています。

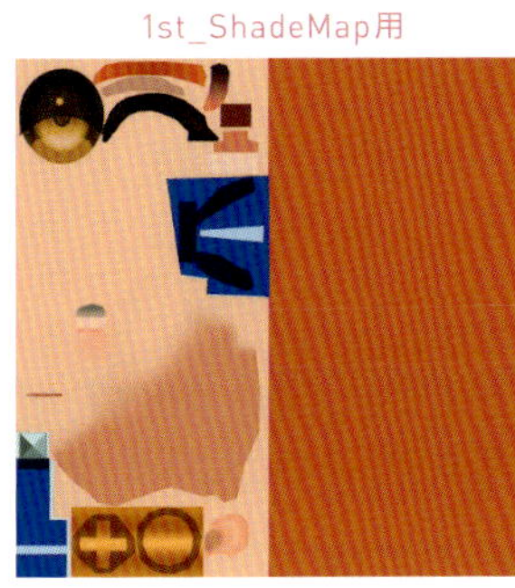

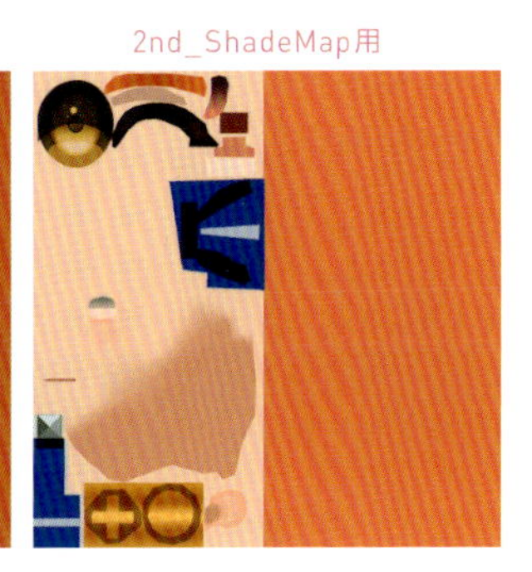

図22 顔のカラーマップ

SystemShadowsの設定

顔に意図しない影が落ちないように、SystemShadowsを設定をoffにします。次の図の左が「Recieve System Shadow」がActive、右がOffの状態です。

図23 顔のシャドーの設定

陰のパラメータ設定

顔には、あまりを陰をたくさん落としたくないので、陰の領域はやや少なくなるように調整しています。陰の境界線は完全にパッキリとはさせず、境界を若干ぼかして、柔らかさを出しています。

設定は、以下のようにしています。

【Basic Lookdevs : Shading Step and Feather Settings】
Technipue : Double Shade With Feather
BaseColor Step
0.45
Base/Shade Feather
0.1
ShadeColor Step
0.3
1st/2nd_Shades Feather
0.15
System Shadows : Self Shadows Receiving
Receive System Shadow:
Off
• Additional Settings

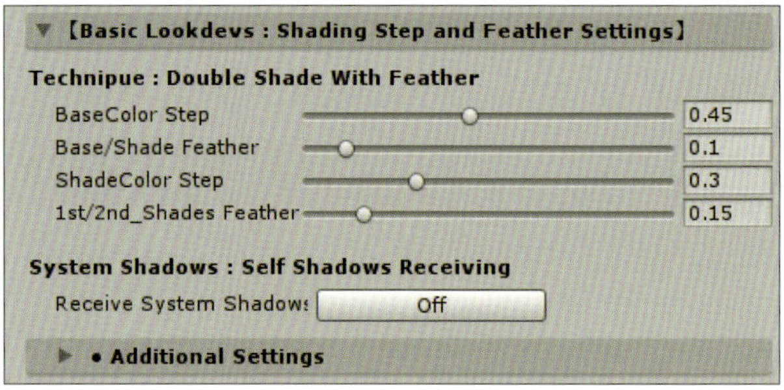

図24 顔の影のパラメータ設定

リムライトとリムライトマスク

リムライトが入って欲しくない箇所を、黒でマスキングしたテクスチャを作成します。あまり多くないのですが、リボンの裏面は光って欲しくなかったので用意しました。

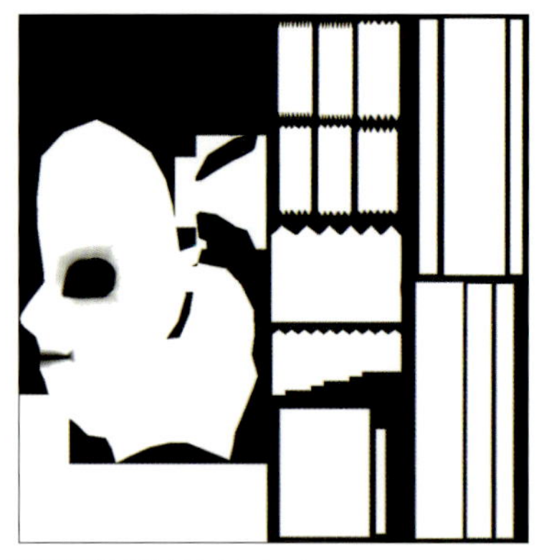

図25 顔のリムライトマスク

リムライトは、青みのある光を細めに入れています。設定は、以下のようにしています。

【RimLight Settings】
RimLight
Active
RimLight Settings
RimLight Color
RimLight Power
0
RimLight Inside Mask
0.3
RimLight FeatherOff
Off
LightDirection Mask
Off
RimLight Mask
RimLight Mask
RimLight Mask Level
0

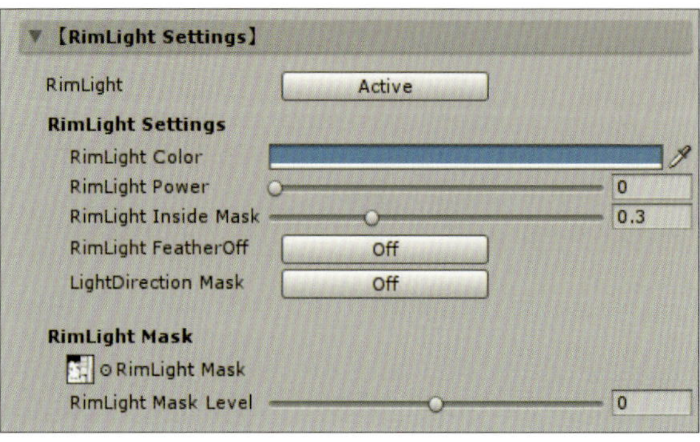

図26 顔のリムライトの設定

アウトラインの調整

アウトラインが出て欲しくない箇所を、黒でマスキングしたテクスチャを作成します。「白目の境界」「黒目のふち」「眉」「口周り」に、アウトラインが出ないように、マスクを作成しています。

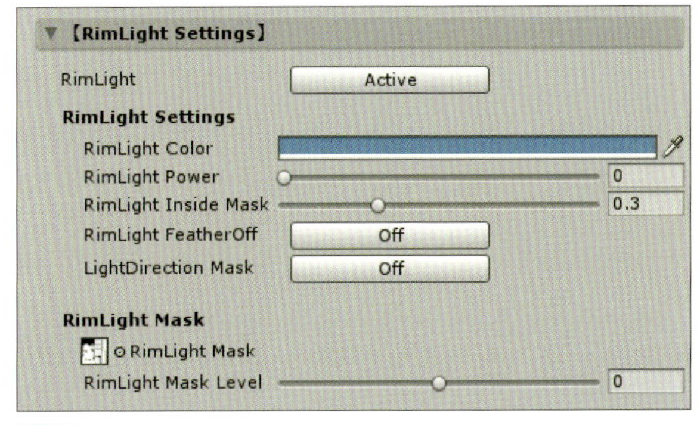

図27 顔のマスクの作成

適用前

適用後

図28 顔のアウトラインの適用比較

アウトラインのパラメータは、以下のように設定しています。

【Outline Settings】
Outline Mode　Normal Direction
Outline Width　1.5
Outline Color
Blend BaseColor to Outlir　Active
Outline Sampler
Offset Outline with Came　0
• Advanced Outline Settings

図29 アウトラインのパラメータ設定

髪のマテリアル設定

このキャラモデルの一番の特徴的な長いポニーテールのマテリアル設定です。カラーマップについては、先に説明した顔に使用したものと同じものを使っています。

図30 髪のマテリアル適用後のキャラクター

SystemShadows の設定

髪も顔と同様、意図しない影が落ちないように、Receive System Shadows の設定を「Off」にしています。

陰のパラメータ設定

陰の面積がある程度あるほうが髪のサラサラ感が出せるので、BaseColor Step の値は顔に比べて大きくしています。また、ShadeColor Step も顔と比べて値を大きめに設定して、ツヤ感を強調しています。

このあたりの調整はパラメータを弄りながら、自分好みの見た目になる値を探っていくイメージです。

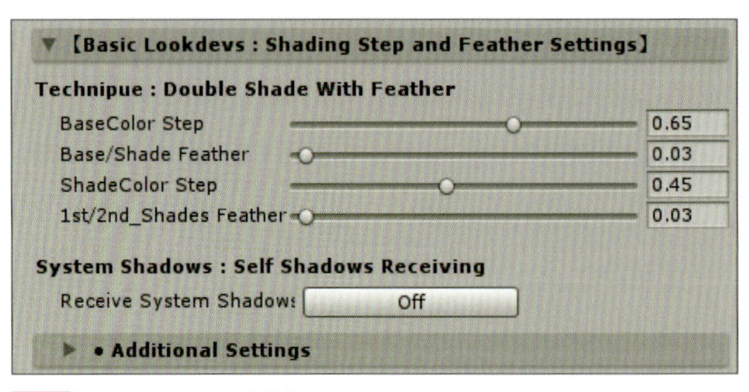

図31 髪の陰のパラメータ設定

髪用 Normalmap の適用

髪のサラサラ感を出すために、髪には NormalMap を使用しています。「Nvidia Normalmap tool」を使い、Photoshop 上で作成しています。図 32 のようなグレーの帯を描き、Nvidia Normalmap Filter を使用して「Normalmap」を生成します。

Photoshopで作成した元画像

図32
PhotoshopでのNormalmapの作成準備

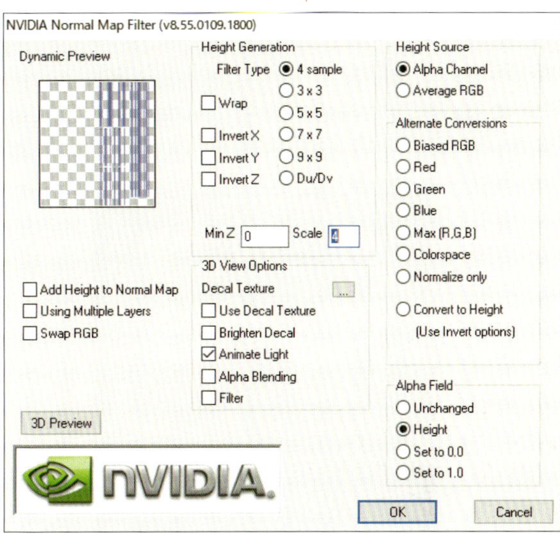

Photoshop CC2015以降を使用している場合は、標準でNormalmapを作成するフィルタが入っていますので、そちらでも同じような工程でNormalmapを作成することができます（詳細は割愛します）。

図34の左が、NormalMap適用前、右が適用後です。髪の影の入り方が、かなり変わってきます。

髪の流れに沿ってランダムな太さの溝をつけているだけのNormalMapですが、使うのと使わないのとでは見た目がかなり変わってくるので、今回の髪のルックを作るうえで重要になるテクスチャです。

図33 できあがったNormalmap

適用前　適用後

図34
髪のNormalmapの適用比較

Matcap の適用

Matcap を使用し、髪にハイライトを入れます。

MatCapSampler に、以下のテクスチャを適用します。テクスチャの白い部分の形が、ハイライトとして入ります。ハイライトのカラーは、白に近いオレンジ色を使用します。

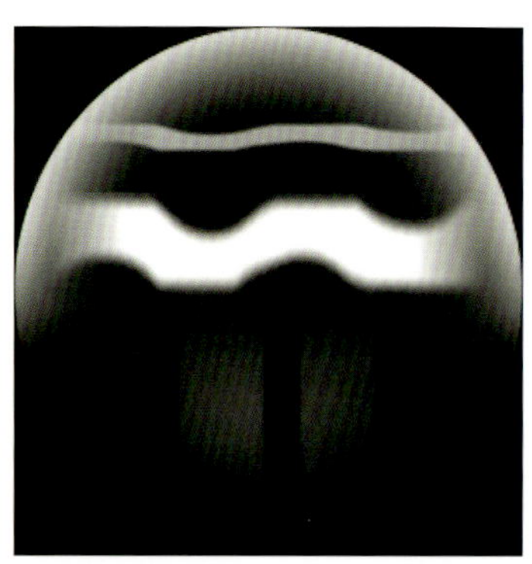

図35 髪のMatcapのテクスチャ

NormalMap の適用

次に、NormalMap を追加し、ハイライトの形状に変化をつけます。NormalMap は、前述の髪の陰を出すために使用したものを流用しています。

MatcapMask の適用

ハイライトの分量がやや多い印象だったので、以下のテクスチャを MatcapMask として使用し、ハイライトの量を抑えています。

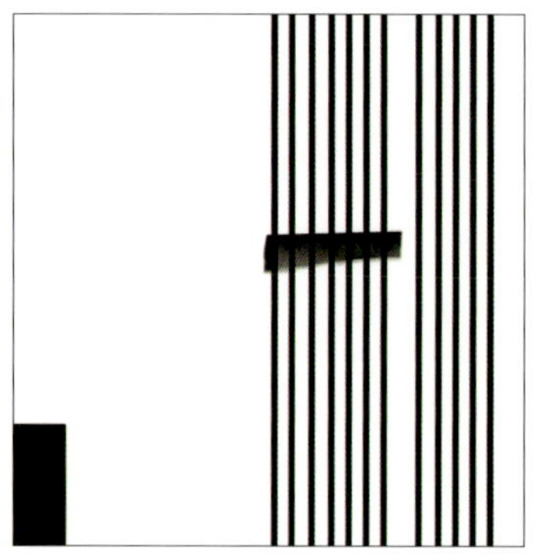

図36 髪のMatcapMaskのテクスチャ

次の図は、左から「Matcap のみ適用」、「NormalMap 追加」、「MatcapMask 追加」した状態の比較です。

Matcapのみ適用　　NormalMap追加　　MatcapMask追加

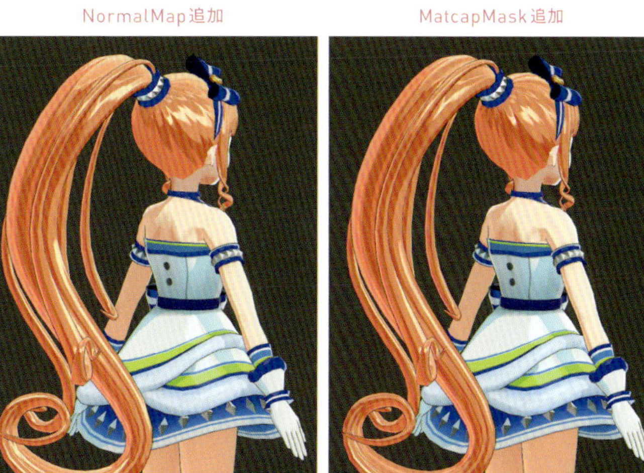

図37 髪の設定の適用比較

Matcapのパラメータ設定は、以下になります。各テクスチャの適用のみで、パラメータは特に調整していません。

【MatCap : Texture Projection Settings】

MatCap	Active
MatCap Settings	
MatCap Sampler	
Tiling	X 1 / Y 1
Offset	X 0 / Y 0
Blur Level of MatCap	0
Color Blend Mode	Additive
Scale MatCapUV	0
Rotate MatCapUV	0
CameraRolling Stabiliz	Off
NormalMap for MatCap	Active
NormalMap for MatCap as SpecularMask	
NormalMap	0
Tiling	X 1 / Y 1
Offset	X 0 / Y 0
Rotate NormalMapU	0
MatCap on Shadow	Active
MatCap Power on S	0.242
MatCap Projection Car	Perspective
MatCap Mask	
MatCap Mask	
Tiling	X 1 / Y 1
Offset	X 0 / Y 0
MatCap Mask Level	1
Inverse Matcap Mask	Off

図38 髪のMatcapのパラメータ設定

リムライト設定

髪のリムライトについては、やや明るめのオレンジ色を細めに入れています。

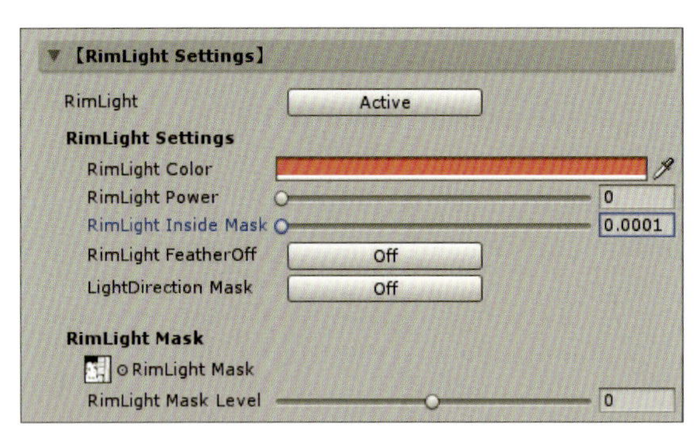

図39 髪のリムライト設定

アウトライン設定

髪のアウトラインのOutlineSamplerについては、前述の顔のマテリアルと同じ設定にしています。

身体&衣装のマテリアル設定

身体と衣装のマテリアル設定です。おおまかな設定は顔に近いですが、身体と衣装用にパラメータを調整しています。

図40 身体&衣装のマテリアル適用後のキャラクター

カラーマップの適用

顔と同様に3枚のカラーマップを使用します。左から、BaseMap、1st_ShadeMap、2nd_ShadeMapになります。

なお、肌部分の光と陰の境界線の表現がお気に入りなので、わざと脚見せのキャラデザインにしているのは、ここだけの秘密です。

BaseMap

1st_ShadeMap

2nd_ShadeMap

図41 身体&衣装のカラーマップ

SystemShadowsの設定

顔と髪のマテリアルでは、Recieve SystemShadowを「Off」にしていましたが、身体&衣装のマテリアルでは「Active」にしています。ライティングによる落ち影がいい感じだったので、この設定しています。

次の図の左がSystemShadow「Off」、右が「Active」です。

SystemShadowsが「Off」

SystemShadowsが「Active」

図42 身体&衣装のシャドーの比較

パラメータ設定は、以下のようになっています。

【Basic Lookdevs : Shading Step and Feather Settings】
Technipue : Double Shade With Feather
BaseColor Step
0.6
Base/Shade Feather
0.08
ShadeColor Step
0.5
1st/2nd_Shades Feather
0.08
System Shadows : Self Shadows Receiving
Receive System Shadow:
Active
System Shadows Leve
0
• Additional Settings

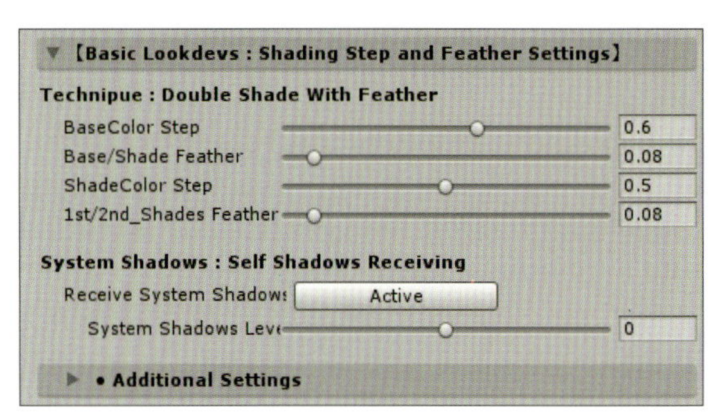

図43 身体＆衣装の影のパラメータ設定

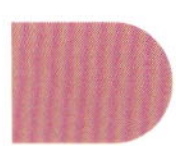

リムライト設定

リムライトマスクで、リボンの内側、衣装の内側といったリムライトが入って欲しくない箇所をマスクしています。

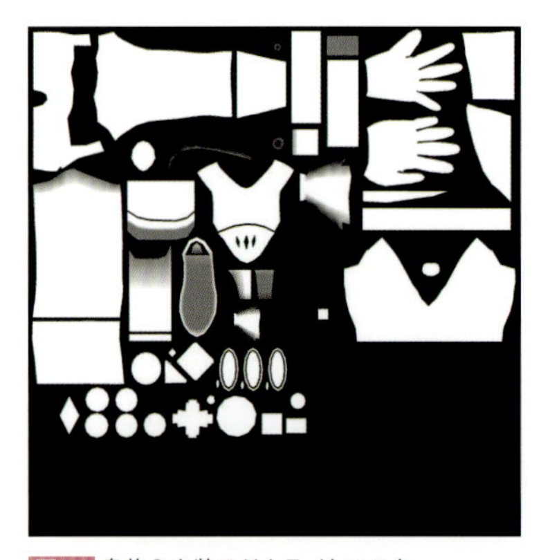

図44 身体＆衣装のリムライトマスク

身体＆衣装には、薄いブルーのリムライトを細く入れています。パラメータは、次の図のように設定しています。

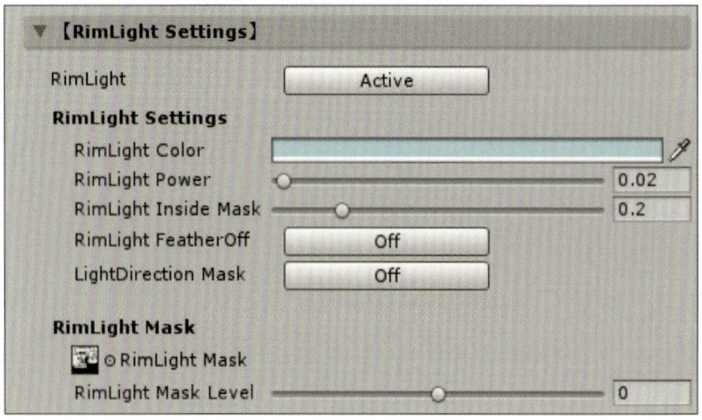

【RimLight Settings】
RimLight
Active
RimLight Settings
RimLight Color
RimLight Power
0.02
RimLight Inside Mask
0.2
RimLight FeatherOff
Off
LightDirection Mask
Off
RimLight Mask
RimLight Mask
RimLight Mask Level
0

図45 身体＆衣装のリムライトの設定

MatCap の設定

アクセサリーなどの光沢感と、衣装にうっすらツヤ感を出すために、Matcap を使用します。

図46 MatCap適用後のキャラクター

MatCap Sampler 用に、次の図 47 のようなテクスチャを作成しました。強めのハイライトが、点で入るように調整しています。

図47 身体＆衣装のMatCapのテクスチャ

MatCap Mask の設定

MatCap Mask を使い、アクセサリ類など光沢感を出したい部分を白く、ややツヤを出したい箇所をグレー、ツヤを出したくない箇所を黒で塗りつぶしています。

図48 身体＆衣装のMatCap Maskのテクスチャ

次の図の左が「MatCap なし」、中央が「MatCap あり」、右が「MatCap+MatCap Mask」の状態の比較です。光沢に強弱がついているのが、わかるかと思います。

図49 身体＆衣装の適用比較

MatCap のパラメータは、次のように設定しています。

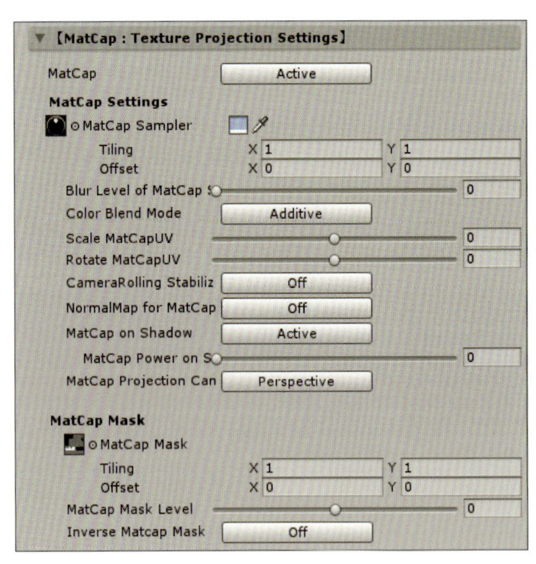

図50 身体＆衣装のパラメータ設定

アウトライン設定

身体＆衣装のアウトラインも、前述の顔と髪のマテリアルと同じ設定にしています。

マテリアル調整のビフォーアフター

これまでの解説が、このキャラクターで実践したマテリアル調整になります。

次の左の画像が一番最初のBaseMapとOutlineのみの状態で、右がマテリアル調整後です。陰影やハイライトが入ることで、よりUTS2.0を活かしたルックになっていると思います。

調整前

調整後

図51 キャラクターの完成

静画の作例紹介

ここからは、キャラクターを使った静画の作例紹介になります。「近未来、満員御礼のライブ！」をテーマに作成しました。

まずは、静画に使用した小物、背景用オブジェクトの制作について、簡単に紹介します。

図52 完成したステージ

マスコットの作成

アイドルものや女児向けの作品で出てくるようなマスコットを登場させたくて作成したモデルです。ラフスケッチを起こし、それをもとにモデルを作ります。

図53 マスコットのラフスケッチとモデル

形状も色もシンプルなデザインなので、UV・テクスチャもシンプルな作りにしています。

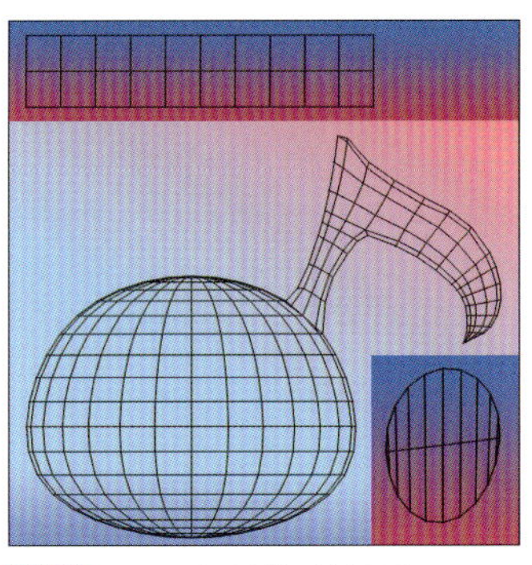

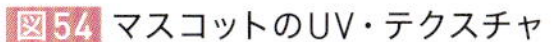

図54 マスコットのUV・テクスチャ

図55 UTS2.0を適用したマスコットのルック

マスコット用のマテリアル

マスコットの陰は、BaseMapにカラーを乗算する方法で表現し、HighColor、RimLightでふんわりした、触りたくなるような質感になるように設定しています。

マスコットのパラメータは、次の図のように設定しました。

onpu
Shader UnityChanToonShader/Mobile/Toon_DoubleShadeWithFeather
Show All properties | 日本語マニュアル | English manual
Basic Shader Settings
【Basic Three Colors and Control Maps Setups】
3 Basic Colors Settings : Textures × Colors
BaseMap — No Sharing
1st ShadeMap — No Sharing
2nd ShadeMap
• NormalMap Settings
• Shadow Control Maps
Technipue : Double Shade With Feather
1st Shade Position Map
2nd Shade Position Map
【Basic Lookdevs : Shading Step and Feather Settings】
【HighColor Settings】
【RimLight Settings】
RimLight — Active
RimLight Settings
RimLight Color
RimLight Power — 0.526
RimLight Inside Mask — 0.0001
RimLight FeatherOff — Off
LightDirection Mask — Off
RimLight Mask
RimLight Mask
RimLight Mask Level — 0
【MatCap : Texture Projection Settings】
MatCap — Off
【Emissive : Self-luminescence Settings】
【Outline Settings】
Outline Mode — Normal Direction
Outline Width — 1.7
Outline Color
Blend BaseColor to Outline — Active
Outline Sampler
Offset Outline with Camera Z-axis — 0
• Advanced Outline Settings
【LightColor Contribution to Materials】
【Environmental Lighting Contributions Setups】
Add Component

図56 マスコットのパラメータ設定

バックダンサーの作成

近未来感を演出したくて、ホログラムのように浮かび上がるバックダンサーを登場させました。過去にダンサーをイメージしたモデルを作成していたので、今回はそちらを使用しています。

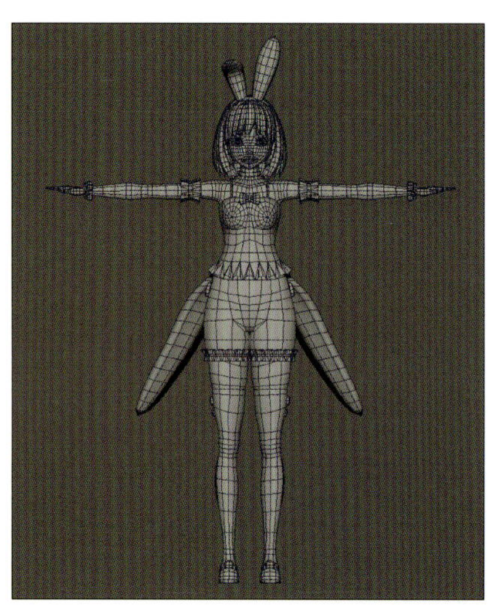

図57 ダンサーモデル

ダンサーのマテリアル設定

ダンサーにも、UTS2.0を使用しています。テクスチャは使わず、シェーダーのパラメータ調整のみで、ホログラム映像のような雰囲気を表現しています。

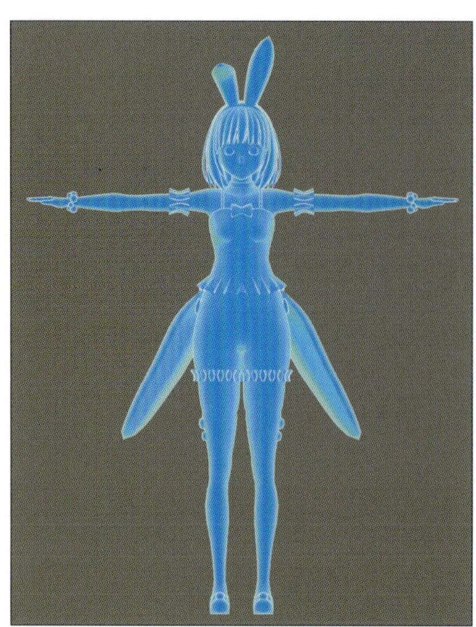

図58 UTS2.0を適用したダンサーのルック

ダンサーのパラメータ設定は、次のようになっています。BaseMapを少し暗めにし、強めのリムライトと、白に近い明るい色のアウトラインに設定するのが、発光している感じを出すコツです。

【Basic Three Colors and Control Maps Setups】

3 Basic Colors Settings : Textures × Colors

⊙BaseMap No Sharing

⊙1st ShadeMap No Sharing

⊙2nd ShadeMap

• NormalMap Settings

• Shadow Control Maps

【Basic Lookdevs : Shading Step and Feather Settings】

Technipue : Double Shade With Feather

BaseColor Step	0.5
Base/Shade Feather	0.25
ShadeColor Step	0
1st/2nd_Shades Feather	0.0001

System Shadows : Self Shadows Receiving

Receive System Shadows	Active
System Shadows Leve	0

【RimLight Settings】

RimLight	Active

RimLight Settings

RimLight Color	
RimLight Power	0.82
RimLight Inside Mask	0.0001
RimLight FeatherOff	Off
LightDirection Mask	Off

RimLight Mask

⊙RimLight Mask

RimLight Mask Level	0

【Outline Settings】

Outline Mode	Normal Direction
Outline Width	1.5
Outline Color	
Blend BaseColor to Outlir	Off
⊙Outline Sampler	
Offset Outline with Came	0

• Advanced Outline Settings

図59 ダンサーのパラメータ設定

ビークルモデルの作成

浮遊するビークルのモデルとテクスチャです。色付きの床パネル部分は、発光するイメージで作っています。

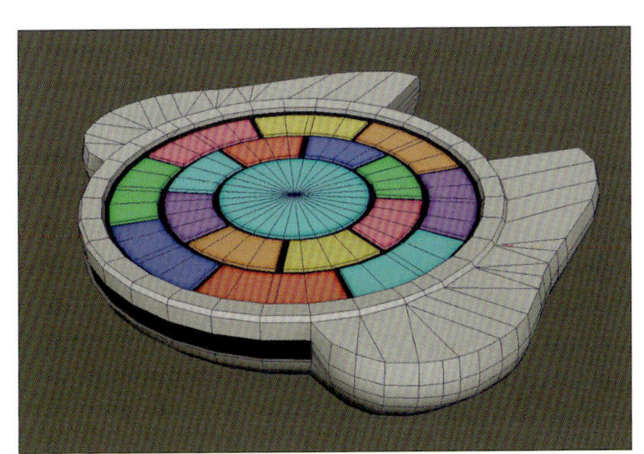

図60 ビークルモデル

UV・テクスチャは、以下のものを用意します。

図61 ビークルモデルのUV・テクスチャ

ビークルモデルのマテリアル調整

ビークルも、UTS2.0を使用しています。陰は、BaseMapにカラーを乗算して表現しています。

キャラクターの落ち影を受けるように設定しつつ、床の色付きのパネルにEmmissiveを適用し、ライティングが暗くても明るく光るように設定しています。

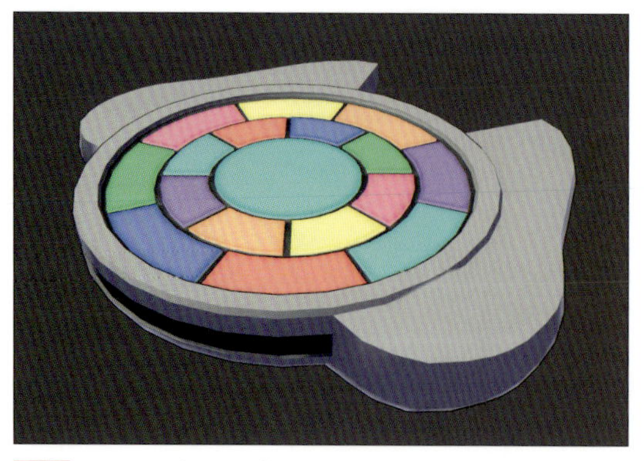

図62 UTS2.0を適用したビークルのルック

ビークルのマテリアルは、次のように設定しています。

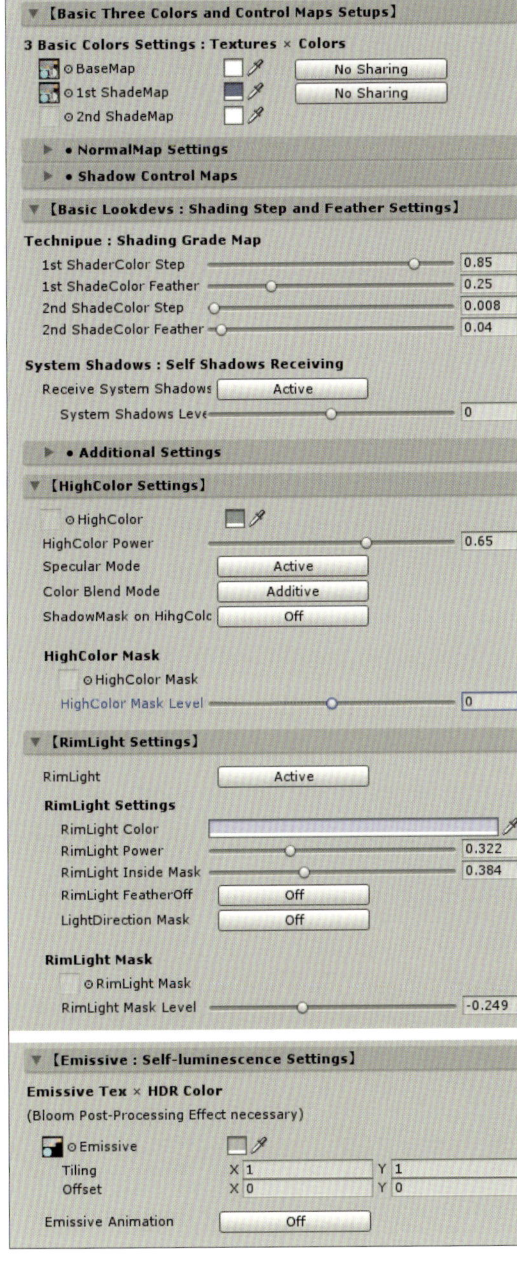

図63 ビークルのマテリアル設定

そのほかの背景素材の作成

そのほかの背景・エフェクト用オブジェクトとして、「天球」「観客席」「スポットライト」「紙吹雪」の素材を作成しました。これらをUnity上でサイズ調整をしながら、配置していきます。

天球のシェーダーは「Unlit/Texture」を使用しています。観客席、紙吹雪、スポットライトは、テクスチャの透過が必要だったので、「Unlit/Transparent」を使用しています。

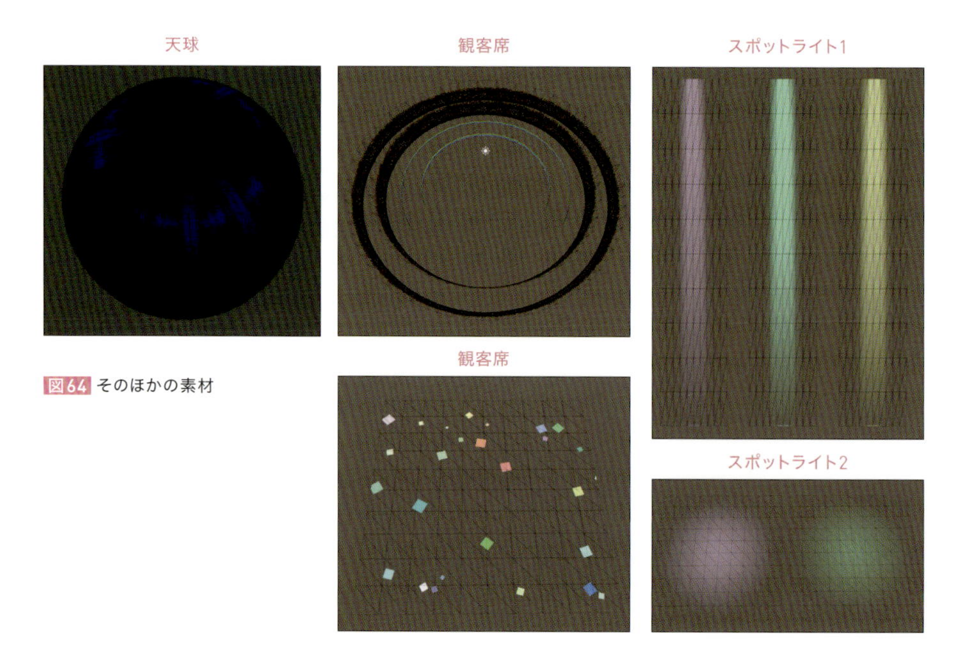

図64 そのほかの素材

カメラとキャラクターの配置

キャラクターにポーズと表情をつけて、天球モデル、ビークルモデルといっしょに配置します。カメラの位置や画角を調整しながら、構図を決めていきます。

カメラ位置と画角を決めたら、以降はカメラは固定して、そのほかのオブジェクトを配置していきます。

図65 キャラクター、天球、ビークルを配置

オブジェクトの配置

観客席、マスコット、ダンサーのモデルを配置していきます。カメラは固定のままで、

Game パネルでの見え方に気をつけつつ、空間にスケール感が出るように意識します。

図66 観客席、マスコット、ダンサーの配置

ライティング

モデルの配置が決まったら、ライティングの設定を行います。

Directional light の設定

Unity のシーンにデフォルトで使用されている Directional light を使用していますが、設定を少し調整しています。Color は白ではなく、若干赤味を足しています（R255、G248、B248）。また、スカートから脚への影が綺麗に落ちるように、Shadow Type の Bias を「0」にしています。

Light	
Type	Directional
Use color temperature mode	☐
Color	
Mode	Realtime
Intensity	1
Indirect Multiplier	1
Shadow Type	Soft Shadows
Realtime Shadows	
Strength	1
Resolution	Very High Resolution
Bias	0
Normal Bias	0.4
Near Plane	0.1
Cookie	None (Texture)
Cookie Size	10
Draw Halo	☐
Flare	None (Flare)
Render Mode	Auto
Culling Mask	Everything

図67 Directional lightの設定

Point light の設定

ビークルのパネル部分の発光感を演出するために、Point Light を仕込みます。Hierarchy パネル上で右クリックし、「Light → Point Light」でライトを新規作成し、ビークルのパネル部分に移動します。

図68 ビークルにPoint Lightを設定

ライトのパラメータは、以下のように設定しています。足元を明るくする、というよりも青味のニュアンスを加えるというイメージです。

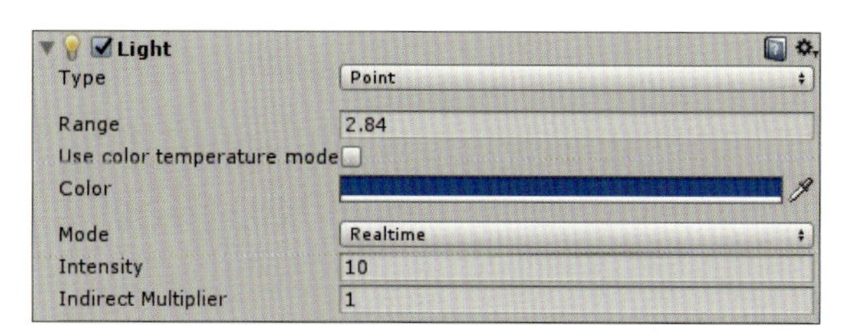

図69 Point Lightの設定パラメータ

キャラとビークルにライトの青味が加わり、一体感が出てきました。

図70 ビークルにライトが設定された

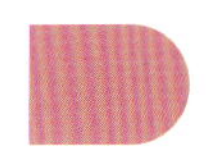

エフェクト系オブジェクト（紙吹雪、スポットライト）の追加

画面全体のバランスを見ながら、スポットライトと紙吹雪のオブジェクトを配置していきます。薄いモヤのようなライトと、紙吹雪を配置することで、空気感と華やかさがグッと出てきます。

図71 エフェクト系オブジェクトの追加

ポストエフェクトの処理

最後の仕上げに、ポストエフェクトで画面の雰囲気作りをしていきます。ポストエフェクトを加えることで、オブジェクトの配置だけではできない被写界深度やブルームの効果を表現できるので、画面がよりリッチな印象になります。

今回は「Post Processing Stack」を使用しています。こちらはUnityのAsset Storeから無料でダウンロードできます。

作例ではこれを使用して、「被写界深度」「ブルーム」「色調整」「色収差」の効果を与えています。各パラメータの設定は、以降のとおりです。

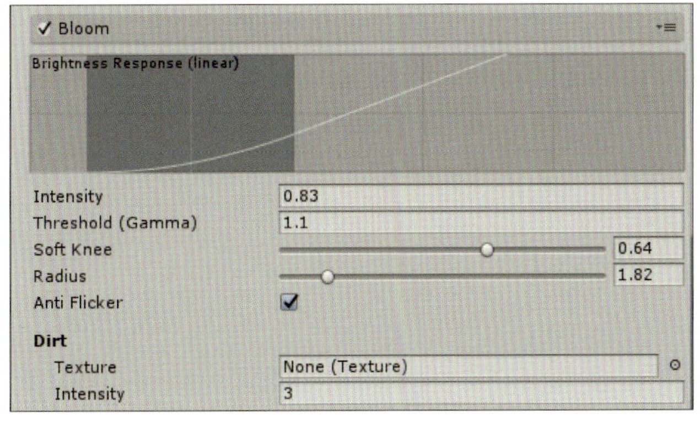

図72 ブルーム（Bloom）の設定

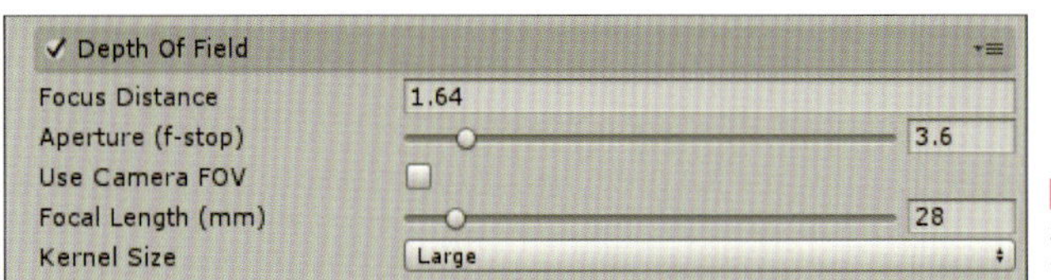

図73 被写界深度（Depth Of Field）の設定

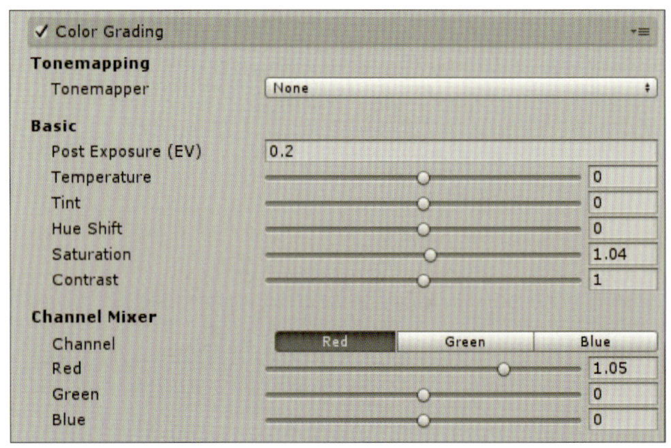

図74 色調整（Color Grading）

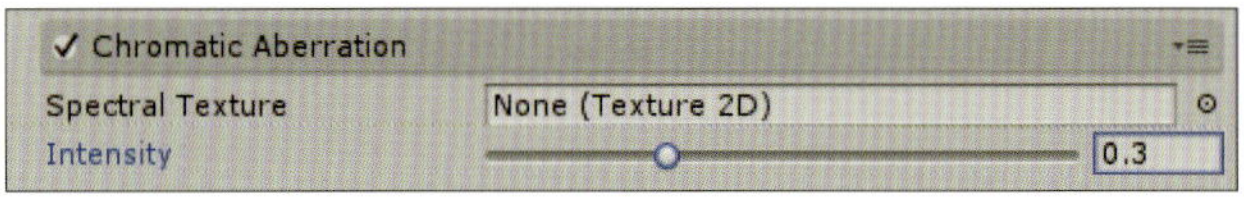

✓ Chromatic Aberration
Spectral Texture　None (Texture 2D)
Intensity　0.3

図75 色収差（Chromatic Aberration）

ポストエフェクトを適用したものが、次の図です。これにて完成です！

図76 完成したライブ会場の静画

おわりに

以上が、私のUTS2.0を使用したキャラクターモデルと、静画の作例紹介でした。

UTSを知っている方で、まだ触ったことのない人のなかには「機能が盛りだくさんで難しそう、とっつきづらそう…」というイメージを持たれている方もいるかもしれません。

私も最初からすべての機能を把握していたわけではなく、「まずは陰を落としてみよう」とか「アウトラインの色を変えてみたい」というところからスタートして、おっかなびっくり使ったことのない機能を試したり、SNSでいろいろな方のメイキングも見ながらだんだん機能を覚えていった、という感じです。
UTSを触っていきながら表現のアイデアも浮かんできて、特に肌の陰影の境界線がUTSで実現できた時は、「これは凄い！」「楽しい！」と感激したことを覚えています。

今回の私の作例内容は、UTSの使い方としては、比較的シンプルなものだと思います。使っていない機能や表現もまだまだあります。
今後はUTSを使ってセル系以外のルックにも挑戦したり、もっとハイポリでディティールの細かなモデルにもUTSを使用してみたいですね。

UTSは、イラスト・セル調のモデルに挑戦してみたい人にとっては、自由で表現力が高くて奥の深いシェーダーです。しかも無料！最高です。少しでも興味が湧いた方は、ぜひ使ってみて欲しいと思います。

この章の作例は、以下のサイトからダウンロードや閲覧が行えます（書籍名で検索してください）。モデルデータの使用にあたっては、同梱されるreadme.txtに従って、ご利用ください。

モデルデータ、および改変用PSDテクスチャのダウンロード

- ボーンデジタルの書籍ページ
  https://www.borndigital.co.jp/book

完成画像の閲覧

- 前島の制作物おきば
  https://banayooo5000kg.tumblr.com/

2 Matcapの活用事例

執筆・作例制作：あいんつ（Twitter：@einz_zwei）

使用したツール　Unity、Photoshop
シェーダー　UnityChanToonShader/Toon_DoubleShadeWithFeathr

あいんつです。絵を描いたり、モデルを作ったりな人生です。

ここでは「ユニティちゃんトゥーンシェーダー 2.0（UTS2）」に実装されている機能である「Matcap」を活用する方法を紹介します。

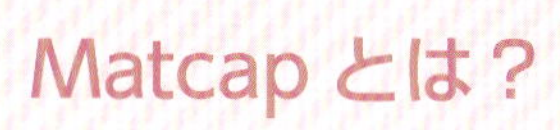

Matcap とは？

　Matcap とは、主に金属的な質感やリムライト的な反射などを、事前にレンダリングしておいた画像を参照することで表現する手法です。
　ライティングやシーンの環境に影響を受けないので、自分の出したい質感を表現しやすことが特徴です。ここでは、図 1 のモデルを図 2 のようにする方法を紹介します。

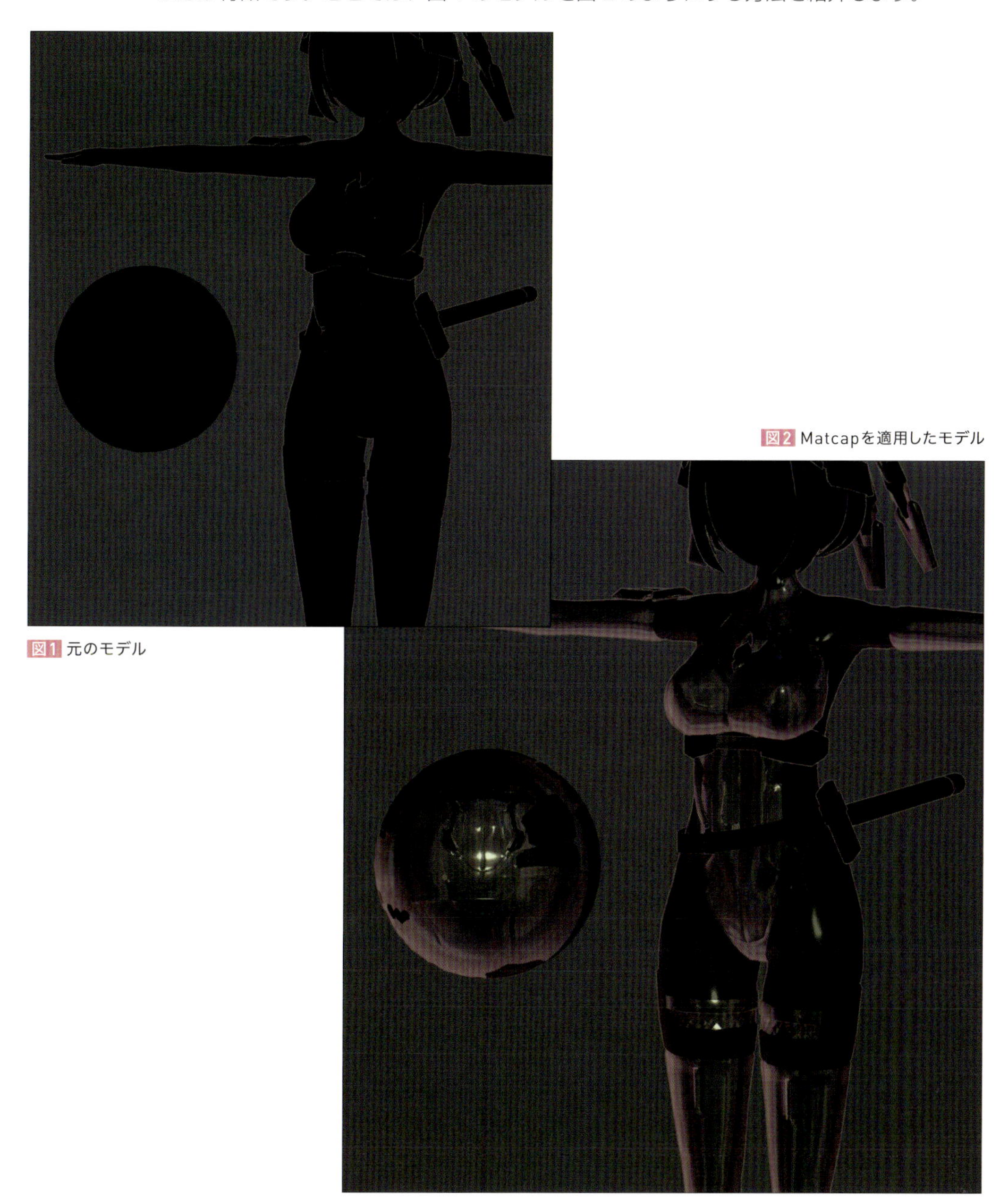

図2 Matcapを適用したモデル

図1 元のモデル

Matcap サンプラーの下準備

最初に、Matcap 機能に使用する「Matcap サンプラーイメージ」を用意します。これは何かというと、モデルに投影する質感を平面画像上の球体に描画したものです。この画像がルックのほぼすべてを決定するので、重要な工程です。

Matcap サンプラーの作成

まずは、実際に Matcap を適用した例を見てみましょう。図 3 が Matcap サンプラー、図 4 が適用したキャラクターモデルと球体モデルです。

図3 Matcapサンプラーの例

図4 Matcapサンプラーをモデルに適用

図 3 のように正方形の画像に円を配置し、質感を描き込みます。この画像を使用するには、UTS2 内の Matcap の設定項目を開き、Matcap Sampler の欄に画像をドラッグ＆ドロップで設定します。

▼【MatCap : Texture Projection Settings】

MatCap	Active		
MatCap Settings			
MatCap Sampler			
Tiling	X 1	Y 1	
Offset	X 0	Y 0	
Blur Level of MatCap Samp			0
Color Blend Mode	Additive		
Scale MatCapUV			0
Rotate MatCapUV			0
CameraRolling Stabilizer	Off		
NormalMap for MatCap	Off		
MatCap on Shadow	Off		
MatCap Projection Camera	Perspective		
MatCap Mask			
MatCap Mask			
Tiling	X 1	Y 1	
Offset	X 0	Y 0	
MatCap Mask Level			0
Inverse Matcap Mask	Off		

図5 UTS2のMatCapの設定画面

どういった質感が必要なのかを考えつつ塗り込みます。Matcap サンプラーを変更して保存すると、モデルも自動的に更新されます。

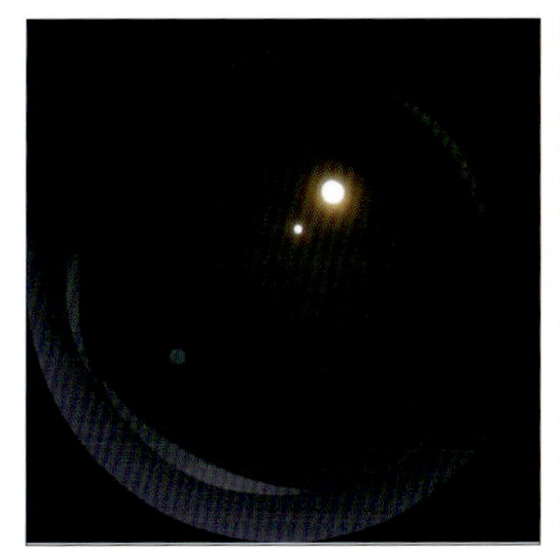

図6 光るイメージを加えてみたMatcapサンプラー

図7 図6を適用したモデル

試行錯誤すると、より立体感が際立ち、ディテールもそれらしくなってきました。

図8 より質感を高めるための試行錯誤した結果のMatcapサンプラー

図9 図8を適用したモデル

キャラクターデザインを確認し、Matcap サンプラーを調整

ブラッシュアップする際に必要なのは、キャラクターデザインの確認です。イラストから Matcap サンプラーに必要な要素を分析し、抽出していきます。

図10 元のキャラクターイラストを確認する

照り返しを暖色系に変更し、反射やハイライトを若干柔らかい印象に変更しました。あとは、カラーテクスチャと合わせての調整と確認が必要になるため、ひとまずこれで完成としておきます。

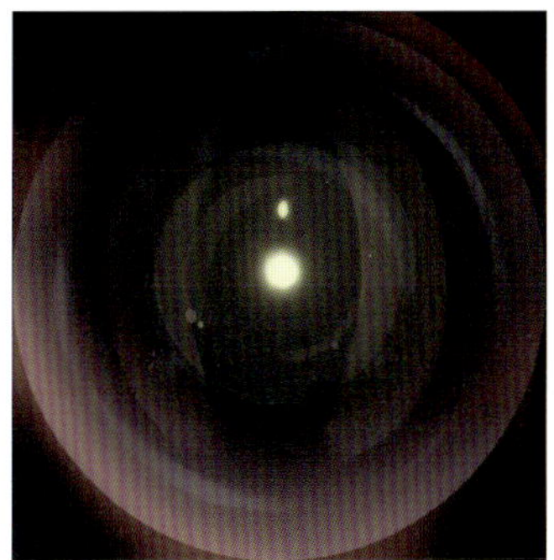

図11 イラストから要素を抽出して反映させたMatcapサンプラー

図12 図11を適応し、完成させたモデル

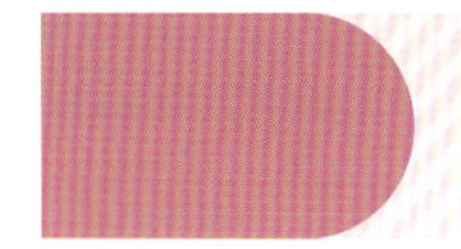

モデルへの適用と調整

ひとまずMatcapサンプラーが完成したので、キャラクターモデルとの親和性を高めていきます。まずは、キャラクターモデルにテクスチャを適用しましょう。

【Basic Three Colors and Control Maps Setups】
3 Basic Colors Settings : Textures × Colors
BaseMap No Sharing
1st ShadeMap No Sharing
2nd ShadeMap
• NormalMap Settings
• Shadow Control Maps
【Basic Lookdevs : Shading Step and Feather Settings】
Technipue : Double Shade With Feather
BaseColor Step 0.622
Base/Shade Feather 0.204
ShadeColor Step 0
1st/2nd_Shades Feather 0.0001
System Shadows : Self Shadows Receiving
Receive System Shadows Active
System Shadows Level 0

図13 モデルにテクスチャを適用

そして、MatcapをActiveにすれば、カラーテクスチャと先ほど作成したMatcapを合成して表示されます。

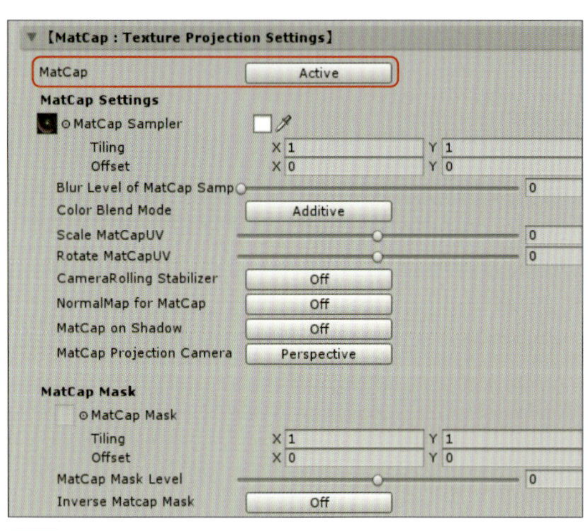

図14 テクスチャにマットキャップを合成

MatCapマスクの作成

全体的によい見た目になってきたので、追加の項目を調整していきます。

現在の状態では、モデル全体にMatcapの影響が均等に出ているので、「Matcapマスク」を作成します。これは、グレースケール画像でMatcapの強さを調整する機能です。

白にすれば100%（Matcapが完全にかかる）、黒にすれば0%（Matcapの影響がなくなる）となります。

　今回の場合は、顔や髪にはMatcapをかけず、身体部分の肌には薄く、スーツには完全に影響がかかるように調整しました。

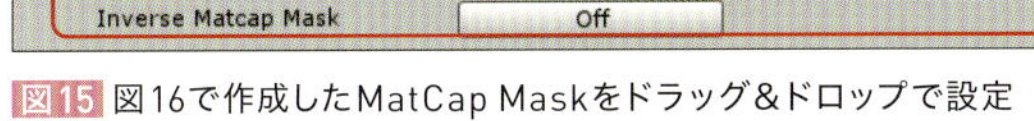

図15 図16で作成したMatCap Maskをドラッグ＆ドロップで設定

図16 MatCap Maskの画像

　MatCap Maskを適用した結果を見てみると、図17のようになりました。

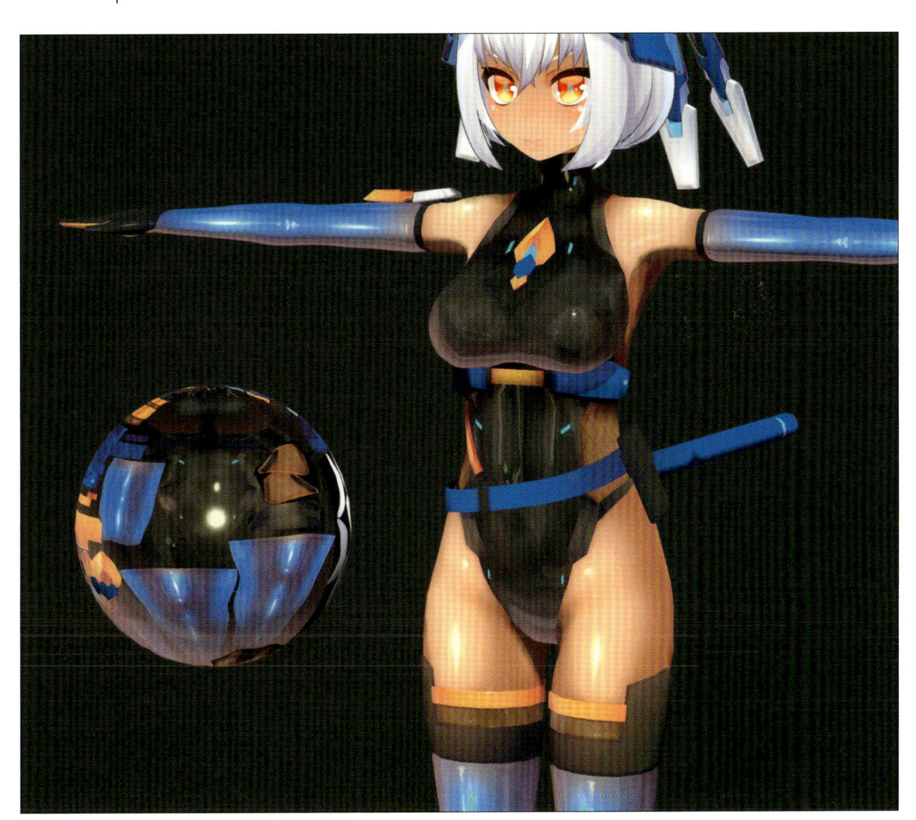

図17 MatCap Maskを適用したモデル

ノーマルマップの準備

Matcapにはノーマルマップも利用できるので、「ノーマルマップ」も用意します。Photoshopでグレースケール画像を変換する方法が簡単かつ便利なので、今回はよく使う手法として紹介します。

縫い目や奥まったところなど、スジにしたいところを黒く表現します。出来上がったら、Photoshopで「フィルター→3D→法線マップ」を実行し、生成します。

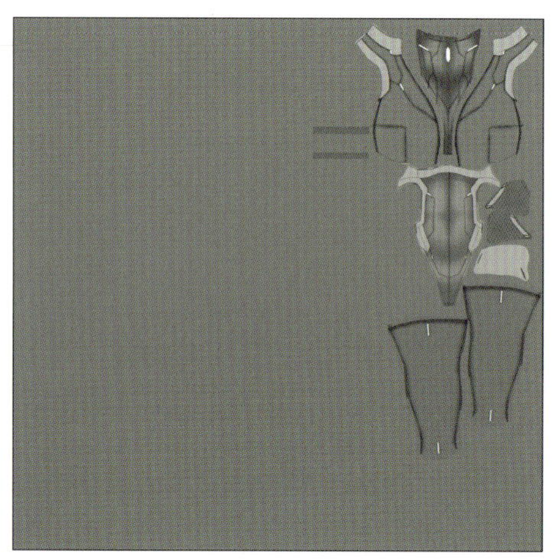

図18 ノーマルマップのための元画像を作成

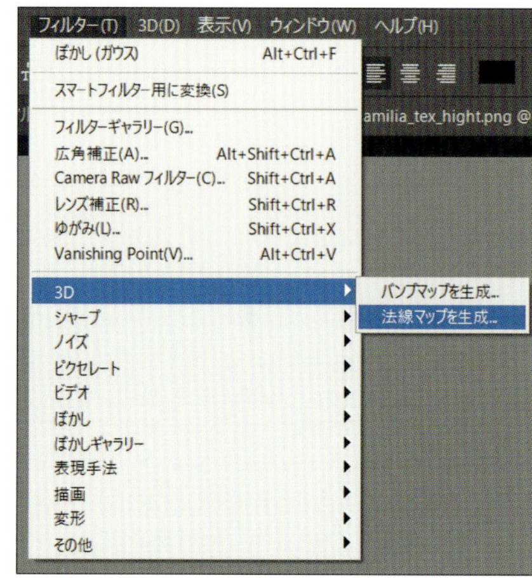

図19 Photoshopのメニューから「法線マップ」を選択

図20の画面で、パラメータを操作すると、ノーマルマップの柔らかさなどの調整ができます。確定すれば、ノーマルマップの完成です。

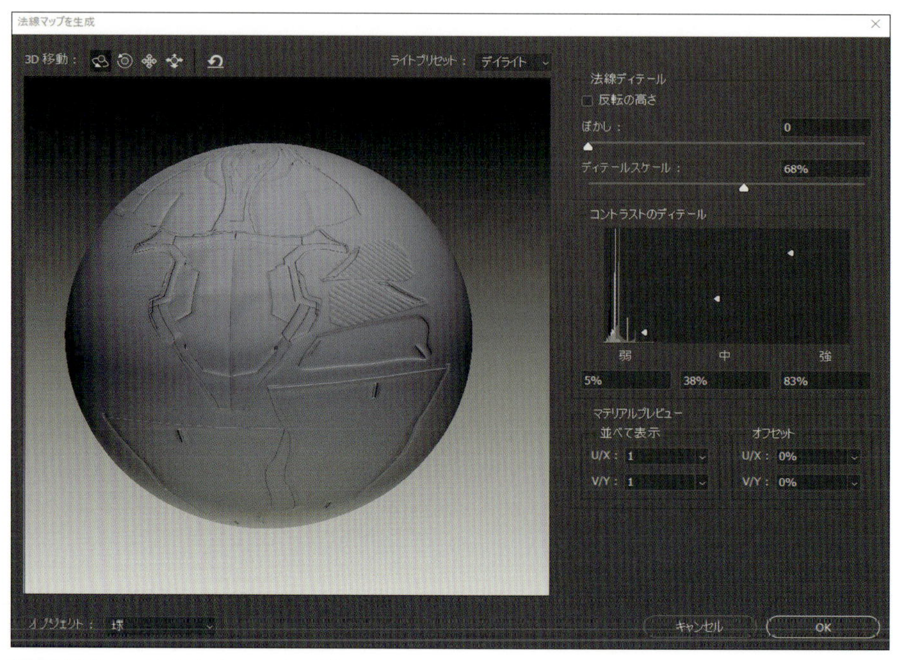

図20 「法線マップを生成」ダイアログで調整

図21「ノーマルマップ」ファイルの完成

「NormalMap for MatCap as SpecularMask」をActiveにして、NormalMapへ作成したノーマルマップをアタッチします。球体モデル、キャラクターモデルともに、スーツ部分にスジ彫りの効果が適用されました。

【MatCap : Texture Projection Settings】
MatCap　Active
MatCap Settings
MatCap Sampler
Tiling　X 1　Y 1
Offset　X 0　Y 0
Blur Level of MatCap Sampler　0
Color Blend Mode　Additive
Scale MatCapUV　0
Rotate MatCapUV　0
CameraRolling Stabilizer　Off
NormalMap for MatCap　Active
NormalMap for MatCap as SpecularMask
NormalMap　1
Tiling　X 1　Y 1
Offset　X 0　Y 0
Rotate NormalMapUV　0
MatCap on Shadow　Off
MatCap Projection Camera　Perspective
MatCap Mask
MatCap Mask
Tiling　X 1　Y 1
Offset　X 0　Y 0
MatCap Mask Level　0
Inverse Matcap Mask　Off

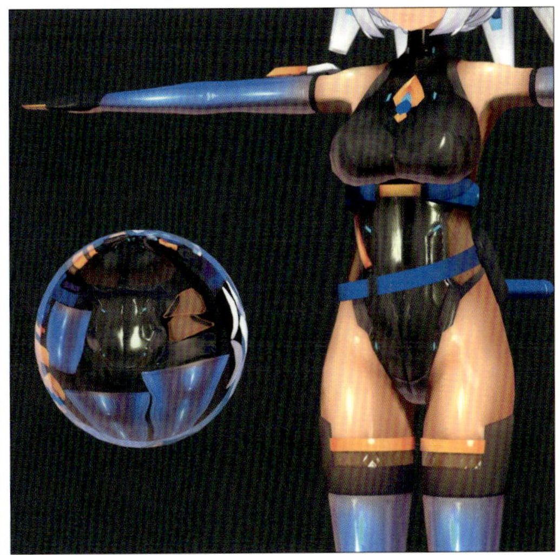

図22 図21で作成したノーマルマップをドラッグ＆ドロップで設定

リムライトの設定

最後に、Matcapと相性のよい「リムライト」の項目を調整します。「RimLight Settings」から「RimLight」をActiveにすると、デフォルトの状態のリムライトが有効になります。

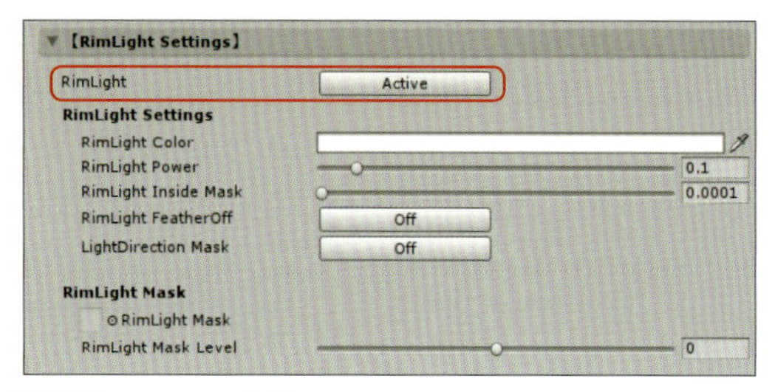

図23 リムライトを有効にする

並んでいる項目はすべて重要なので、上から順に調整していきます。

「RimlightColor」は、リムライトのカラーを決定します。暗めの色に設定すると、ベースのカラーテクスチャと色が合成されて自然な風味になります。

「RimLight Power」と「RimLight Inside Mask」は、それぞれリムライトのかかり方を決定する項目なので、両方を調整し、いい具合に見えるポイントを探します。

今回は、自分のイラスト的な表現を再現するべく、「Rimlight FeatherOFF」をActiveに設定し、はっきりとした輪郭のリムライトを表現しました。

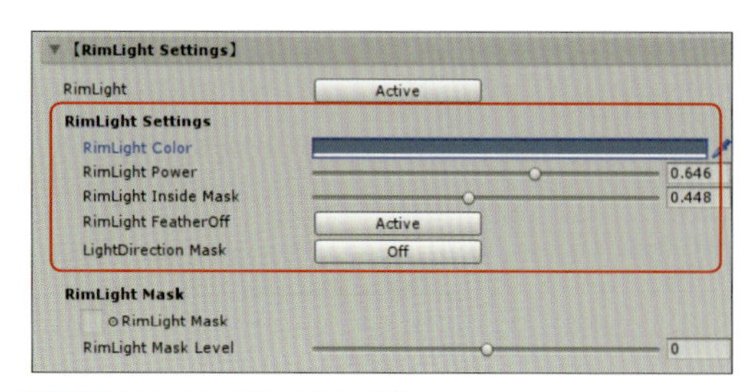

図24 リムライトの設定項目を調整

おわりに

「Matcap」は、かなり幅広い用途で利用できる質感表現機能です。今回のような質感以外にも、金属系の小物やメカ表現など、活用できる場所は数多くあります。

紹介した機能の組み合わせで、自分だけの質感を表現してみてください。

図25 完成したキャラクター

3 VRアバター 3Dモデルのデザインとシェーダー設定

執筆・作例制作：ぽんでろ（Twitter：@Ponderogen）
プロフィール：

使用したツール　Blender、ModLab、CLIP STUDIO
シェーダー　UnityChanToonShader/Toon_DoubleShadeWithFeather

ぽんでろです。いつもは趣味で絵を描いたり、BOOTH で自作のモデルを販売したりしています。

ここでは UTS2.0 を使用したモデル「クレリック」を作例として、デザインなどの話を交えながら、紹介させていただきます。

- ポンデロニウム研究所
  https://ponderogen.booth.pm/items/922954

デザイン決定までの流れ

キャラクターモデルのデザインを考える時は、まずテーマを据え、資料を集めつつどういう方向性のキャラクターにするかを、スケッチをしながら考えていきます。

たとえば「魔法使いの女の子」といったテーマがあれば、「中世の服装」や「魔女」といった検索ワードで資料を集めていきます。資料集めと同時に、キャラクターに合った服装やこんな性格なら面白いだろうか、といったことを考えながらキャタクターのラフを固めていきます。

モデルに身に着けさせたいパーツや全体の雰囲気をある程度掴んだら、ラフの上から細部まで描き、問題がなければ色を乗せてデザイン画とします。

本来であれば、次の工程で三面図の作成を行うのですが、このモデルは自分でモデリングするので、デザイン画の時点ではそこまで細かく固めませんでした。モデリングの最中に多少のデザインの変更があることを想定して、デザインを決定します。モデリングの途中で 3D での表現が難しくなった場合や、3D での見映えが微妙だった場合は、必要であればデザインに修正を入れていきます。

デザインする上で気をつけること

図1 「ミーシェ」（BOOTHのポンデロニウム研究所で販売しているモデル）

私のモデルは、あくまで VRChat 上でアバターとして使用することを前提としているので、アバターとして使用して邪魔に感じてしまう要素は、できるだけ減らすようにしています。

VRChatでは、販売されているモデルをユーザーが改変することで、オリジナリティを出すことが一般化しているので、改変しやすいモデルが好まれる傾向にあります。キャラクター性を強く出すパーツなどを多く取り入れると、キャラクター色が強く出て個性を出す余地がなくなってしまうので、あまり入れ過ぎないように気をつけています。

また、アバターは自分の分身となるものなので、キャラクター性が強く出過ぎると少し受け入れづらくなってしまうこともあるので、地味にならない程度のキャラクター性を意識しています。販売しているモデルのなかでは、「ミーシェ」は特にその点を意識しています。

「クレリック」のデザイン

「クレリック」は、僕の最初の販売モデルです。その名のとおり、神官の職に就く女の子をイメージして制作しました。

制作当初は販売するつもりはなく、習作のつもりで作り始めたのですが、当時モデル販売が流行りだしたので、自分も流れに乗るつもりで、販売することになったモデルです。

また、販売を目的として制作したモデルではなかったので、少し自由にデザインしています。

図2 「クレリック」の正面と背面

服装

最初は、ノーマルマップを利用した表現やUTS2.0の練習として用意したモデルで、細かい装飾などを入れてノーマルマップで表現してみることだけ決まっていました。

そこから、神官のような女の子のラフがうまくできたので、それを発展させて「クレリック」のデザインを決定しました。神官でも神父や修道女ではなく、厳かな神殿にいそうな雰囲気をイメージしています。カトリックの祭服やゲームのキャラクターなどを中心に参考にしています。

色合い

若くして神官という厳粛な職に就く女の子ということで、少し浮世離れした印象をつけたかったので、白く柔らかそうな髪の毛に加えて白い肌、全体的な色合いも白く薄い印象でまとめてあります。

2D と 3D の見え方の違い

ここで気をつけたいのが、2D 段階のデザインと 3D でのデザインでは見え方が少し違うということです。

2D では、デザインの情報量が少なめでも間のとり方や、比率、色合わせ、陰影などでカバーすることが可能で、場合によっては描かないほうが有効であることも多いです。ですが、3D においては 2D においての情報量のバランスとは違い、いざ 3D に起こしてみると少し寂しかったり、あるいは重かったりします。

「クレリック」においても、デザインの段階ではそこまで気にならなかった瞳の表現や顔立ち、帽子のサイズ感などに修正を要しました。

2Dのデザイン画

3Dでのデザイン

図3 「クレリック」の2Dデザインと3Dデザイン

UTS2.0 の設定

UTS2.0 は表現の幅が広く、設定によって適用する前と後でかなり見栄えの差が出るので、モデルを設定する時は、毎回そのモデルに合った設定を、微調整を繰り返しながら探しています。

「クレリック」は、UTS2.0 の練習という目的もあったので、ディテールアップするような使い方を重視しましたが、表現の幅の広さからコンセプトアートのようなものを用意して、それに近づけていく方向で制作するのも悪くないのではないでしょうか。

「クレリック」は、現実離れしていて幻想的な仕上がりにしたかったため、最終的には強めの色使いや影、強いリムライトでまとめています。以降では、「クレリック」のUTS2.0の設定の一部を説明させていただきます。

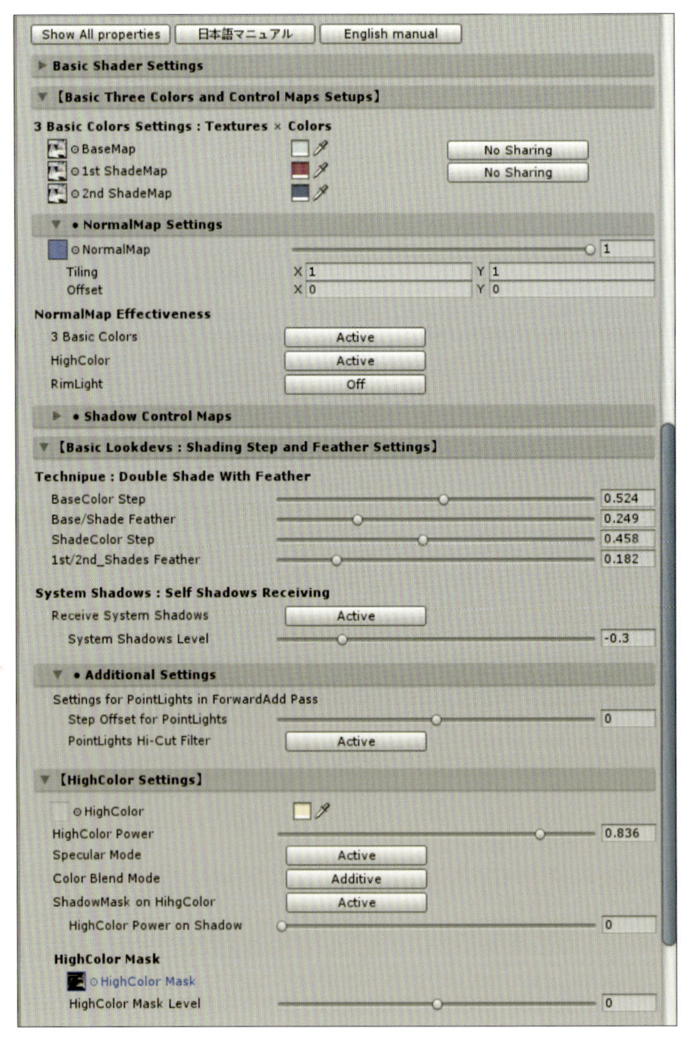

図4 UTS2の設定

影色の設定

まずは、「クレリック」の服の影についてです。髪にもだいたい同じ影設定が使われており、帽子だけは頭の上に置くにしてはあまりに重かったので、かなり薄めの設定になっています。

影色：あり

影色：なし

図5 「クレリック」の服と帽子の影

影は、UTS2.0の中でも大きく見栄えに影響する箇所で、設定前と設定後では大きく変化します。「クレリック」の影は、幻想的な見栄えになるように意識して設定しており、全体的に強めの影に加えて、ベースカラーと1影の間のぼかしは弱くすることで、強い光にさらされているような演出をしています。

1影は濃いピンク色です。2影に青色が入っているので、対になる暖色を入れたかったのと、「クレリック」のイメージに合う色は何色かを試行錯誤した結果、ピンク色に落ち着きました。また、イラストの表現などで影とベースカラーの中間に彩度の高い色を差したりするので、それに習って彩度の高いピンクとなっています。

2影はくすんだ青となっています。反射光を意識していたので寒色が入ることと、1影の強い色を落ち着かせるための色を入れたかったので、自然とこの色にまとまっていきました。

1影にも2影にも色が入っているのは、影色でグレーや黒を選ぶと影がくすんでしまうので、それを防ぐ目的もあります。

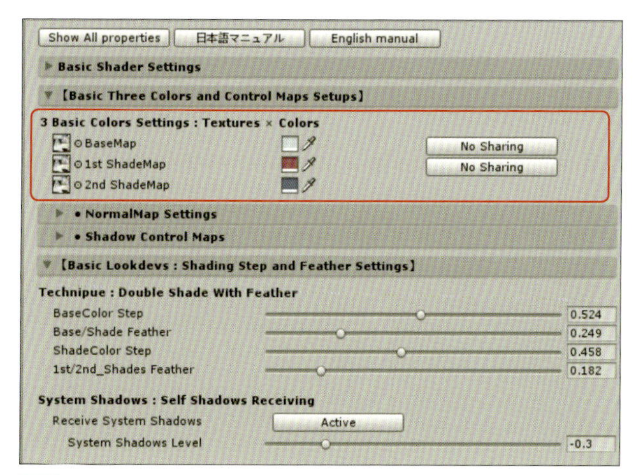

図6 「クレリック」の影色の設定

装飾について

「クレリック」の装飾部分は、テクスチャとノーマルマップ、そしてハイカラーによって表現しています。一応テクスチャだけでも表現していますが、ノーマルマップとハイカラーによってかなり見栄えに違いがあります。

この装飾は、ピカピカの金属というよりも、少し曇った金属を意識して設定しています。

装飾：あり

装飾：なし

図7「クレリック」の装飾

ノーマルマップは、テクスチャから装飾部分だけを抜き取ったものを後述の「ModLab」というソフトを利用して生成しています。その後、画像編集ソフトのクリッピングマスク機能などで、余分なノーマルマップを切り抜いて装飾部分だけに適用させています。

テクスチャ

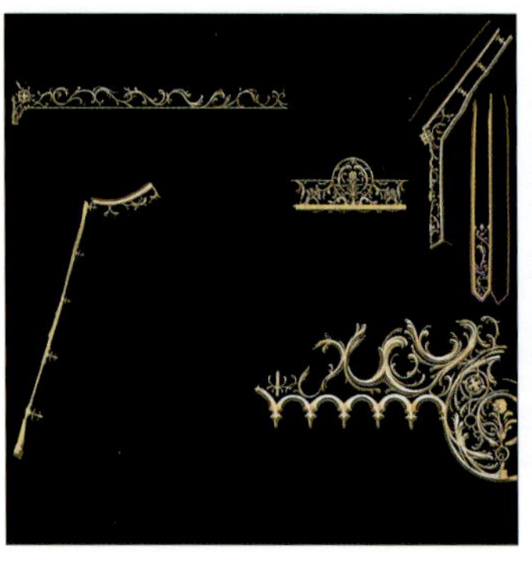

ノーマルマップ

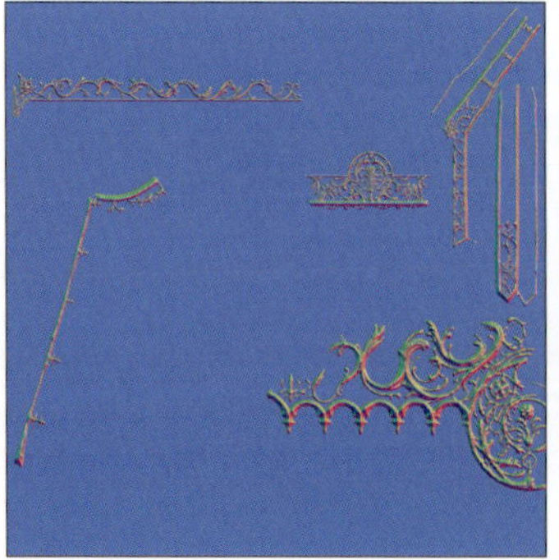

ハイカラーマスク

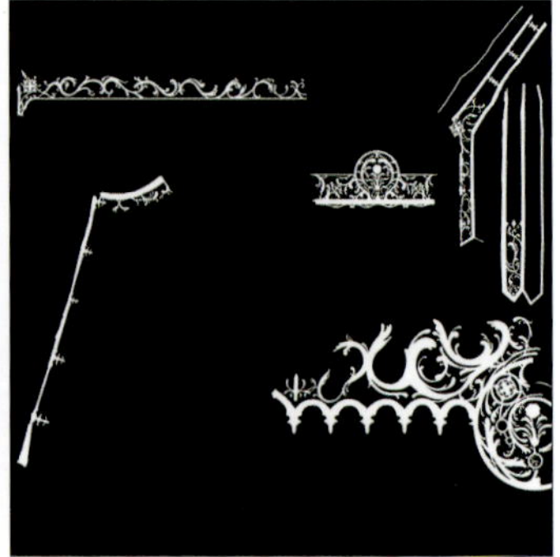

図8 装飾部分のノーマルマップとハイカラーマスクの作成

もともとノーマルマップの習作として制作していたので、少し手探り状態で用意したノーマルマップのため最適解ではないと思いますが、見栄えとしてはそこそこにはなったのではないでしょうか。また、リムライトにノーマルマップを適用すると、少し効きすぎたので適用していません。

ハイカラーは、金属光沢を表現するために使用しています。ハイカラーにある「Specular Mode」を利用すると、ほどよく曇った金属感を表現するのにちょうどよかったので、範

囲をマスクで調整して適用しています。

▼ • NormalMap Settings	
⊙ NormalMap	1
Tiling	X 1 Y 1
Offset	X 0 Y 0
NormalMap Effectiveness	
3 Basic Colors	Active
HighColor	Active
RimLight	Off
▶ • Shadow Control Maps	
▶ 【Basic Lookdevs : Shading Step and Feather Settings】	
▼ 【HighColor Settings】	
⊙ HighColor	
HighColor Power	0.836
Specular Mode	Active
Color Blend Mode	Additive
ShadowMask on HihgColor	Active
HighColor Power on Shadow	0
HighColor Mask	
⊙ HighColor Mask	
HighColor Mask Level	0

図9「クレリック」の装飾の設定

「ModLab」は、steam で無償で公開されているソフトです。ハイトマップからノーマルマップを生成したり、2 種類のノーマルマップの合成やノーマルマップのエッジの効かせ具合などの調整、そのほか複数の機能をリアルタイムで確認しながら行うことができます。

日本語対応はしていませんが、ソフト自体が複雑でなく、少し触れれば理解できる程度なので、特に操作に問題はありませんでした。

- ModLab（英語版：Windows のみに対応）
  https://store.steampowered.com/app/768970/ModLab/

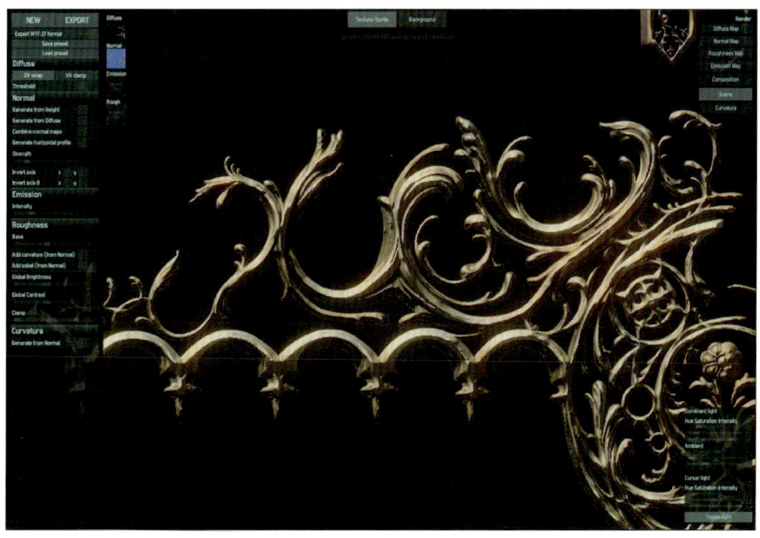

図10 ModLabの使用例

ステンシルの設定

「クレリック」は、髪の構造上、眉毛が髪の毛に隠れてしまうので、眉毛にステンシルを設定しています。

眉毛は、本来前髪の後ろにあるので設定していないほうが自然ですが、「クレリック」は眉毛がほとんど見えなくなってしまったので設定しています。

ステンシル：あり

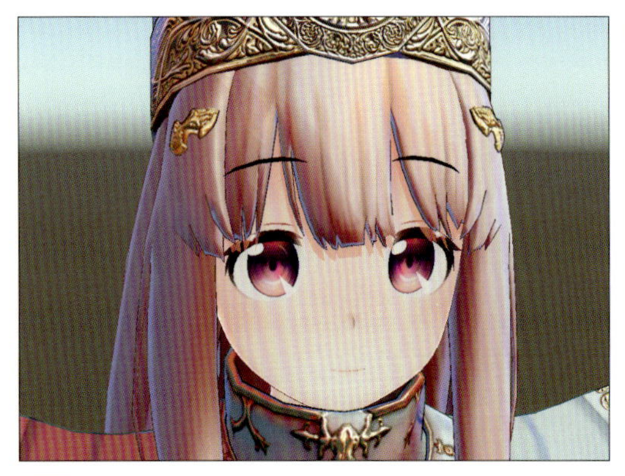

ステンシル：なし

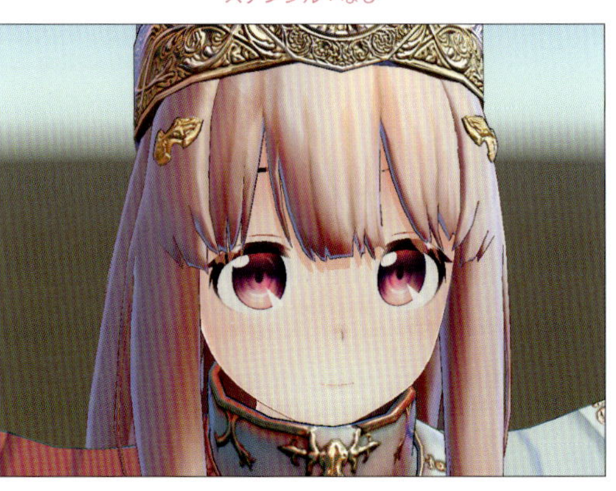

図11 「クレリック」の眉毛

おわりに

UTS2.0は、表現にかなり幅があり、さまざまな画作りをすることができます。「クレリック」は、UTS2.0の練習のために作り始めたモデルだったのでかなり自由に触りましたが、それでも触りきれなかった機能もありました。

このシェーダーは高機能なぶん、使いこなすのは大変そうかなと思うかもしれません。ですが、触ってみると小難しい部分もありますが、影やアウトライン、リムライトなどを表示するだけでしたら非常に簡単ですし、表示させてしまえば、あとは特にパラメータの意味を詳しく理解していなくても、手探りで何となく好みの見た目にすることができると思います。

今回紹介させていただいた「クレリック」ですが、だいぶ初期の頃に作ったモデルなので少し作りが甘いところもあるのですが、自分の作ったモデルだと一番UTS2.0での特徴的な設定に仕上げてあることと、一番UTS2.0と向き合って作ったのでこのモデルを紹介させていただきました。

特にいろいろな機能を使いこなしたわけではありませんが、手探りでUTS2.0を触りながら、自分のモデルの見栄えをよくしていくのが楽しかったことを覚えています。

最後に、過去版のUTS2.0を触って理解できず諦めてしまった人も、今はUIがかなり改善されて使いやすくなっていますので、ぜひとも触ってみてはいかがでしょうか。

ユニティちゃんトゥーンシェーダー 2.0 v.2.0.7

リファレンス編

執筆：小林 信行（Unity Technologies Japan）

SECTION 1 ユニティちゃんトゥーンシェーダー 2.0 の概要

「ユニティちゃんトゥーンシェーダー 2.0（UTS2）」は、セル風 3DCG アニメーションの制作現場での要望に応えるべく設計された「トゥーンシェーダー」です。ほかのプリレンダー向けトゥーンシェーダーとは異なり、すべての機能が Unity 上でリアルタイムで調整可能なことが、UTS2 の最大の特徴です。

UTS2 の強力な機能を使うことで、セルルックから始まり、ラノベ風のイラスト表現まで幅広いキャラクター表現が可能となっています。

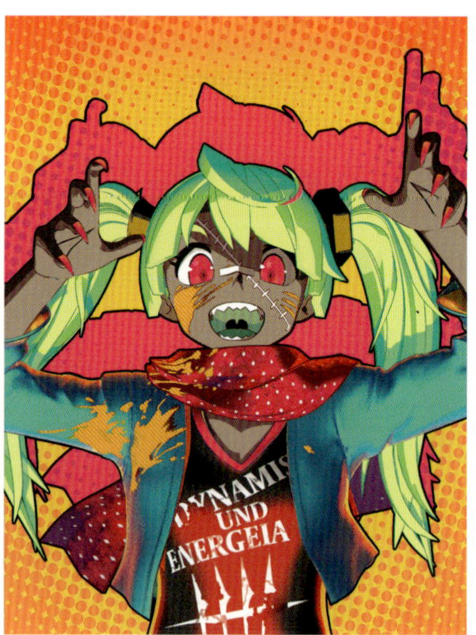

図1-1 UTS2を使った作例

UTS2 は、「基本色（ベースカラー）」「1 影色」「2 影色」からなる基本 3 色による塗り分けに加えて、「ハイカラー」や「リムライト」、「MatCap（スフィアマッピング）」、「エミッシブ（自己発光）」などのたくさんのオプションを追加することで、各カラーやテクスチャをさまざまに彩ることができます。

また、各カラー間のぼかし加減も、Unity 上でリアルタイムに調整することが可能です。

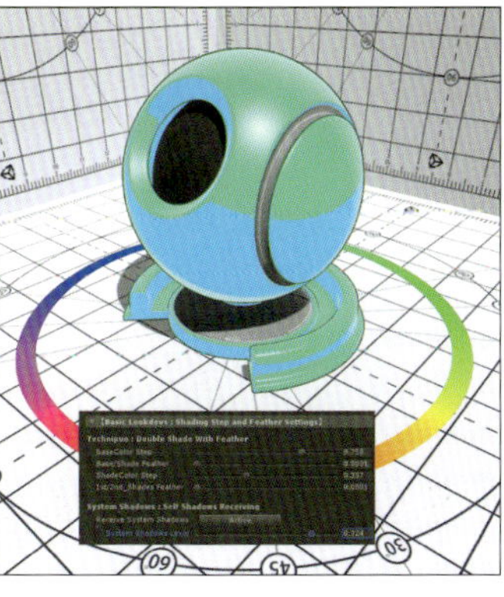
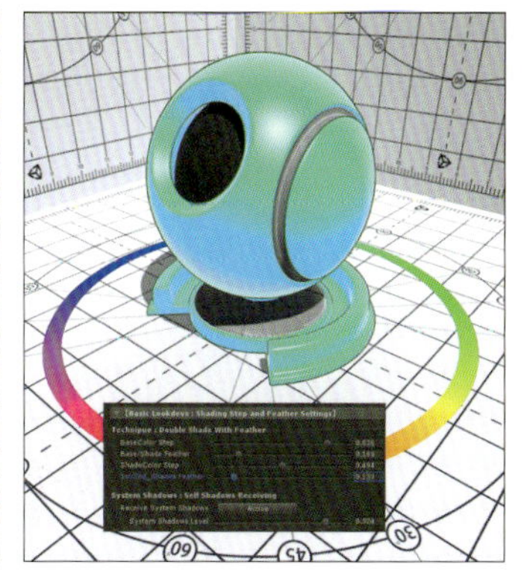

図1-2 設定の変更がリアルタイムに確認できる

UTS2では、「アクセントカラー」も設定できます。アクセントカラーとは、光源の方向の反対側に設定されるカラーのことです。UTS2では、アクセントカラーとして「影色」と「Ap（対蹠）リムライト」を使用できます。

もちろんこれらのアクセントカラーも、ライトに対して動的に変化します。

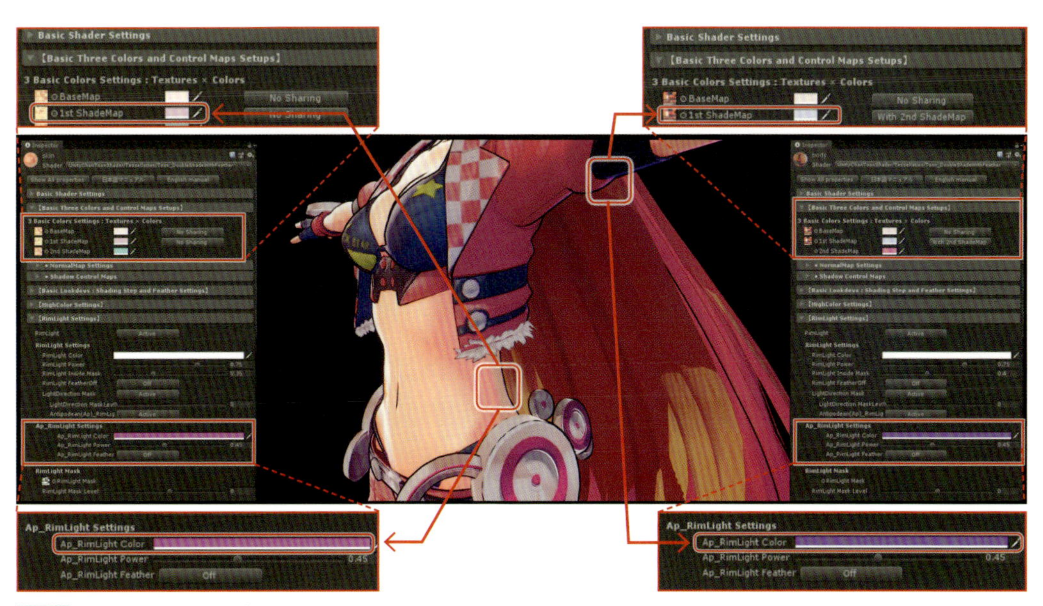

図1-3 アクセントカラーの設定

アニメーション制作の現場では、各シーンごとに各々のパーツに対してカラーデザインがなされます。また、これらのカラーデザインを作るスペシャリストがいるのが一般的です。UTS2は、そのようなパイプラインに適した設計になっています。

図1-4 制作現場の流れに対応したカラー設計が行える

同時にアニメーション映画では、影は光の差し込む方向を表すためだけでなく、キャラクターの形状を明確にするためにも使用されます。影は、単なる影に留まらず、キャラクターデザインの重要な部分を占めています。

図1-5 形状(フォルム)を強調する影

これらデザイン上で必要となる固定影の配置も、各影色ごとに発生する位置を設定できる「ポジションマップ」と、ライティングによって影の出やすさを変えることのできる「シェーディンググレードマップ」の、2つの手法が選べます。

図1-6の2つの画像は、同じ条件のライティング下での「Unity Standard Shader」(左)と「UTS2 v.2.0.7.5」(右)の比較です。

写実的な(フォトリアリスティックな)イメージとノンフォトリアリスティックなイメージの違いがありますが、リアルタイムライトに対するすべての表面反射に注目すると、両者が同じ領域に発生していることがわかります。UTS2は、さまざまなライティングの条件下で、Standard Shaderと同様に扱うことができます。

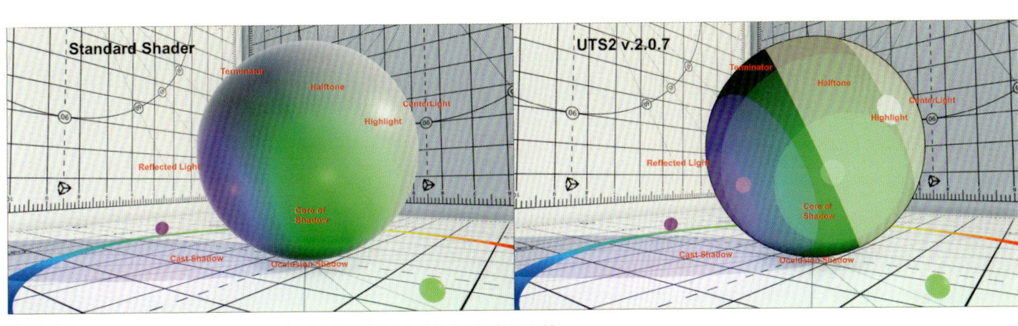

図1-6 「Unity Standard Shader」(左)と「UTS2 v.2.0.7.5」(右)の比較

ゲームシーンを美しいライティングで飾りたければ、UTS2は非常に役に立ちます。

また、昨今のVRChatでのユーザーの声を反映し、さまざまなライティング設定の環境下でも、キャラクターが美しく表現されるように、いろいろな工夫が実装されています。

ターゲット環境

「Unity5.6.x」もしくはそれ以降が必要です。最新版での動作確認は、以下になっています。なお、UTS2 v.2.0.5.7のパッケージは、Unity5.6.7f1で作成されています。

- **Unity 2017.4.15f1 LTSを含む、Unity 2017.4.x LTSで動作確認済み**
- **Unity 2018.2.21f1 ～ Unity 2019.2.0a9までの動作確認済み**

フォワードレンダリング環境、リニアカラースペースでの使用を推奨します。ガンマカラースペースでも使用できますが、ガンマカラーの特性上、陰影の階調変化が強めに出る傾向があります。

注意 UTS2は、現時点では「SRP」(スクリプタブルレンダーパイプライン)には対応していません。

ターゲットプラットフォーム

以下のように、幅広いプラットフォームでUTS2を使うことができます。

Windows、macOS、iOS、Android、PlayStation4、Xbox One、Nintendo Switch

注意 UTS2のテッセレーション機能は、DirectX 11が正常に動くWindows環境のみのサポートです。詳しくは、4章の4-13節で解説しています。

SECTION 2 プロジェクト全体のダウンロードと導入

UTS2は、サンプルシーンを含むUnityプロジェクトの状態で配布されています。

UTS2プロジェクトは、ユニティちゃん公式ホームページのダウンロードコーナー、もしくはunity3d-jpのGithubリポジトリからダウンロードすることができます。

- ユニティちゃん公式ホームページ
  http://unity-chan.com/
- unity3d-jpのGithubリポジトリ
  https://github.com/unity3d-jp/UnityChanToonShaderVer2_Project

2-1 プロジェクトに含まれるサンプルシーン

UTS2プロジェクトを開くと、「¥Assets¥Sample Scenes」フォルダ以下に、次のようなサンプルシーンが用意されています。

表2-1 UTS2に含まれるサンプルシーン

サンプルシーン名	シーンの概要
BoxProjection.unity	Box Projectionを使った暗い部屋のライティング
ToonShader.unity	イラストルックのシェーダー設定
ToonShader_CellLook.unity	セルルックのシェーダー設定
ToonShader_Emissive.unity	エミッシブを使ったシェーダー設定
ToonShader_Firefly.unity	複数のリアルタイムポイントライト
Baked Normal¥Cube_HardEdge.unity	Baked Normalの参考
Sample¥Sample.unity	UTS2の基本シェーダーの紹介
ShaderBall¥ShaderBall.unity	シェーダーボールを使ってUTS2を設定する
PointLightTest¥PointLightTest.unity	ポイントライトを使ったセルルック表現のサンプル
SSAO Test¥SSAO.unity	SSAO in PPSのテスト用
NormalMap¥NormalMap.unity	UTS2でノーマルマップを使う際のコツ
LightAndShadows¥LightAndShadows.unity	スタンダードシェーダーとUTS2との比較
AngelRing¥AngelRing.unity	「天使の輪」およびShadingGradeMapを使ったキャラクターのサンプル
MatCapMask¥MatCapMask.unity	MatcapMaskのサンプル
EmissiveAnimation¥EmisssiveAnimation.unity	EmissiveAnimationのサンプル
Mirror¥MirrorTest.unity	鏡オブジェクトチェック用サンプルシーン

各シーンは、シェーダーやライティングの設定の参考用の事例です。これらのサンプルシーンを見て、UTS2 でどんなことができるのかをざっくりと知ることができます。

また、作りたいルックやシーンを設定する際に、各プロパティの参考として役立ちます。特に Unity 初心者の方は、ぜひこれらのサンプルシーンを一度じっくりと見てみることをお勧めします。

2-2 シェーダーをほかのプロジェクトにインストールする

UTS2 のシェーダーファイルを、自分自身のプロジェクトにインストールしたい場合は、以下の手順で行います。

① ユニティちゃんトゥーンシェーダー 2.0 の配布プロジェクトを解凍し、フォルダ直下にある UTS2_ShaderOnly_（バージョン名）.unitypackage というファイルを探す

本書執筆時点の UTS2 の最新版では、「v2.0.7_Release」という部分がバージョン名になっています。

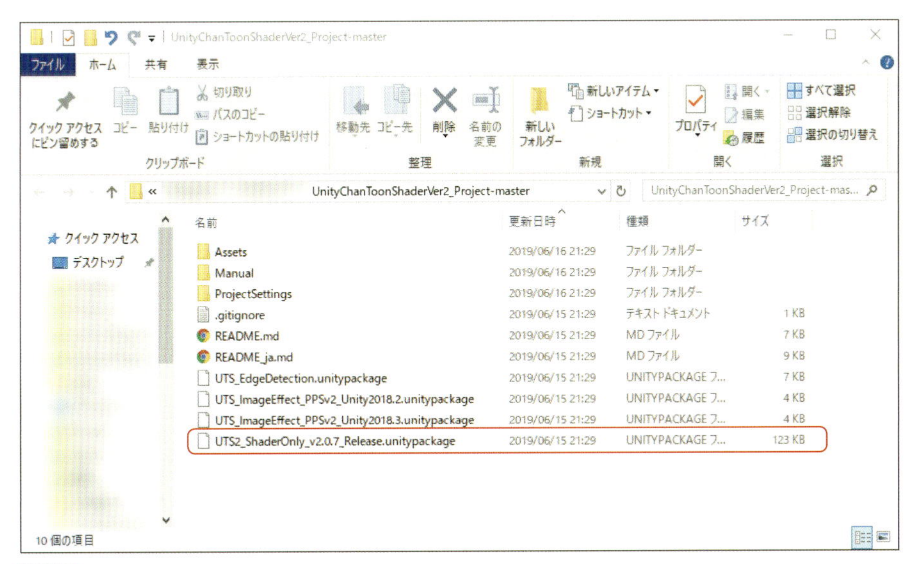

図 2-1 UTS2のプロジェクトを解凍

② ユニティちゃんトゥーンシェーダー 2.0 をインストールしたい、Unity プロジェクトを開く

③ Unity の Project ウィンドウより、Assets フォルダを開く

④ OS の Explorer や Finder から、「UTS2_ShaderOnly_(バージョン名).unitypackage」を Unity の Project ウィンドウ内の Assets フォルダにドラッグ＆ドロップ

⑤ Import Unity Package ウィンドウが開くので、すべてのファイルを Import

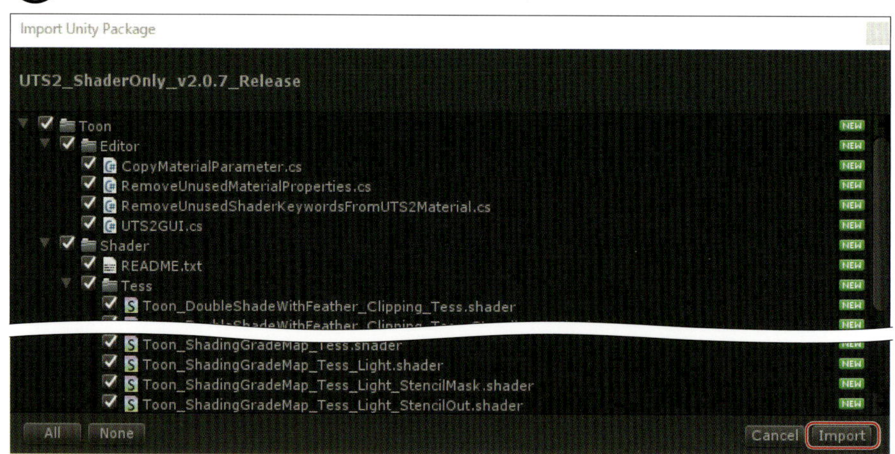

図2-2 Import Unity Packageウィンドウで、すべてのファイルをインポート

⑥ インポートが完了すると、Assets 下に「Toon」というフォルダができる

このフォルダ中に、ユニティちゃんトゥーンシェーダー 2.0 がインストールされています。

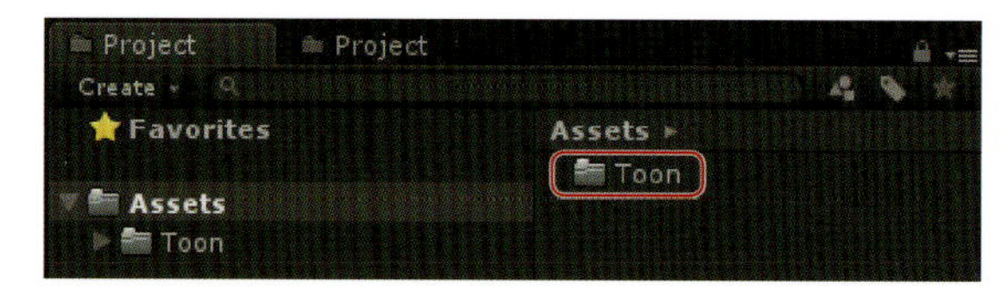

図2-3 Assets内に「Toon」フォルダが作成

⑦ 新規にマテリアルを作成し、Shader ドロップダウンから、「UnityChanToonShader」という項目が見つかれば、インストールは成功

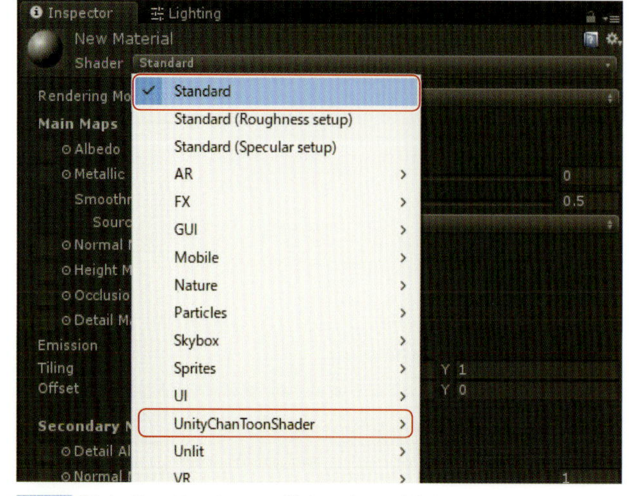

図2-4 「UnityChanToonShader」がインストールされた

COLUMN

Unity の初期シーンに最初からあるディレクショナルライトに注意

UTS2 を使い始めて、思ったとおりの色が出ないことがあります。そんな時には、シーンに最初からあるディレクショナルライトの設定を確認してみましょう。図は、Unity を新規スタートして、最初に開くシーンのスクリーンショットです。

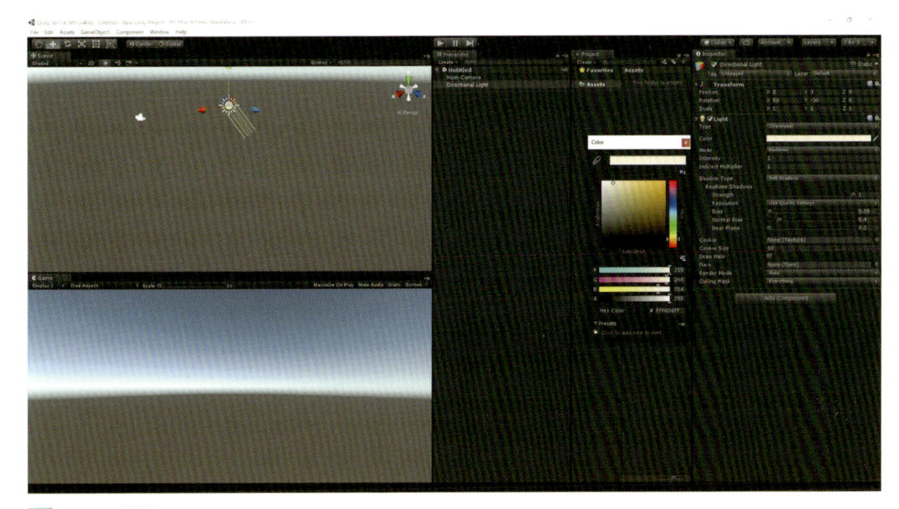

図 Unityの新規のシーン

よく見ると、**シーン中に最初からあるディレクショナルライトは黄色っぽい色になっています。**これは「太陽光」をイメージしているのですが、UTS2 でカラー設計を始める時には、この黄色っぽい色は必要ありません。カラー設計をする際には、**ディレクショナルライトのカラーをピュアホワイト（RGB=255,255,255 の白）にする**ようにしましょう。

ヒント シーン中に、「Create」メニューから新規でディレクショナルライトを作成した場合には、ライトカラーは初めからピュアホワイトになっています。

ヒント シーン中に、ライトカラーがピュアホワイト、インテンシティが 1 のディレクショナルライトが 1 灯だけ存在し、かつ UTS2 マテリアルの GI Intensity の値が 0 の時、UTS2 マテリアルは設定したカラーをそのまま表示します。カラー設計をする場合には、まずはこの設定を基準とするとよいでしょう。

SECTION 3 UTS2の各シェーダーの使い分け

ユニティちゃんトゥーンシェーダー 2.0(以下、UTS2)がインストールされているシェーダー階層(UnityChanToonShader)を開くと、多くのシェーダーファイルがあります。

この時点で「そっと閉じて」しまう人が多いようですが、よく見てみると、アンダーバーで区切られたいくつかの名前ブロックの組み合わせでできていることに気づくと思います。たとえば、「Toon」「DoubleShadeWithFeather」「Clipping」「StencilMask」…などです。

これらの名前ブロックは、UTS2 の基本的な機能を示しています。同じ名前ブロックを持つシェーダーは、同じ機能を持っています。以降では、これらの名前ブロックと機能について解説します。

なぜ UTS2 のシェーダーファイルはたくさんあるの?

UTS2 の各シェーダーファイルの中を実際に見てみるとわかりますが、どのシェーダーも絵作りをする機能としては、ほぼ同じ機能を持っています。

にも関わらず、さまざまなシェーダーファイルが存在する理由は、絵作り以外の特にコンポジット(合成)に関する機能に関しては、Unity のシェーダーやレンダリング仕様を十分に理解していないと、組み合わせるべき設定の選択が難しいものが多く、それらの設定をユーザーにやってもらう代わりに UTS2 では、絵作り以外の機能別にシェーダーを分けています。

初めはどのシェーダーを選べばいいの?

各 UTS2 シェーダーは、途中で変更することが可能です。途中でシェーダーを変更しても、設定したプロパティ値はマテリアル内で保持されています。

そこで、まず UTS2 で作業を開始する際には、「Toon_DoubleShadeWithFeather」もしくは「Toon_ShadingGradeMap」のどちらかで作業を始めて、途中で必要に応じてシェーダーを切り替えていくとよいでしょう。

3-1 UnityChanToonShader ルートフォルダ内のシェーダー

UTS2 には、大きく分けて 2 つの系統のシェーダーがあります。

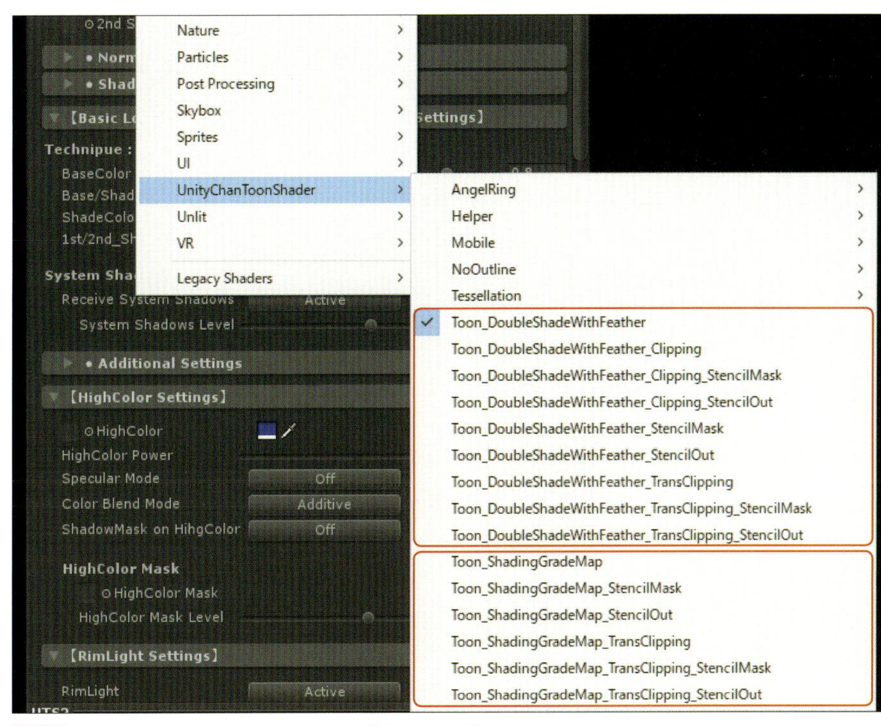

図3-1 UnityChanToonShaderルートフォルダ内のシェーダー

DoubleShadeWithFeather

UTS2 の標準シェーダーです。2 つの影色（Double Shade Colors）と、各々のカラーの境界にぼかし（Feather）を入れることができます。

ShadingGradeMap

高機能版の UTS2 シェーダーです。DoubleShadeWithFeather の機能に加えて、ShadingGradeMap という特別なマップを持つことができます。

搭載されている基本機能はほぼ同じですので、ともに色分け段階（_Step）とぼかし程度（_Feather）の数値を合わせれば、同じルックを作ることができます。

どちらを使うかは好みの問題ですが、パキッとした色分けが必要なセルルックには「DoubleShadeWithFeather 系」が向いており、ぼかしを多用するイラストルックには「ShadingGradeMap 系」が向いているようです。

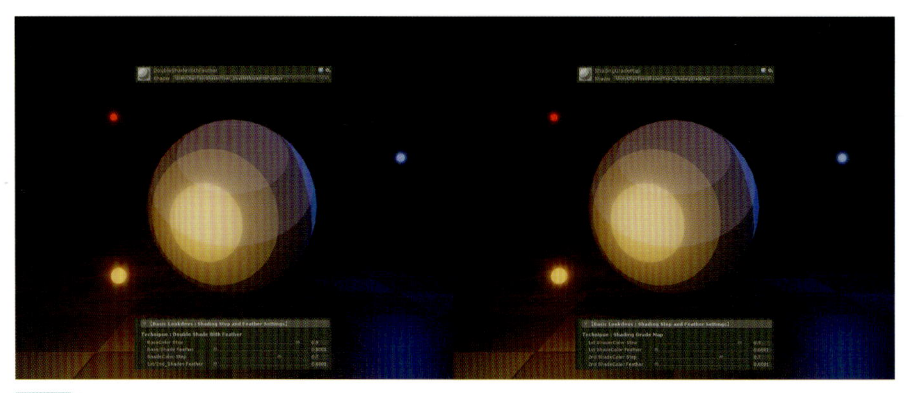

図3-2「DoubleShadeWithFeather」(左)と「ShadingGradeMap」(右)

またシェーダー名の一番頭に「Toon」とあるものは、オブジェクト反転方式によるアウトライン機能を持っています。

UTS2のアウトラインは、専用テクスチャを使ったアウトラインの入り抜き(強弱)調整のほか、ベースカラーに馴染ませたり、カメラベースでオフセット調整ができたりなど、多彩な調整機能を持っています。

シェーダー名の後ろ側には、「Clipping」などの名前ブロックがあります。これらは、以下のような機能があることを示しています。

Clipping

クリッピングマスクを持てるシェーダー。いわゆる「テクスチャの抜き」(カットアウトやディゾルブ)ができます。

TransClipping

同じくクリッピングマスクを持てますが、マスクのα透明度(Transparency)を考慮した「テクスチャの抜き」ができます。より綺麗な抜きができるぶん、負荷はClippingよりも高くなります。

StencilMask

ステンシルバッファによるパーツの透過を指定します。「眉毛」パーツのアニメ的な表現で、常に「前髪」パーツよりも前面に表示したいような場合などに使用するシェーダーです。必ずStencilOut系シェーダーと組み合わせて使います。

StencilOut

StencilMask系シェーダーといっしょに使います。図3-3の例では、「眉毛」パーツを透過させる側である「前髪」パーツに設定するシェーダーです。

図3-3 「StencilMask」と「StencilOut」の使用例

3-2 UnityChanToonShader/NoOutline フォルダ内のシェーダー

「NoOutline」というフォルダ内に入っているシェーダーには、シェーダー名の一番頭に「ToonColor」という名前がついていますが、これはアウトライン機能を持たないことを表しています。

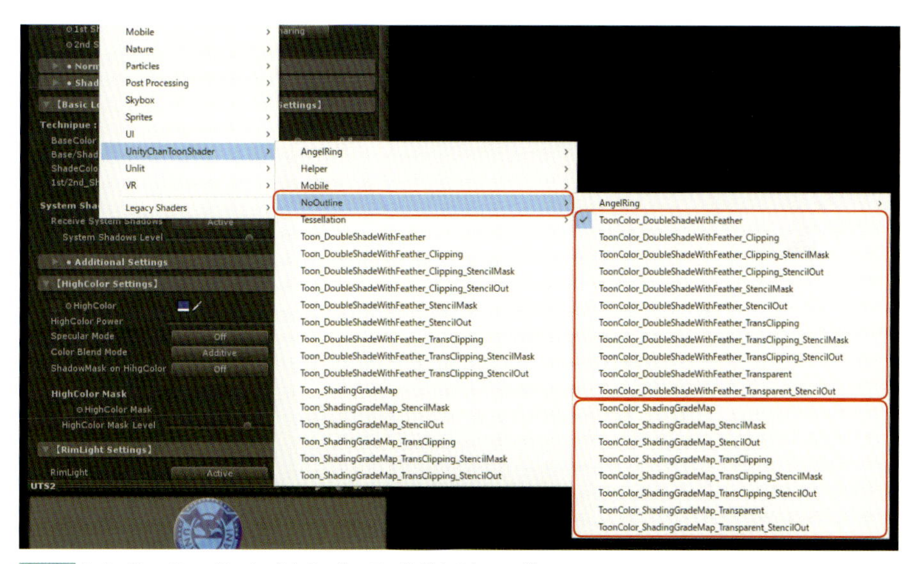

図3-4 UnityChanToonShader/NoOutlineフォルダ内のシェーダー

アウトライン機能を持たないぶん、描画パスが1つ少なくなるので、アウトラインの必要がないデザインだったり、別途「PSOFT Pencil+ 4 Line for Unity」のような高精度のトゥーンラインシェーダーを使用したい場合には、こちらを選ぶとよいでしょう。

半透明マテリアル向けのTransparentシェーダー

NoOutline系シェーダーの中に、最後に「Transparent」という名前ブロックを持つシェーダーがあります。これは、半透明に特化したシェーダーです。「頬染め」用パーツなどに使えるほか、ガラスのような表現にも使えます。

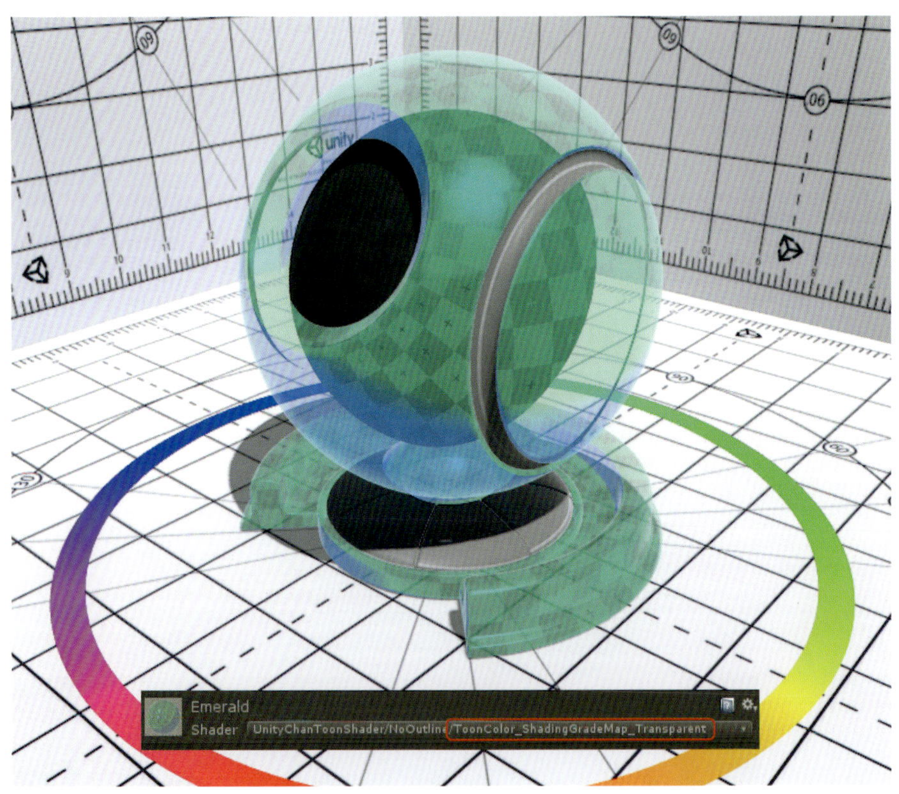

図3-5 Transparentシェーダーの利用例

頬染め用マテリアルの設定例を、以下にまとめておきます。

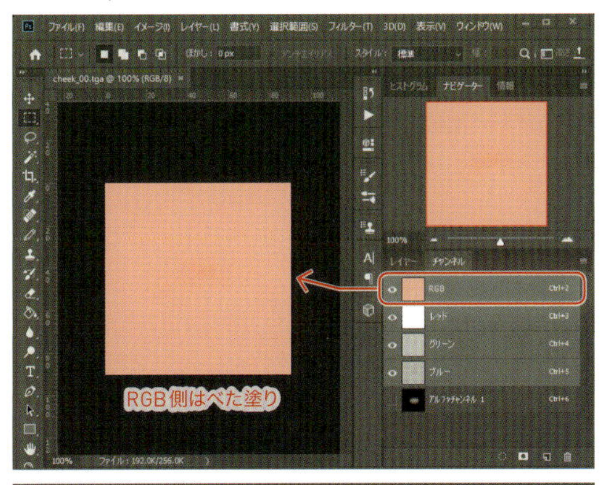

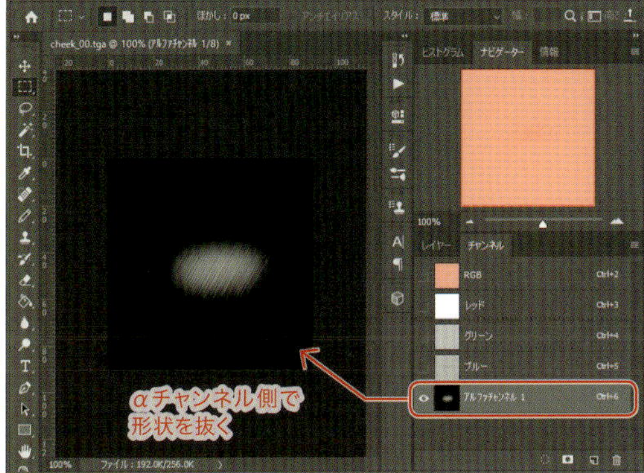

図3-6 頬染め用マテリアルの設定例

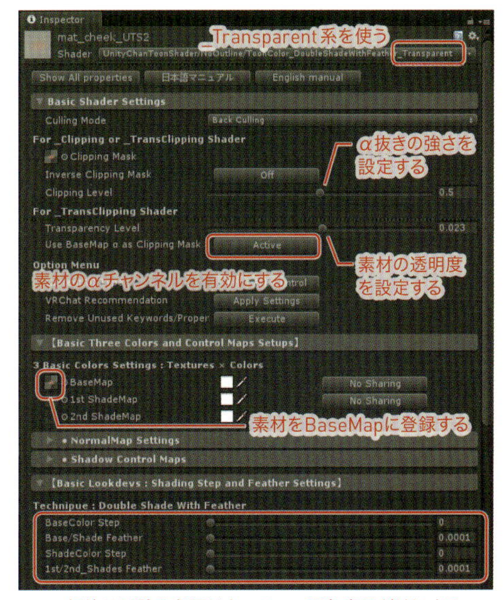

頬染めは陰る必要はないので、明色表示だけにする

Unity Texture Importer

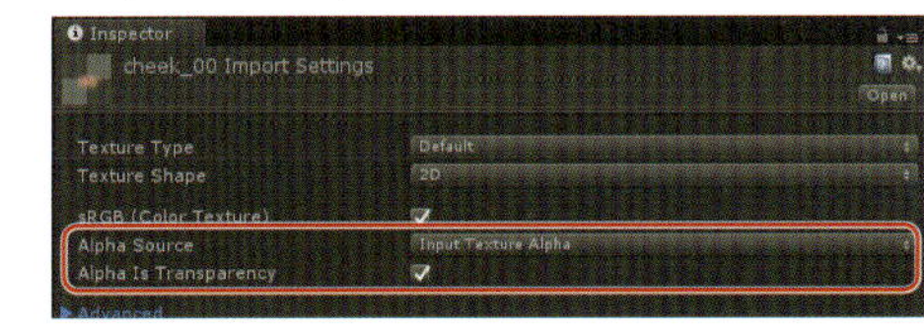

頬染め素材の設定

3-3 UnityChanToonShader/AngelRing フォルダ内のシェーダー

AngelRing フォルダ内には、「天使の輪」機能を持つシェーダーが入っています。

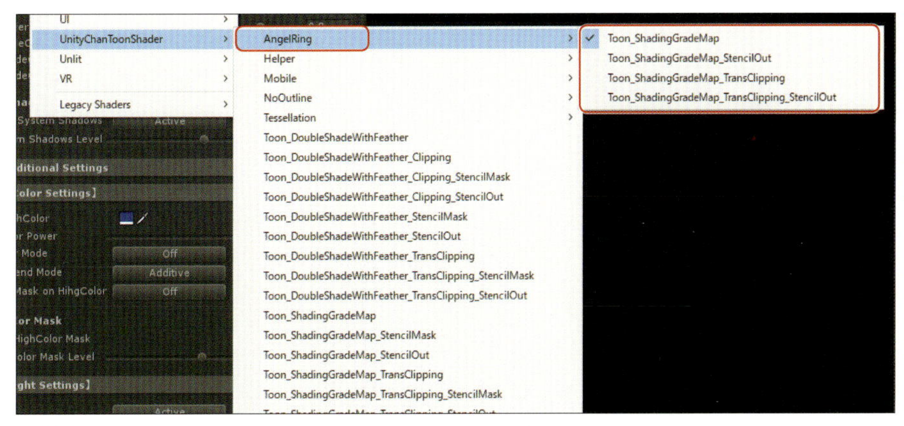

図3-7 UnityChanToonShader/AngelRingフォルダ内のシェーダー

「天使の輪」とは、図 3-8 のようなハイライト表現のことです。カメラから見て常に固定の位置に現れます。

「天使の輪」機能を持つシェーダーは、高機能版 UTS2 である「ShadingGradeMap」系シェーダーと、そのバリエーションである「ShadingGradeMap_TransClipping」系シェーダーのみとなっています。

また主に、「髪の毛」パーツに使われるシェーダーなので、ステンシルで抜かれる側である「StencilOut 系」のシェーダーが付属しています。

図3-8 「天使の輪」の表現例

3-4 UnityChanToonShader/Mobile フォルダ内のシェーダー

Mobile フォルダ内には、モバイルや VR コンテンツ向けに、ほぼルックが変わらない程度に軽量化したシェーダーが入ってます。

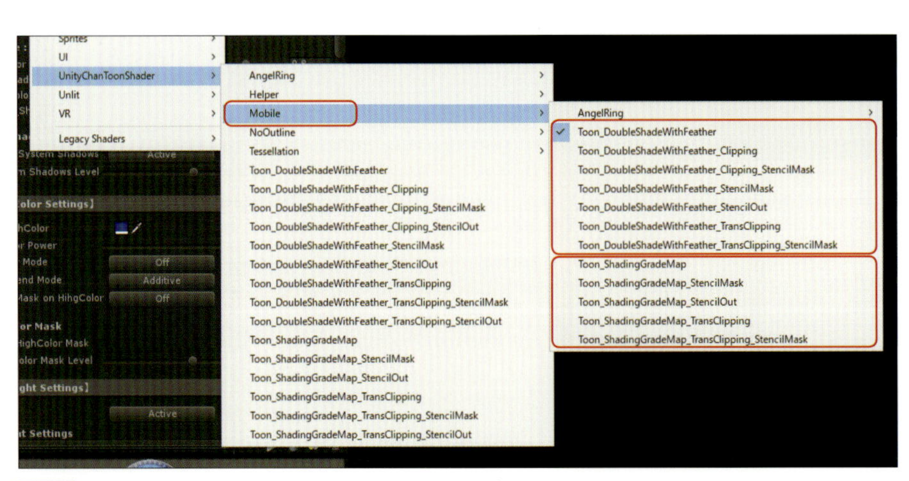

図3-9 UnityChanToonShader/Mobileフォルダ内のシェーダー

モバイル版では、軽量化のために以下の仕様に制限しています。

- リアルタイムディレクショナルライト１灯のみの対応に制限しています（複数のライトや、リアルタイムポイントライトには反応しません）。
- ポイントライトは、ベイク済みポイントライト＋ライトプローブの組み合わせで対応します。その場合、GI_Intensity を適度に調整する必要があります。

通常版 Toon_DoubleShadeWithFeathe 系、Toon_ShadingGradeMap 系の各シェーダーとはプロパティ互換がありますので、上記の機能で十分な場合は、通常版と同名の Mobile 版シェーダーに切り替えるとレンダリングパフォーマンスが向上します。

Mobile/AngelRing フォルダ内には、「天使の輪」機能に対応したモバイル版シェーダーが入っています。各シェーダーの基本機能は、通常版の同名のものと同じです。

3-5 UnityChanToonShader/Tessellation フォルダ内のシェーダー

Tessellation フォルダ内には、DirectX 11 のフォンテッセレーションに対応した UTS2 シェーダーが入っています。

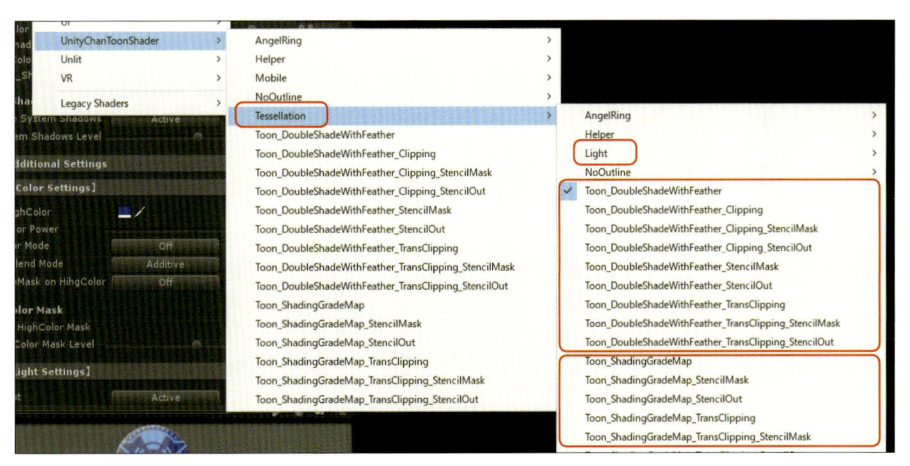

図3-10 UnityChanToonShader/Tessellationフォルダ内のシェーダー

フォンテッセレーションは、結果となる表面がメッシュの法線にある程度沿うように、再分割（subdivide）された面の位置を修正します。ローポリのメッシュについて、スムージングするのにかなり効果的な方法です。

UTS2 では、Windows で DirectX 11 以上が稼働している環境でのみ、フォンテッセレーションが利用できます。

フォンテッセレーションを利用することで、アウトラインのクオリティや唇などの細部表現が大いに向上します。

主にプリレンダー映像向けのシェーダーですが、そのほかにも、「キャラの近くまで接近する必要のある」ハイエンドVR向けキャラクターコンテンツなどで使用されています。

図3-11 フォンテッセレーションの表現例(右は、ワイヤーフレーム表示)

Tessellation/Lightフォルダには、Mobile版と同様の仕様制限を行った軽量化バージョンが入っています。

そのほかのフォルダに関しても、すでに説明したものと同様の機能を持つUTS2シェーダーのフォンテッセレーション対応版が入っています。

3-6 UnityChanToonShader/Helper フォルダ内のシェーダー

Helperフォルダ内には、アウトラインオブジェクトのみを表示するシェーダーが入っています。マルチマテリアルとしてパーツに重ねてやることで、アウトラインオブジェクトを重ね描きすることができます。

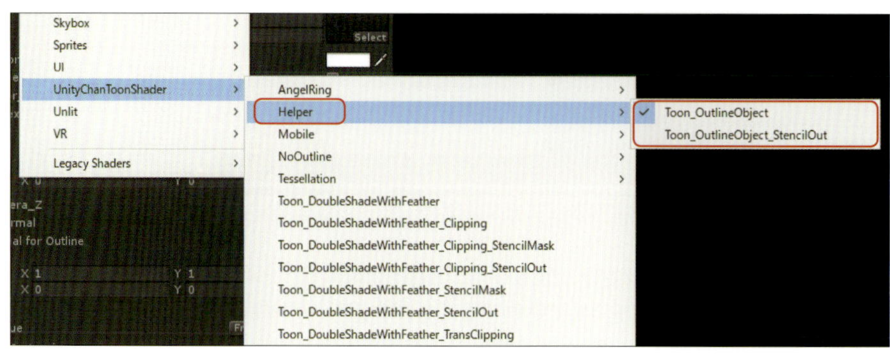

図3-12 UnityChanToonShader/Helperフォルダ内のシェーダー

アウトラインを重ね描きしたいメッシュの「Skinned Mesh Renderer」の「Materials」よりSizeを1つ増やし、追加するアウトラインマテリアルを登録します。

アウトラインを重ね描きしますので、当然負荷は高まります。十分注意して使用してください。

SECTION 4 UTS2の設定メニュー：UTS2カスタムインスペクター

この章では、UTS2の各機能を設定するユーザーインタフェース「UTS2カスタムインスペクター」の機能を解説します。

UTS2カスタムインスペクターは、「Show All Properties」ボタンをクリックすることで、プロパティリスト型のインスペクターに切り替えることができます。プロパティリスト型のインスペクターは、「Change CustomUI」ボタンで元に戻すことができます。

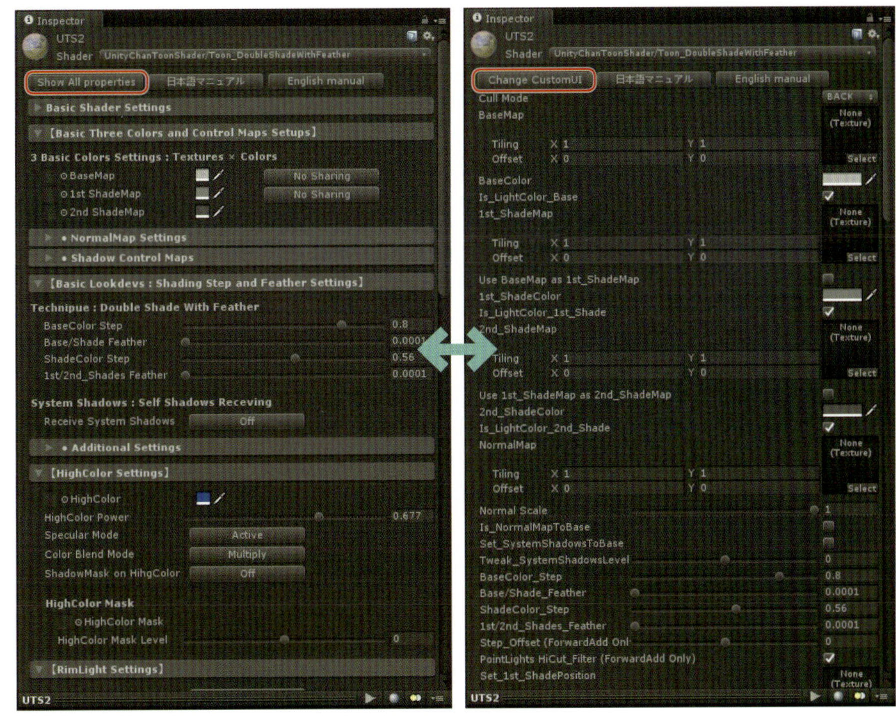

図4-1 UTS2カスタムインスペクターのウィンドウ

なお、プロパティリスト型の機能解説は、以下のWebサイトで確認してください。

- ユニティちゃんトゥーンシェーダー 2.0 v.2.0.7 マニュアル
  https://github.com/unity3d-jp/UnityChanToonShaderVer2_Project/blob/master/Manual/UTS2_Manual_ja.md

4-1 UTS2 カスタムインスペクターの配置とワークフロー

UTS2 カスタムインスペクターは、UTS2 を使ってキャラクターのルック開発を行う際に、ワークベンチとしての役割を果たします。このワークベンチを使って、さまざまなテクニックをいろいろと試してみることで、独自のスタイルを手に入れることができます。

ここでの作業過程は、Adobe Photoshop を使用したデジタルキャラクターの彩色ワークフローに非常に近いものです。UTS2 カスタムインスペクターの各メニュー項目は、この制作ワークフローに沿って、上から順に配置されています。

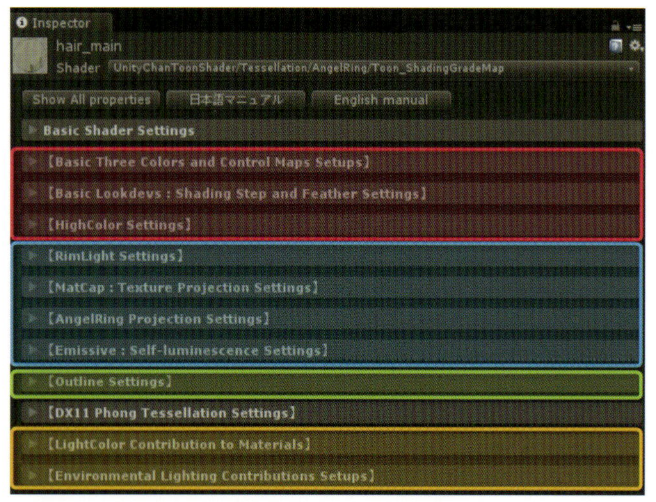

図4-2 UTS2カスタムインスペクターの各メニューの配置順

UTS2 上で各プロセスが追加されていくと、ルック（外観）がどのように変わるかを見てみましょう。

① シンプルベースカラー

各部分に基本色を置いていきます。この段階では、テクスチャを使用せずに、マテリアルカラーのみで作業することがよくあります。

図4-3
ベースカラーの設定

② ベースマップを追加

基本色が決まったら、ベースマップを作成します。UTS2 のテクスチャとしては、なるべくフラットに着色するのがよいでしょう。

図4-4
ベースマップの追加

③ アウトラインを追加

この段階でアウトラインを追加すると、キャラクターが際立ち、存在感が増します。

図4-5
アウトラインの追加

④ 1影色（1st Shade Color）を追加

1影色を追加することによって、基本色を強調します。1影色の領域は、BaseColor Step でいつでも調整できます。

図4-6
1影色の追加

⑤ 2影色（2nd Shade Color）を追加

2影色は必ずしも必要ではありませんが、基本色とのカラーコントラストを意識した色を入れるのが効果的です。

図4-7
2影色の追加

⑥ 各カラーの間にぼかしを追加

基本3色の間にぼかしを追加します。ぼかしの強さは、シェーダープロパティによっていつでも変更できます。

図4-8
各カラーの間にぼかしの追加

⑦ ハイカラーを追加

ハイカラーを加えることによって、ボディの細部の形状が強調されます。スライダーからマテリアル単位でハイカラーの強度を調整できるだけでなく、ハイカラーマスクを適用して微調整することもできます。

図4-9
ハイカラーの追加

⑧ リムライトとMatCapを追加

リムライトとMatCapは、マテリアルごとに設定できるエフェクトです。キャラクターのボディラインを強調し、各部分のディティールを深めていくことができます。

図4-10
リムライトとMatCapの追加

⑨ GI（グローバルイルミネーション）Intensityを追加

GI IntensityをオンにするとUTS2マテリアルはライトプローブに反応できるようになります。ライトプローブは、シーンから得られるグローバルイルミネーションでキャラクターを照らすための最良の方法です。

図4-11
GI Intensityの追加

⑩ ライティングエフェクト（照明効果）を追加

最後にライティングエフェクトを追加して、最終的なキャラクターのイメージが完成します。

図4-12
ライティングエフェクト(照明効果)の追加

COLUMN

日本語版 UTS2 カスタムインスペクター

UTS2 カスタムインスペクターは、英語インタフェースが公式ですが、UTS2 開発者の手による日本語版カスタムインスペクターもあります。

こちらは、以下の Web サイト（BOOTH）で無料配布されていますので、日本語で UTS2 を使ってみたい方は、以下の URL より日本語版カスタムインスペクターをダウンロードして、インストールしてください。

- 【フリー配布】ユニティちゃんトゥーンシェーダー 2（UTS2）日本語インタフェース
  https://nyaa-toraneko.booth.pm/items/1404754

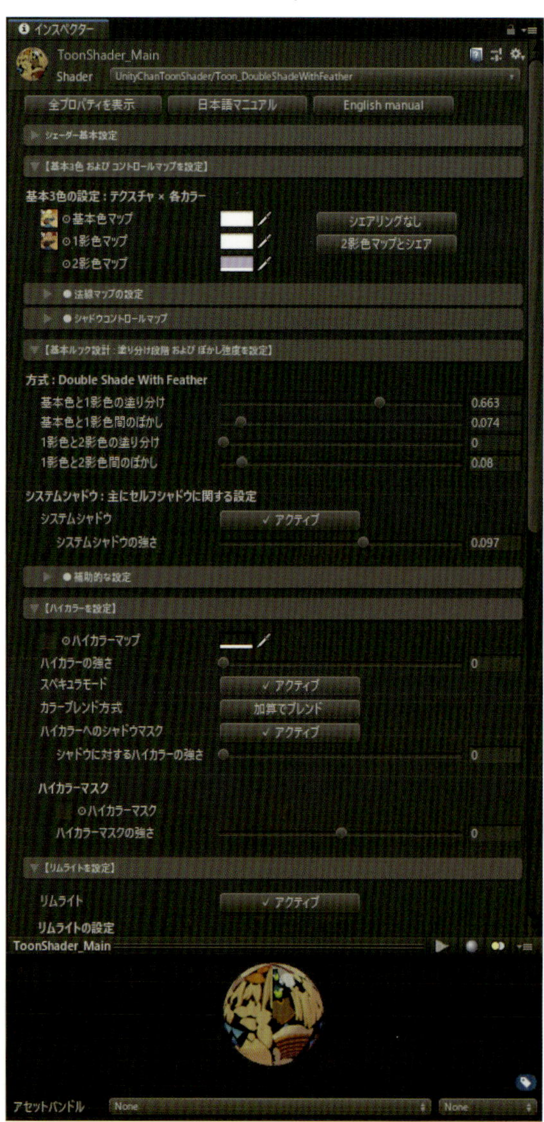

図 UTS2の日本語版カスタムインスペクター

4-2 UTS2の基本設定を行う：「Basic Shader Settings」メニュー

「Basic Shader Settings」メニューでは、UTS2の基本設定を行うほか、ステンシルバッファのリファレンスナンバーの設定、カリング方式の設定や、各クリッピングシェーダーでどのようなマスクを設定するかを指定できます。

TIPS カリング方式の設定はすべてのシェーダーにありますが、ステンシルやクリッピング関連の設定は、それらの設定を使用するシェーダーにしかありません。

図4-13「Basic Shader Settings」メニュー

メニュー内のアイテムは、シェーダーの種類（機能）に応じて、最大以下のような形式に自動的に拡張されます。

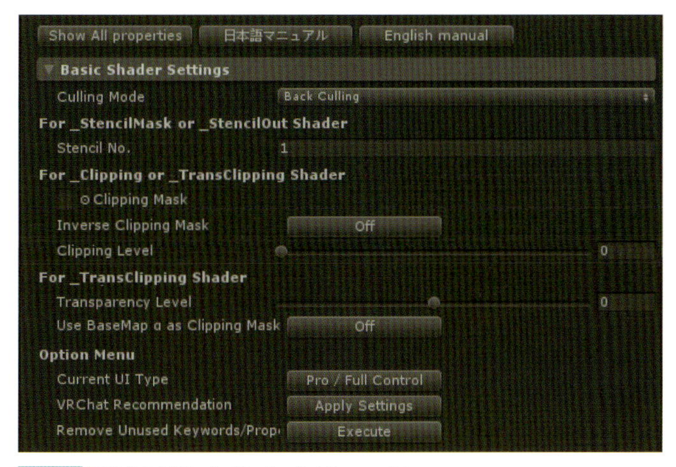

図4-14 拡張された「Basic Shader Settings」メニュー

表4-1 「Basic Shader Settings」メニューの設定項目

項目	機能	プロパティ
日本語マニュアル	ブラウザを利用して、UTS2日本語公式マニュアルにジャンプ	–
English Manual	ブラウザを利用して、UTS2英語公式マニュアルにジャンプ	–
Culling Mode	ポリゴンのどちら側を描画しないか(カリング)を以下で指定(通常は「Back Culling」)。「Culling Off」はノーマルマップやライティング表示がおかしくなる場合があるので注意 ・Culling Off(両面描画) ・Front Culling(正面カリング) ・Back Culling(背面カリング)	_CullMode
Stencil No	StencilMask/StencilOutシェーダーで使用。0～255の範囲で、ステンシルリファレンスナンバーを指定(255には特別の意味がある場合があるので、注意)。抜く側のマテリアルと抜かれる側のマテリアルで、数字を合わせる	_StencilNo
Clipping Mask	Clipping/TransClippingシェーダーで使用。グレースケールのクリッピングマスクを指定(白が「抜き」)。何も指定しない場合、クリッピング機能は有効にならない	_ClippingMask
Inverse Clipping Mask	クリッピングマスクを反転	_Inverse_Clipping
Clipping Level	クリッピングマスクの強さを指定	_Clipping_Level
Transparency Level	クリッピングマスクのグレースケールレベルをα値として考慮することで、透過度を調整	_Tweak_transparency
Use BaseMap α as Clipping Mask	TransClippingシェーダーのみのプロパティ。チェックすることで、BaseMapに含まれるAチャンネルをクリッピングマスクとして使用(この場合、ClippingMaskには指定する必要はない)	_IsBaseMapAlphaAsClippingMask

「Option Menu」の機能は、以下のとおりです。

Currnet UI Type

ボタン上に現在選択されているユーザーインタフェースが表示されています。ボタンを押すことで、ユーザーインターフェースをBeginnerモードに切り替えます。

Beginnerモードでは、必要最小限のUTS2コントロールができます。トグルでPro/Full Controllモードに戻ります。

VRChat Recommendation

VRChatを楽しむために便利な設定を、一括で行います。VRChat向けにセットアップする場合、まずこちらからはじめてみることをお勧めします。

Remove Unused Keywords/Properties from Material

プロジェクトをビルドしたり、VRChatにパブリッシュする直前に実行することで、UTS2マテリアルから不要なシェーダーキーワードや、使われていないプロパティ値を取り除きます。

これらの値は、Unity 上で作業しているうちに自然と溜まってしまうものです。これらの不要な値を各マテリアルよりあらかじめ削除しておくことで、システムに不要な負荷を与えることが避けられます。

この機能を実行した後は、念のために「File→Save Project」を実行することで、プロジェクトをセーブするようにしましょう（このタイミングですべてのマテリアルがセーブされるからです）。

COLUMN

TransClipping シェーダーとは？

TransClipping シェーダーは、Clipping シェーダーと主な機能は同じですが、クリッピングマスクのグレースケールレベルをα値として使えます。

短冊状の毛の房の先端をアルファを考慮しつつマスクで抜く場合や、アホ毛などの表現に使います。Tweak_transparency スライダーにより、透過度合いの調整が可能です。

VRChat ユーザー向けの便利機能

UTS2 は、Unity のさまざまなプロジェクトで使うことのできる、汎用トゥーンシェーダーです。VRChat 上で UTS2 を楽しむ場合、以下の便利機能を使うことで、UTS2 の高機能を活かしつつ、VRChat のさまざまな環境下でも安定して楽しむことができるようになります。

図 4-15 の赤い囲み内のボタンがそれに当たります。これらのボタンを使用するタイミングは、2 つありますので以降で解説します。

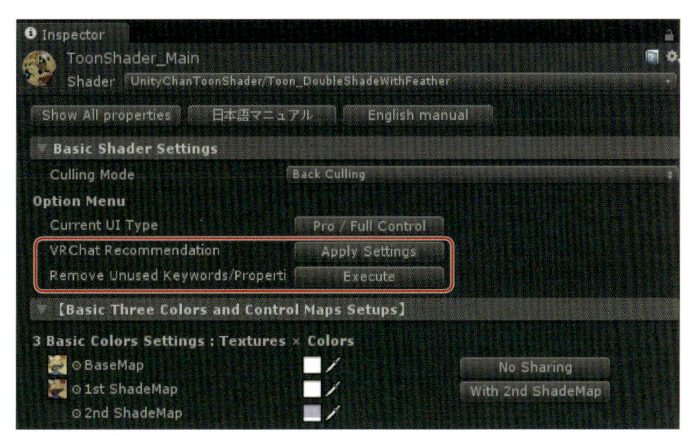

図 4-15 VRChatユーザー向けの機能

① UTS2 でマテリアル設定をはじめる時

UTS2 で各マテリアルの設定をはじめる際に、「Basic Shader Settings → Option Menu」内の VRChat Recommendation ボタンを実行してください。

このコマンドを実行することで、VRChat のさまざまなライティング環境に UTS2 を馴染みやすくします。VRChat上にアバターをアップロードして、どうも自分の意図した表示と違うと感じる時には、まず最初にこちらのコマンドを試してみるとよいでしょう。

暗いワールドでのキャラの見え方を明るくしたい場合

VRChat Recommendationボタンを実行した後で、主にポイントライトしかない暗いワールドでのキャラの見え方を、もっと明るめに調整したい場合があります。

その場合、「Environmental Lighting Contributions Setups」メニュー内のUnlit Intensityスライダーを調整することで、暗い場所での明るさを底上げすることができます。

TIPS Unlit Intensityは、周りの明るさを考慮しつつ、暗い場所でのマテリアルの明るさをブーストする機能ですので、もともとの環境光が暗めに設定されているワールドで、極端に明るくすることはできません。

注意 暗いワールドでは、同時にポストエフェクトのブルームも強めに設定されている場合がよくあります。そのようなワールドでUnlit Intensityの値をデフォルトの「1」以上にすると、ブルームの影響も受けやすくなりますので、十分に注意してください。

---

② UTS2で設定したアバターをパブリッシュする時

UTS2で各マテリアルを設定したアバターをVRChatに公開する前に、「Basic Shader Settings → Option Menu」内の「Remove Unused Keywords/Properties from Materialボタン」を実行してください。

このコマンドを実行することで、Unityで作業している途中で各マテリアルファイル内に溜まる未使用のプロパティ設定値やシェーダーキーワードを整理し、削除することができます。

たとえば、Standard Shaderを割り当ててあったマテリアルから、シェーダーをUTS2のものに変えただけでも、これらの未使用の値は溜まっていきます。これらの未使用の値は、次にシェーダーを再度Standard Shaderに切り替える時のために、Unityが念のために保持しているものなのですが、マテリアルが完成しそれらを適用したアバターやモデルを公開する際には、不要になります。

これらの使われない値が各マテリアルに入ったままだと、システムに不要な負荷を与える可能性も考えられますので、アバターを公開するタイミングで整理しておくことが推奨されます。このコマンドは、ご自身のプロジェクトをビルドする際にも使うといいでしょう。

コマンドを実行すると、UTS2マテリアルの場合、残っているシェーダーキーワードは、「_EMISSIVE_SIMPLE」「_EMISSIVE_ANIMATION」のいずれかと、「_OUTLINE_NML」「_OUTLINE_POS」のいずれかの2つに最適化されます。

これらは、シェーダーコンパイル時に必要なので、そのまま残しておいてください。

図4-16 コンパイル時に必要なシェーダーキーワード

4-3 基本色／１影色／２影色の設定：「Basic Three Colors and Control Maps Setups」メニュー

「Basic Three Colors and Control Maps Setups」メニューでは、UTS2の基本となる、基本色／１影色／２影色に用いるカラーを定義します。

【Basic Three Colors and Control Maps Setups】
3 Basic Colors Settings : Textures × Colors
BaseMap　No Sharing
1st ShadeMap　No Sharing
2nd ShadeMap
• NormalMap Settings
NormalMap　1
Tiling　X 1　Y 1
Offset　X 0　Y 0
NormalMap Effectiveness
3 Basic Colors　Off
HighColor　Off
RimLight　Off
• Shadow Control Maps
Technipue : Shading Grade Map
Shading Grade Map
ShadingGradeMap Level　0
Blur Level of ShadingGrade　0

図4-17 「Basic Three Colors and Control Maps Setups」メニュー

これらのカラーは、光源方向から順に、「基本色」→「１影色」→「２影色」に配置されます。それぞれのカラーは、テクスチャの各ピクセルに対して各カラーを乗算し、さらにライトカラーを乗算することで決まります。

これらを指定する際には、以下の点に注目してください。

- 各影色は、基本色よりも暗い必要はありませんし、２影色が１影色よりも明るくても問題ありません。特に２影色を１影色よりも明るくすると、環境からの照り返しのような表現ができます。
- ２影色を使うかどうかは、デザインによります。必要のない場合には、指定しなくて構いません。

さらに、基本３色用テクスチャのシェアリング設定のほか、サブメニューからはノーマルマップ、シャドウコントロールマップの設定が行えます。

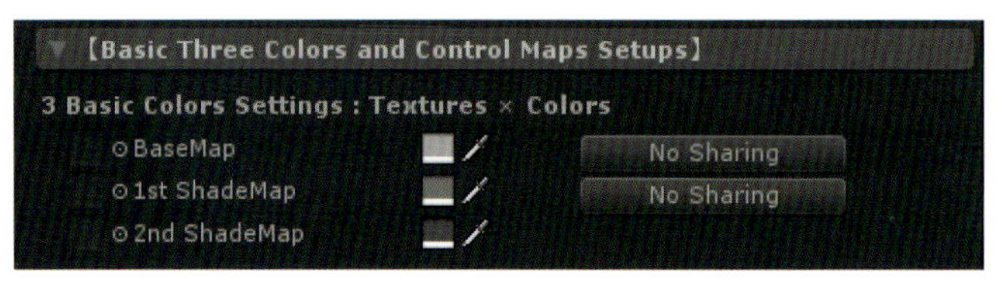

図4-18 テクスチャとシェアリング設定

表4-2 「Basic Three Colors and Control Maps Setups」メニューの設定項目

項目	機能	プロパティ
BaseMap	基本色（明色）テクスチャとBaseMapに乗算されるカラーを指定。テクスチャを指定せず、カラーのみの指定の場合、こちらを基本色（明色）設定として使用。右側のボタンを押すことで、BaseMapに指定されているテクスチャを1st ShadeMapにも適用する	_MainTex、_BaseColor、_Use_BaseAs1st
1st ShadeMap	1影色テクスチャと1st_ShaderMapに乗算されるカラーを指定。テクスチャを指定せず、カラーのみの指定の場合、こちらを1影色設定として使用。右側のボタンを押すことで、1st ShadeMapに指定されているテクスチャを2nd ShadeMapにも適用。同時に1st ShadeMapもBaseMapと共有している場合は、BaseMapが2nd_ShadeMapにも適用される	_1st_ShadeMap、_1st_ShadeColor、_Use_1stAs2nd
2nd ShadeMap	2影色テクスチャと2nd_ShaderMapに乗算されるカラーを指定。テクスチャを指定せず、カラーのみの指定の場合、こちらを2影色設定として使用	_2nd_ShadeMap、_2nd_ShadeColor

4-4 ノーマルマップの設定：「NormalMap Settings」サブメニュー

「NormalMap Settings」メニューでは、ノーマルマップに関する設定を行います。設定項目の解説の前に、UTS2 でのノーマルマップについて見ていきます。

UTS2 では、ノーマルマップは主に影色のぼかし表現に使います。通常のシェーディング表現にノーマルマップを足してやることで、より複雑なぼかし表現をすることが可能となります。

図 4-19 で、左側がノーマルマップをカラーに反映させたもの、右が反映させていないものです。

ノーマルマップ：あり

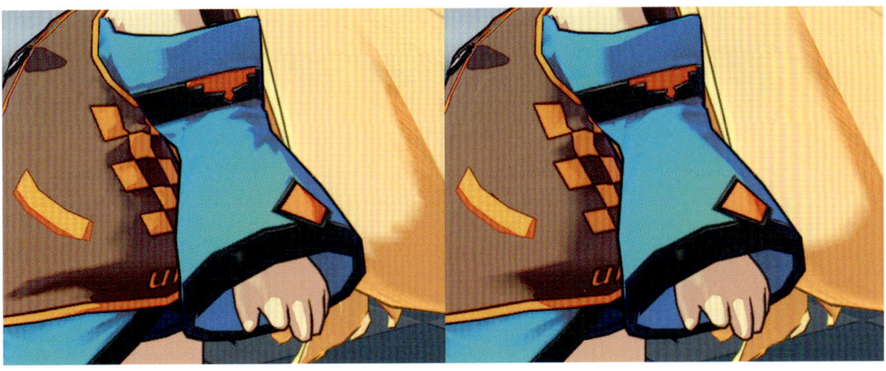

図4-19 UTSでのノーマルマップの表現例

ほかにもノーマルマップは、スケールとともに使うことで肌の質感を調整したり、MatCap用のノーマルマップを別途用意することで、髪の毛の質感を表現する場合にも使われます。

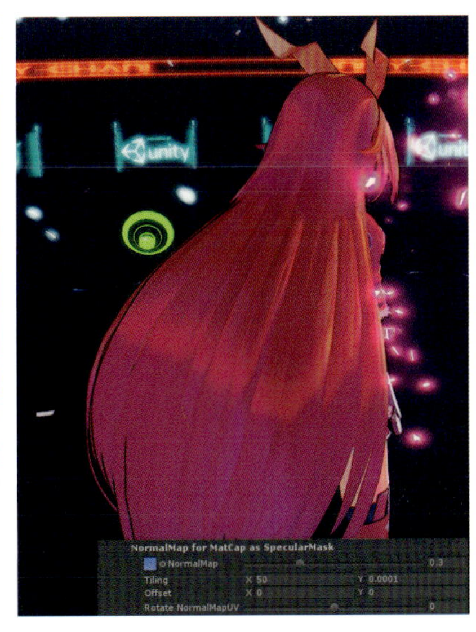

図4-20
肌や髪の毛の質感の調整にも、ノーマルマップは使われる

ノーマルマップを使いこなすことで、よりリッチな表現を楽しむことができます。それでは、設定項目の機能を見てみましょう。

「NormalMap Effectiveness」の項目は、ノーマルマップを各カラーに反映させるかどうかを選びます。ボタンがOffの場合、そのカラーはノーマルマップを反映せず、オブジェクトのジオメトリそのものの形状で評価されます。

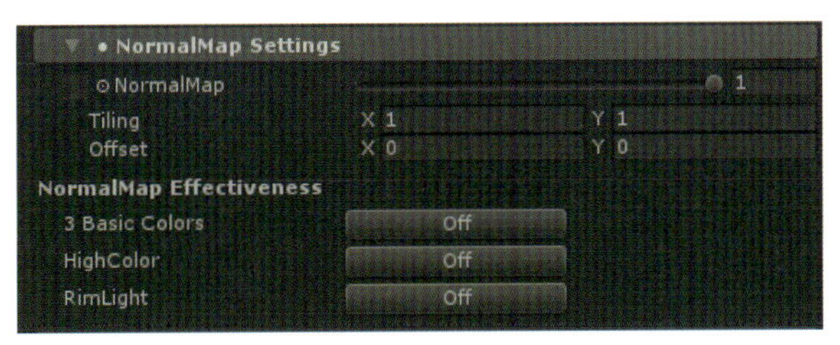

図4-21 NormalMap Settingsの画面

表4-3 「NormalMap Settings」メニューの設定項目

項目	機能	プロパティ
NormalMap	ノーマルマップを指定。右のスライダーは、ノーマルマップの強さを変化させるスケール	_NormalMap、_BumpScale
3 Basic Colors	ノーマルマップを基本となる3カラーに反映させる時にActiveにする	_Is_NormalMapToBase
HighColor	ノーマルマップをハイカラーに反映させる時にActiveにする	_Is_NormalMapToHighColor
RimLight	ノーマルマップをリムライトに反映させる時にActiveにする	_Is_NormalMapToRimLight

ノーマルマップをバンプのように疑似立体表現として利用する際のコツ

UTS2でも、ノーマルマップをバンプのように疑似立体表現として利用することができます。ただし、バンプ表現に用いる場合、ライティングの変化が現れやすくするために、「基本色」「1影色」「2影色」のステップを適度に設定してやる必要があります。

これはノーマルマップが、実際にジオメトリの表面を凸凹させるものではなく、ライティングでその凹凸を表現するものであり、しかもUTS2はライティングをもとに各カラーの塗り分けを行うシェーダーだからです。

ほかにもハイカラーを追加することで、スペキュラ反射によってバンプを強調するのも効果的です。

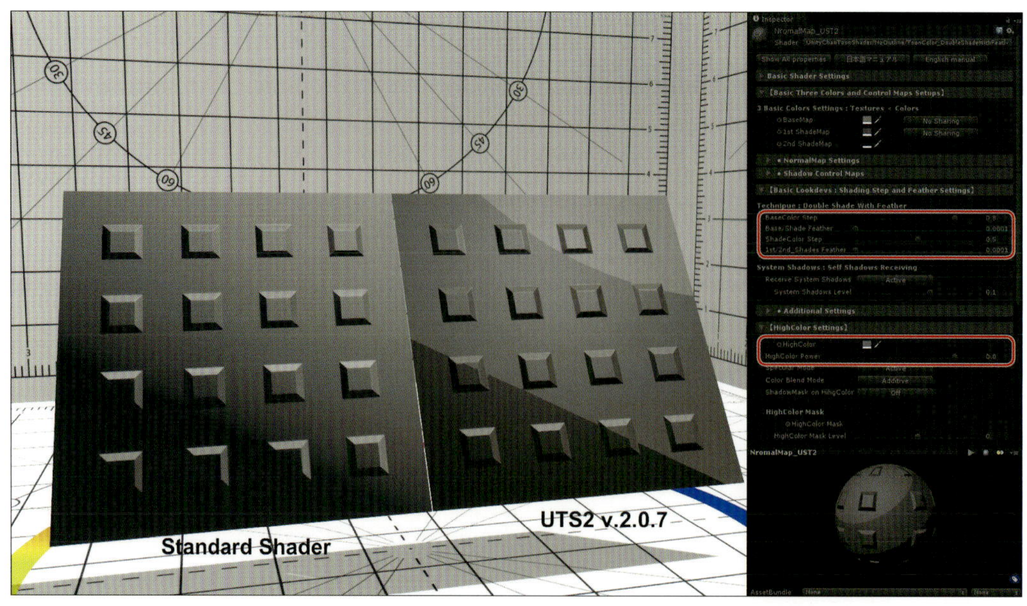

図4-22 ノーマルマップを疑似立体表現で使用した例

4-5 影の調整：「Shadow Control Maps」サブメニュー

影の落ち具合を調整する、ポジションマップやシェーディンググレードマップを指定します。使用するシェーダーに応じて、サブメニュー内のアイテムが切り替わります。

DoubleShadeWithFeather 系シェーダー：ポジションマップ

ライティングと関係なく影を落としたい部分を「ポジションマップ」で指定できます。各シーンごとの特殊な影や、演出上追加したい影などがある場合、ライティングに加えて追加できます。

Substance Painter などの 3D ペインターを使って、影位置を直接作画してしまうのが簡単です。

図4-23 ポジションマップを使った表現例

DoubleShadeWithFeather 系シェーダーの場合の「Shadow Control Maps」サブメニューの機能は、以下のとおりです。

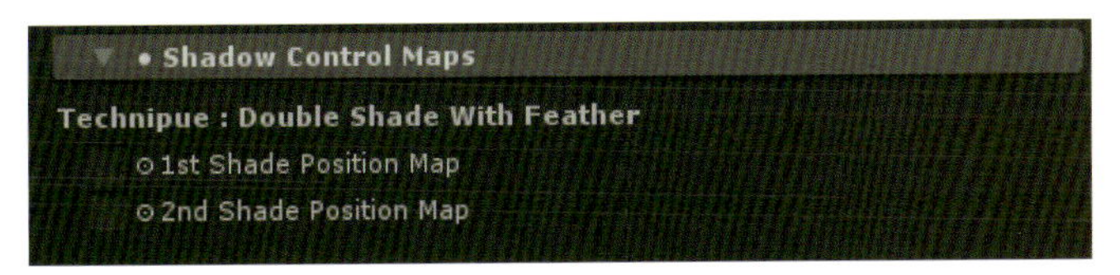

図4-24 「Shadow Control Maps」サブメニュー(DoubleShadeWithFeather系シェーダー)

表4-4 「Shadow Control Maps」サブメニュー(DoubleShadeWithFeather系シェーダー)の設定項目

項目	機能	プロパティ
1st Shade Position Map	ライティングに関係なく、1影色の位置を強制的に指定したい場合のポジションマップを割り当て。必ず影を落としたい部分を黒で指定	_Set_1st_ShadePosition
2nd Shade Position Map	ライティングに関係なく、2影色の位置を強制的に指定したい場合のポジションマップを割り当て。必ず影を落としたい部分を黒で指定。なお、1影色のポジションマップにも影響を受ける	_Set_2nd_ShadePosition

1影と2影の各ポジションマップの相互作用

ライトの状態に関係なく常に2影色を表示したい場所は、1影色のポジションマップと2影色のポジションマップの同じ位置を塗りつぶします。

常に2影色が表示されている領域は、ライトが作る影の中でも常に2影色が表示される領域になります。

一方、明るいところでは2影色が表示されない領域（2影色のポジションマップでは指定されているが、1影のポジションマップでは指定されていない領域）は、ライトが作る影の中に入った時のみ2影色が表示されます。

ShadingGradeMap系シェーダー：シェーディンググレードマップ

UTS2の標準シェーダーは、Toon_DoubleShadeWithFeather.shaderという系統になりますが、その標準シェーダーの機能をもとにシェーディンググレードマップというグレースケールのマップを使うことで、さらに影の掛かり方をUV座標単位で制御できるように拡張したシェーダーが、Toon_ShadingGradeMap系統のシェーダーです。

図4-25は、シェーディンググレードマップを使った髪の影の例です。頭全体に掛かる落ち影から抜けると、素早く髪の通常色が現れ、前髪の形状に沿った影は残り続けます。

図4-25 シェーディンググレードマップを使った髪の影の例①

同じくシェーディンググレードマップを使った髪の影です（図4-26）。光源の変化に合わせて、後ろ髪の下側に影がよい感じに素早く入ってくれます。

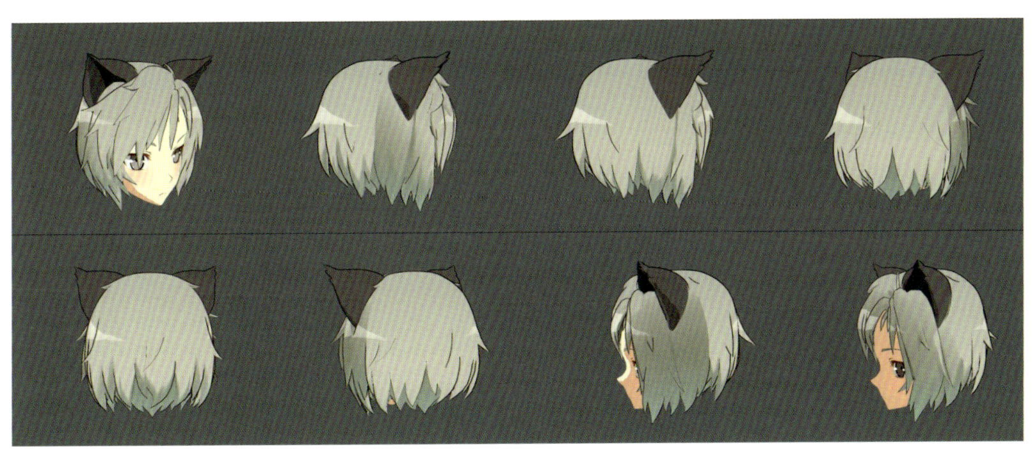

図4-26 シェーディンググレードマップを使った髪の影の例②

通常のトゥーンシェーダーに「Shading Grade Map」（シェーディングの掛かり方傾斜マップ）を足すことで、UV単位で1影色および2影色の掛かりやすさを制御できます。

このマップを使うことで、部分的に影の出やすさを調整できるので、「ライトに照らされている時にはでない服のシワ」のような表現が可能となります。

図4-26の例では、Shading Grade Map上の黒部分が2影色になり、グレー部分がその濃度によって影の掛かり方が変わります。グレー濃度が強いほうが影がかかりやすいので、2つのグレーの境界間にも影が発生します。

ShadingGradeMap系シェーダーの場合の「Shadow Control Maps」サブメニューの機能は、以下のとおりです。

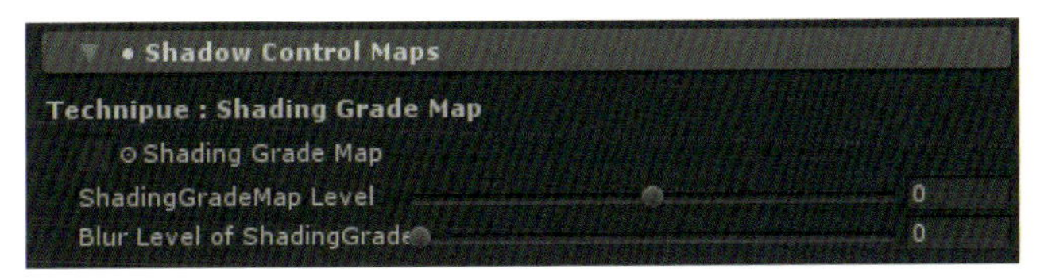

図4-27「Shadow Control Maps」サブメニュー（ShadingGradeMap系シェーダー）

表4-5「Shadow Control Maps」サブメニュー（ShadingGradeMap系シェーダー）の設定項目

項目	機能	プロパティ
ShadingGradeMap	Shading Grade Mapをグレースケールで指定。Shading Grade Mapに使用するテクスチャは、テクスチャインポートセッティングで、必ずSRGB（Color Texture）をOFFにすること	_ShadingGradeMap
ShadingGradeMap Level	Shading Grade Mapのグレースケール値をレベル補正。デフォルトは0で、±0.5の範囲で調整できる	_Tweak_ShadingGradeMapLevel
Blur Level of ShadingGradeMap	Mip Map機能を利用して、Shading Grade Mapをぼかす場合に使用（デフォルトは0で、ぼかさない）	

「Blur Level of ShadingGradeMap」でMip Mapを有効にするには、テクスチャインポートセッティングで、「Advanced → Generate Mip Maps」をONにしてください。

4-6 色の塗り分け範囲とぼかしの設定：「Basic Lookdevs:Shading Step and Feather Settings」メニュー

「Basic Lookdevs:Shading Step and Feather Settings」メニューでは、「基本色」「1影色」「2影色」の各カラーの塗り分け範囲の設定（Step）と、各カラーの境界ぼかしの強さ（Feather）を設定します。

リアルタイムのディレクショナルライトの設定とともに、UTS2を使う上で最も重要な設定です。このブロックの設定で、基本的なルックは決まります。セルルックおよびイラストレーションルックを作るための基本的なアイテムが集まっているのが、このメニューになります。

【Basic Lookdevs : Shading Step and Feather Settings】
Technipue : Shading Grade Map
1st ShaderColor Step 0.8
1st ShadeColor Feather 0.0001
2nd ShadeColor Step 0.56
2nd ShadeColor Feather 0.0001
System Shadows : Self Shadows Receving
Receive System Shadows Active
System Shadows Level 0
• Additional Settings
Settings for PointLights in ForwardAdd Pass
Step Offset for PointLight: 0
PointLights Hi-Cut Filter Active

図4-28「Basic Lookdevs：Shading Step and Feather Settings」メニュー

これらの設定項目は、Unity上でリアルタイムで繰り返しチェックをすることが可能です。プロパティ変更の結果をいちいちレンダリングして確認する必要がありませんので、じっくりと取り組んでみてください。

図4-29のように、光源方向が同じでも、各Stepと各Featherのパラメータを変えることで、まったく違ったルックを作ることができます。

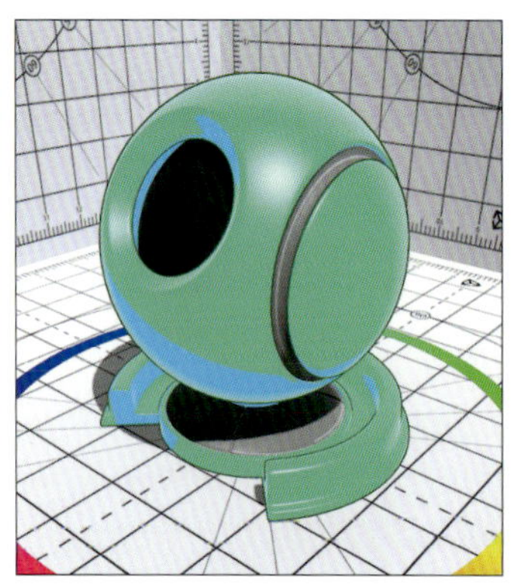
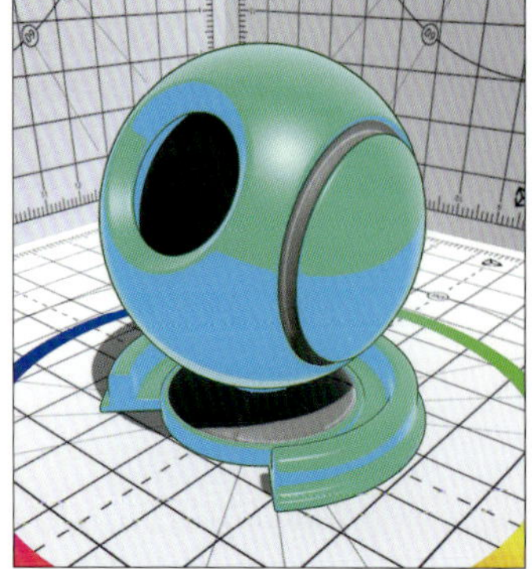
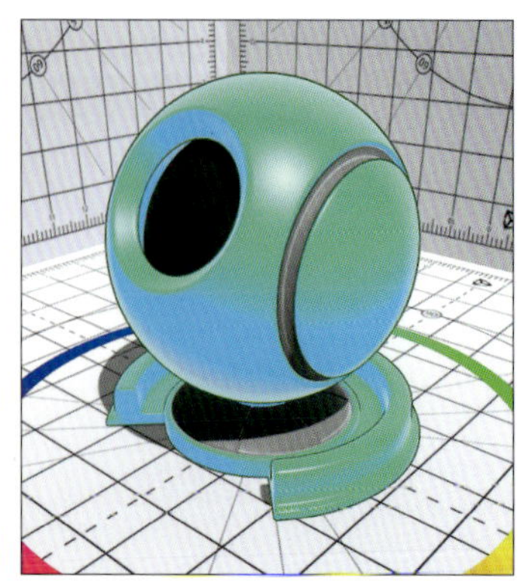

図4-29 パラメータの設定で、自在にルックを変更できる

DoubleShadeWithFeather 系シェーダーの設定項目

UTS2 の標準シェーダーである、DoubleShadeWithFeather 系シェーダーの設定項目です。

ライティングとは関係なく、モデルの指定位置にそれぞれ「1 影色」「2 影色」を配置できる、ポジションマップを 2 枚持てるのが特徴です。

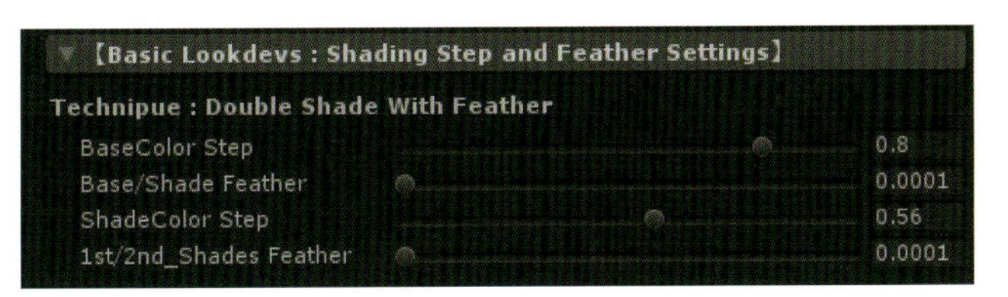

図4-30
「Basic Lookdevs：Shading Step and Feather Settings」メニュー(DoubleShadeWithFeather系シェーダー)

表4-6 「Basic Lookdevs：Shading Step and Feather Settings」メニュー(DoubleShadeWithFeather系シェーダー)の設定項目

項目	機能	プロパティ
BaseColor Step	基本色(明色)と影色領域の塗り分け段階を設定	_BaseColor_Step
Base/Shade Feather	基本色(明色)と影色領域の境界をぼかす	_BaseShade_Feather
ShadeColor Step	影色領域より1影色と2影色の塗り分け段階を設定。2影色を使用しない場合には「0」にする	_ShadeColor_Step
1st/2nd_Shades Feather	1影色と2影色の境界をぼかす	_1st2nd_Shades_Feather

ShadingGradeMap 系シェーダーの設定項目

高機能版 UTS2 シェーダーである、ShadingGradeMap 系シェーダーの設定項目です。

シェーディンググレードマップと呼ばれる、ライティングに対する影の出やすさを制御できるマップを持つことができます。シェーディンググレードマップを使うことで、ジオメトリや法線の状態とは関係なく、指定の位置に決まった形状の影色を配置ことができます。

ポイントマップとの違いは、シェーディンググレードマップは影色を決まった位置に表示するだけでなく、ライトの当て方次第でその出方を調整できるところにあります。

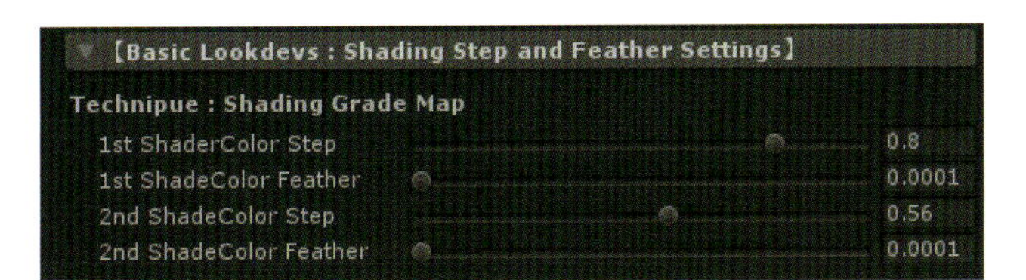

図4-31
「Basic Lookdevs：Shading Step and Feather Settings」メニュー(ShadingGradeMap系シェーダー)

表4-7 「Basic Lookdevs：Shading Step and Feather Settings」メニュー(ShadingGradeMap系シェーダー)の設定項目

項目	機能	プロパティ
1st ShadeColor Step	基本色（明色）と1影色の塗り分け段階を設定。BaseColor Stepと同じ機能	_1st_ShadeColor_Step
1st ShadeColor Feather	基本色（明色）と1影色の境界をぼかす。Base/Shade Featherと同じ機能	_1st_ShadeColor_Feather
2nd ShadeColor Step	1影色と2影色の塗り分け段階を設定。ShadeColor Stepと同じ機能	_2nd_ShadeColor_Step
2nd ShadeColor Feather	1影色と2影色の境界をぼかす。1st/2nd_Shades Featherと同じ機能	_2nd_ShadeColor_Feather

「System Shadows：Self Shadows Receiving」の設定項目

「System Shadows：Self Shadows Receiving」は、Unityのシャドウシステムとトゥーンシェーディングを馴染ませるための調整項目です。

トゥーンシェードの場合、システムが提供する影は、キャラのセルフシャドウ（自身への落ち影）を表現するために必要なものです。

「Basic Lookdevs：Shading Step and Feather Settings」サブメニューアイテムで塗り分けレベルを決定した後で、さらに微調整をしたい場合や、セルフシャドウなどのReceiveShadowの出方を微調整したい時に使用します。

図4-32 「System Shadows：Self Shadows Receiving」メニュー

表4-8 「System Shadows：Self Shadows Receiving」メニューの設定項目

項目	機能	プロパティ
Receive System Shadows	Unityのシャドウシステムを使う場合、Activeに設定。ReceiveShadowを使いたい場合には、必ずActiveに設定（同時にMesh Renderer側のReceiveShadowもチェックされている必要がある）	_Set_System ShadowsToBase
System Shadows Level	Unityのシステムシャドウのレベル調整。デフォルトは0で、±0.5の範囲で調整できる	_Tweak_System ShadowsLevel

なお、Unityでシステムシャドウを使いつつ、Stepスライダーを調整していると、影色との領域にノイズが現れることがあります。これらのノイズは、セルルックでは困りものですので、それらをSystem Shadows LevelスライダーやTessellationを使って改善することができます。

詳しくは、オンラインで提供されている「ユニティちゃんトゥーンシェーダー 2.0 v.2.0.7 マニュアル」を参照してください。

「Additional Settings」サブメニューの設定項目

主にForwardAddパス内で処理されるリアルタイムポイントライト群に対する調整ア

イテムです。Mobile ／ Light 版には、このサブメニューはありません。
この設定を使った利用例は、次の項目で解説します。

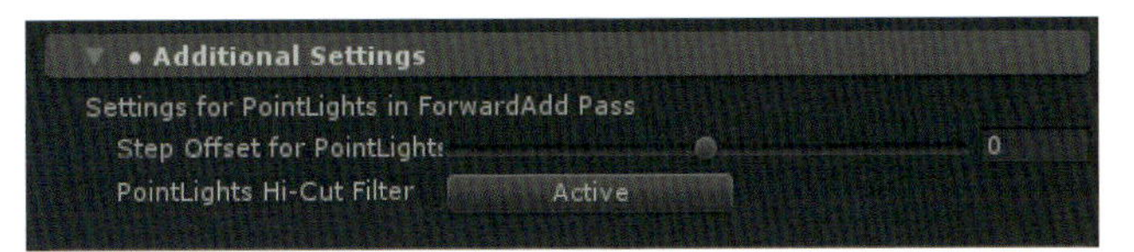

図4-33「Additional Settings」サブメニュー

表4-9「Additional Settings」サブメニューの設定項目

項目	機能	プロパティ
Step Offset for PointLights	リアルタイムポイントライトなど、主にForwardAddパス内で足されるライトのステップ（塗り分け段階）を微調整	_StepOffset
PointLights Hi-Cut Filter	リアルタイムポイントライトなど、主にForwardAddパス内で足されるライトの基本色（明色）領域にかかる不要なハイライトをカット。特にぼかしのないセルルック時に、セルルック感を高められる	_Is_Filter_HiCutPointLightColo

ポイントライトによるカラー塗り分けを微調整する：Step Offset、PointLights Hi-Cut Filter

ディレクショナルライトがなく、アンビエントライトとポイントライトで明るさを確保しているようなシーンの場合、セルルックの顔マテリアルの影を Step スライダーで調整しても、ポイントライトの当たり方次第でセルルックっぽくなくなってしまいます。

図4-34 ポイントライトの当たり方次第では、セルルックらしさが薄れてしまう

図 4-34 のような場合、「Step Offset」「PointLights Hi-Cut Filter」を使うことで、ポイントライトの当たり方を微調整できます。特にセルルックの時に有効な手段です。

図4-35 「Step Offset」「PointLights Hi-Cut Filter」で調整した表現例

UTS2 では、ぼかしを使わないセルルック時のリアルタイムポイントライトへの反応を改善した結果、ポイントライトだけでもセル風のルックが実現できるようになりました。

セルルックは、基本色（明色）／１影色、１影色／２影色の各 Step スライダーを調整して設定しますが、ポイントライトの場合、ディレクショナルライト以上に移動に対する影の変化が顕著になります。それらの変化をある程度抑え込むための微調整用として、Step Offset スライダーを使います。

Step Offset を使うことで、ポイントライトなど FowardAdd パス側で追加されるリアルタイムライトのステップ（塗り分け段階）を微調整できます。

塗り分け用に使われる BaseColor Step などの調整は、メインライトによる塗り分け段階を決めるのと同時に、ポイントライト側の設定にも使われます。そこに Step Offset を併用することで、さらに細かくポイントライトの当たり方を調整できます。

特にメカ表現などで、ワカメハイライトなどを表現するのに便利です。

またポイントライトは、仕様上距離に対して明るさが減衰しますので、特に基本色（明色）部分のハイライトが必要以上に目立つことがあります。

そのような場合に、「PointLights Hi-Cut Filter」をオンにすると、不要なハイライトが抑えられて、よりセルルックに馴染みやすくなります。逆に積極的にハイライトを付けたい場合は、PointLights Hi-Cut Filter をオフにして使うとよいでしょう。

4-7 ハイライト、照り返し表現の設定：「HighColor Settings」メニュー

「ハイカラー」は、ハイライトやスペキュラとも呼ばれる表現です。メインとなるディレクショナルライトからの「光」を照り返す表現として使われます。光の照り返し表現のため、ライトが動くと現れる位置も動きます。

UTS2では「HighColor Settings」メニューで、ハイカラー表現に対してさまざまな調整を行うことが可能です。

図4-36 「HighColor Settings」メニュー

最初に、「HighColor」にカラーを指定しますが、使用しない場合には黒（0,0,0）を設定してください。なお、ハイカラーは光源の方向に従って移動します。カラー指定と同様にテクスチャも指定できます。テクスチャを利用することで、複雑なカラーを乗せることが可能になります。

右のパレットのカラーと乗算されますので、テクスチャのカラーをそのまま出したい場合には、パレットを白（1,1,1）に設定してください。必要がない場合、テクスチャは設定しなくても問題ありません。

表4-10 「HighColor Settings」メニューの設定項目

項目	機能	プロパティ
HighColor	ハイカラー指定するカラーを指定	_HighColor、_HighColor_Tex
HighColor Power	ハイカラーの範囲の大きさ（スペキュラ的には「強さ」）を設定	_HighColor_Power
Specular Mode	Activeの場合、ハイカラー領域をスペキュラ（グロッシイ光沢）として描画。Offの場合、ハイカラー領域の境界を円形で描画	_Is_Specular ToHighColor
Color Blend Mode	Additiveの場合、ハイカラーの合成を加算（結果は明るくなる）。スペキュラは加算モードのみ使用可。Multiplyの場合、ハイカラーの合成を乗算（結果は暗くなる）	_Is_BlendAddToHiColor
ShadowMask on HighColor	Activeの場合、影部分にかかるハイカラー領域をマスク	_Is_UseTweakHighColor OnShadow

項目	機能	プロパティ
HighColor Power on Shadow	影部分にかかるハイカラーの強さを調整	_TweakHighColor OnShadow
HighColor Mask	UV座標に基づきハイカラーをマスク。白で100%表示、黒でハイカラーを表示しない。必要がない場合は、設定しない	_Set_HighColorMask
HighColor Mask Level	ハイカラーマスクのレベル補正。デフォルト値は0	_Tweak_HighColor MaskLevel

TIPS リアルタイムポイントライトのハイカラーを有効にしたい場合は、PointLights Hi-Cut Filter を Off にします。

ハイカラーマスクを適用することで、角度によっては肌がテカってしまうような部分を抑えることができます。頬や胸に乗せる肌のハイカラー表現などで、特に有効です。

またハイカラーマスクは、鏡面反射を調整するスペキュラマスクとしても使うことができますので、金属などの質感を表現するのにも使えます。

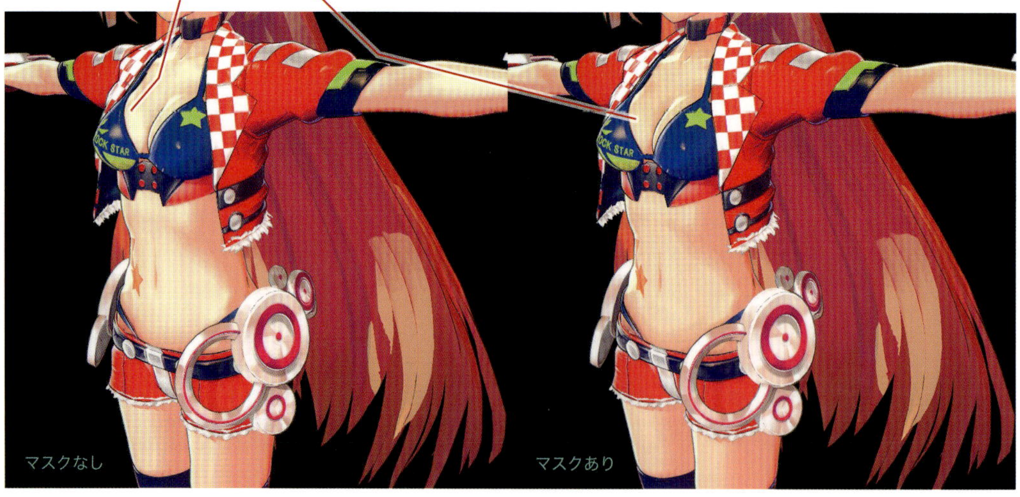

図4-37 ハイカラーマスクの適用例

4-8 リムライトの設定：「RimLight Settings」メニュー

「リムライト」は、実写の世界では「ライトが被写体の周縁（リム）を照らすように配置する」テクニックを指しています。

トゥーンシェーダーを含むノンフォトリアリスティックな表現では、形状を強調するのに同じようにエッジにハイライトを置きますが、これもしばしば「リムライト」と呼ばれています。UTS2では、リムライトに関してもさまざまなアイテムが利用できます。

図4-38 「RimLight Settings」メニュー

表4-11 「RimLight Settings」メニューの設定項目

項目	機能	プロパティ
RimLight	Activeの場合、リムライトが有効	_RimLight
RimLight Color	リムライトのカラーを指定	_RimLightColor
RimLight Power	リムライトの強さを指定	_RimLight_Power
RimLight Inside Mask	リムライトの内側マスクの強度を指定	_RimLight_InsideMask
RimLight FeatherOff	Activeの場合、リムライトのぼかしをカット	_RimLight_FeatherOff
LightDirection Mask	Activeの場合、光源方向にのみリムライト	_LightDirection_MaskOn
LightDirection MaskLevel	光源方向リムマスクのレベル調整	_Tweak_LightDirection_MaskLevel
Antipodean(Ap)_RimLight	位置にリムライト（APリムライト／対蹠リムライト）を発生	_Add_Antipodean_RimLight
Ap_RimLight Color	APリムライトのカラーを指定	_Ap_RimLightColor
Ap_RimLight Power	APリムライトの強さを指定	_Ap_RimLight_Power
RimLight Mask	UV座標に基づきリムライトをマスク。白で100%表示、黒でリムライトを表示しない。必要がない場合は、設定しない	_Set_RimLightMask
RimLight Mask Level	リムライトマスクのレベル補正。デフォルト値は0	_Tweak_RimLightMaskLevel

基本的なリムライトは、カメラから見てオブジェクトの周縁に表示されます（図 4-39 の左）。これに加えて UTS2 では、「LightDirection Mask」でメインライトが存在する方向を考慮して、リムライトの出る位置を調整することができます（図 4-39 の中央）。

さらに、「Antipodean(Ap)_RimLight」を Active にすることで、光源とは反対方向のリムライト（対蹠リムライト）も設定できるので、「照り返し」も表現することが可能です（図 4-39 の右）。

もし光源方向のリムライトもカットして、光源方向の反対のみにリムライトを発生したい場合には、光源方向のリムライトのカラー（RimLight Color）を黒（0,0,0）に指定してください。

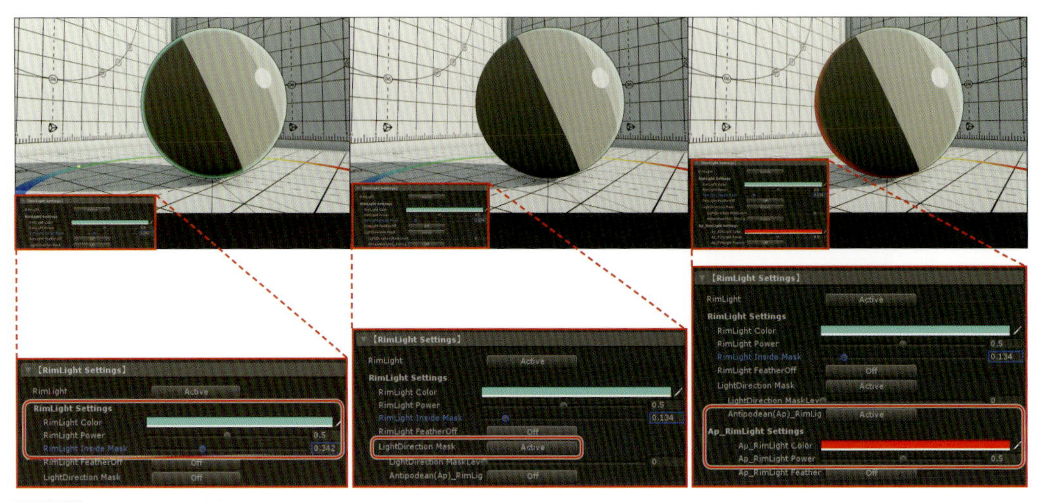

図 4-39 リムライトの設定例

またリムライトは、ハイカラーと同様にカメラの角度によってはひどくテカってしまうことがあります。UTS2 では、リムライトマスクを設定することで、それらのテカりを抑えることができます。

TIPS　リムライトマスクを使うことで、「金属的な材質表現」をほかの素材と調整することで強調したり、服に差し込む入射光を調整することで「ベルベット風衣類のシワ表現」などをすることが可能です。

4-9 マットキャップの設定：「MatCap : Texture Projection Settings」メニュー

「MatCap（マットキャップ）」とは、カメラベースでオブジェクトに貼り付けるスフィアマップのことです。ZBrush の質感表現で使われています。

物理ベースシェーダーが普及する以前は、金属的なテカリを表現する際に、MatCap

はよく使われました。UTS2 では、Matcap テクスチャを乗算だけでなく加算でも合成できます。

TIPS UTS2 v.2.0.5 からは、カメラによる歪みに対して適切な補正が入るようになりましたので、オブジェクトがカメラの端に来ても MatCap が歪まなくなりました。

通常のMatCapの場合　　UTS2 v.2.0.7のMatCapの場合

図4-40 通常のマットキャップとUTS2でのマットキャップの違い

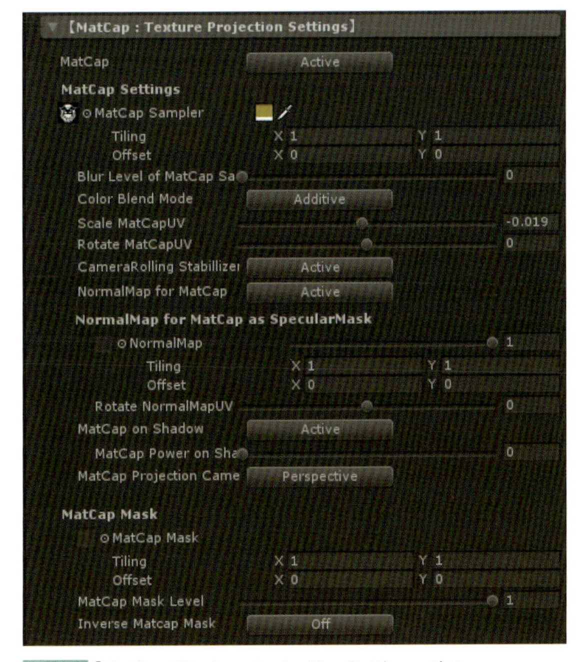

図4-41「MatCap : Texture Projection Settings」メニュー

表4-12 「MatCap：Texture Projection Settings」メニューの設定項目

項目	機能	プロパティ
MatCap	Activeの場合、MatCapが有効	_MatCap
MatCap Sampler	MatCapとして使用するテクスチャを設定。右側のカラーがテクスチャに乗算される	_MatCap_Sampler、_MatCapColor
Blur Level of MatCap Sampler	Mip Map機能を利用して、MatCap_Samplerをぼかす。Mip Mapを有効にするには、テクスチャインポートセッティングで「Advanced→Generate Mip Maps」をONにする。デフォルトは0（ぼかさない）	_BlurLevelMatcap
Color Blend Mode	Additiveの場合、MatCapのブレンドが加算モードで合成（結果は明るくなる）。Multiplyの場合は、乗算モードで合成（結果は暗くなる）	_Is_BlendAddToMatCap
Scale MatCapUV	MatCap SamplerのUVを中央から円形にスケールすることで、MatCapの領域調整	_Tweak_MatCapUV
Rotate MatCapUV	MatCap SamplerのUVを中央を軸に回転	_Rotate_MatCapUV
CameraRolling Stabillizer	Activateにすることで、カメラのローリング（奥行き方向を軸とした回転のこと）に対してMatCapが回転してしまうのを抑止。MatCapをカメラのローリングに対して固定したい時に便利な機能として使える	_CameraRolling_Stabilizer
NormalMap for MatCap	Activeにすることで、MatCapにMatCap専用ノーマルマップを割り当て。MatCapをスペキュラ的に使っている場合には、スペキュラマスクとして使用できる	_Is_NormalMapForMatCap
NormalMap	MatCap専用ノーマルマップを設定。右側のスライダーはスケール	_NormalMapForMatCap、_BumpScaleMatcap
Rotate NormalMapUV	MatCap専用ノーマルマップのUVを中央を軸に回転	_Rotate_NormalMapForMatCapUV
MatCap on Shadow	Activeにすることで、影部分にかかるMatCap領域をマスク	_Is_UseTweakMatCapOnShadow
MatCap Power on Shadow	影部分にかかるMatCapの強さを調整	_TweakMatCapOnShadow
MatCap Projection Camera	ゲームビュー内で使用するカメラのプロジェクションを指定。パースカメラ（Perspective）の場合は、カメラ歪み補正が働く	_Is_Ortho
Matcap Mask	MatCapにグレースケールのマスクを設定することで、MatCapの出方を調整。MatCap Maskは、MatCapが投影されるメッシュのUV座標基準で配置。黒でマスク、白で抜き	_Set_MatcapMask
Matcap Mask Level	MatCap Maskの強さを調整。値が1の時、マスクのあるなしに関わらずMatCapを100%表示。値が－1の時には、MatCapは一切表示されず、MatCapがオフの状態と同じになる。デフォルト値は0	_Tweak_MatcapMaskLevel
Inverse Matcap Mask	Activeにすることで、Matcap Maskを反転	_Inverse_MatcapMask

MatCap と MatCap 専用ノーマルマップ、MatCap Mask を活用する

MatCap の利用例を見てみましょう。図 4-42 の例では、サラサラ感のある髪の毛の光沢を表現するのに、MatCap と NormalMap for MatCap、Matcap Mask を使用しています。

図 4-42 MatCapとノーマルマップ、MatCap Maskで、髪の光沢を表現した適用例

この作例では、次の設定を行っています。

MatCap Sampler

髪の上に乗算合成される、光の輪を表現します。

NormalMap for MatCap

MatCap 単体だとそのままの形状で合成されてしまいますが、NormalMap for MatCap を細かいリピートで重ねることで、三日月型の光沢をサラサラ感のある光に散らしています。このような使い方をスペキュラマスクと呼びます。ここで使われるノーマルマップは、バンプ的な表現には使われません。

Matcap Mask

MatCap が表示される範囲を調整します。垂直方向のグラデーションマスクを設定し、Matcap Mask Level スライダーを調整することで、MatCap が表示される範囲を簡単に制御することができます。

MatCap は、さまざまな質感表現を簡単に実現できる強力な手段です。Google 画像検索で「MatCap」と検索すると、さまざまな MatCap のサンプルを見つけることができます。ダウンロードして、実際に UTS2 上でその効果を確かめてみるとよいでしょう。

4-10 「天使の輪」の設定：「AngelRing Projection Settings」メニュー

「AngelRing（天使の輪）」とは、カメラから見て常に固定の位置に現れるハイライト表現で、髪のハイライト表現として使われます。「天使の輪」機能を持つシェーダーは、AngelRing フォルダ以下に収録されています。

図4-43 「天使の輪」の適用例

「天使の輪」は、それが投映されるメッシュのUV2を参照しますので、Maya や 3ds Max、Blender などの DCC ツールで、事前に UV2 を設定しておく必要があります。これについては、次の項目で簡単に解説します。

図4-44 「AngelRing Projection Settings」メニュー

表4-13 「AngelRing Projection Settings」メニューの設定項目

項目	機能	プロパティ
AngelRing Projection	Activeの場合、「天使の輪」機能が有効	_AngelRing
AngelRing	「天使の輪」テクスチャを指定。右に指定したカラーがテクスチャに乗算される	_AngelRing_Sampler、_AngelRing_Color
Offset U	「天使の輪」表示を水平方向に微調整	_AR_OffsetU
Offset V	「天使の輪」表示を垂直方向に微調整	_AR_OffsetV
Use α channel as Clipping Mask	Activeの場合、「天使の輪」テクスチャに含まれるαチャンネルをクリッピングマスクとして利用。Offの場合、αチャンネルは利用しない	_ARSampler_AlphaOn

「天使の輪」用の素材の作成

図4-43を例に、「天使の輪」を使うための素材の作成について簡単に解説します。まず「天使の輪」機能を適用する髪の毛のメッシュに、2つ目のUVを設定しましょう。

「天使の輪」用のUVは、通常の髪用テクスチャのUVとは別に、「天使の輪」を適用する髪全体をキャラの正面方向から平面投影して作成します。先にも述べたように、UV2の作成を含むこれらの作業は、MayaＰや3ds Max、Blenderなどの DCC ツールで行います。

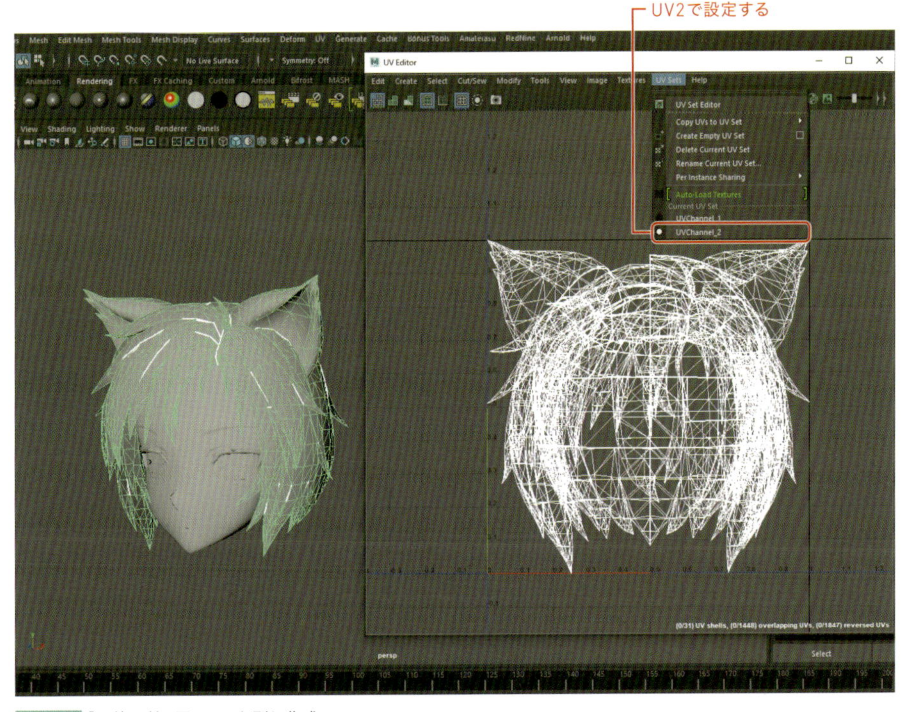

図4-45「天使の輪」用のUVを別に作成

「天使の輪」用UVをガイドに、ハイライト部分のテクスチャを描きます。ハイライト部分のカラーは元のカラーに加算で合成されます。作成したテクスチャは、AngelRingのテクスチャに登録します。ハイライトは白で描いて、後に乗算でカラーを乗せてもよいでしょう。

図4-46 ハイライト部分のテクスチャを描く

「Use α channel as Clipping Mask」をActiveにすると、図4-47のように「天使の輪」テクスチャのαチャンネルがクリッピングマスクとして利用できるようになります。「天使の輪」のカラーを加算でなく、直接指定できるようになります。

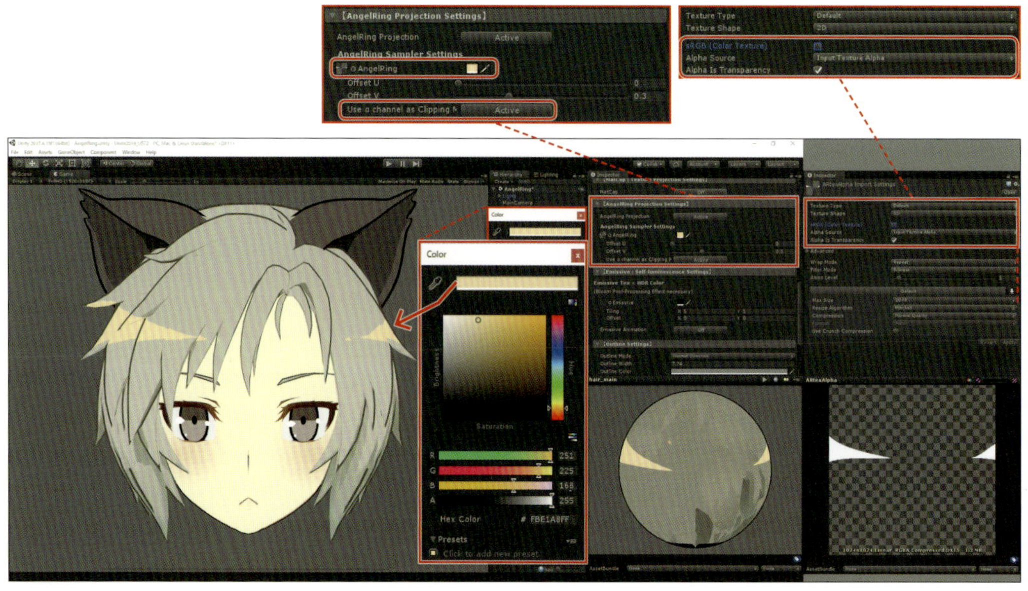

図4-47 Unity上で、「天使の輪」のカラーを直接指定できる

4-11 エミッシブの設定：「Emissive : Self-luminescene Setings」メニュー

「エミッシブ」とは、自己発光のことです。カラーにHDRカラー（明るさとして1以上の値を持てるカラー仕様のこと）を定義することで、周りのカラーよりも明るい領域を設定することができます。

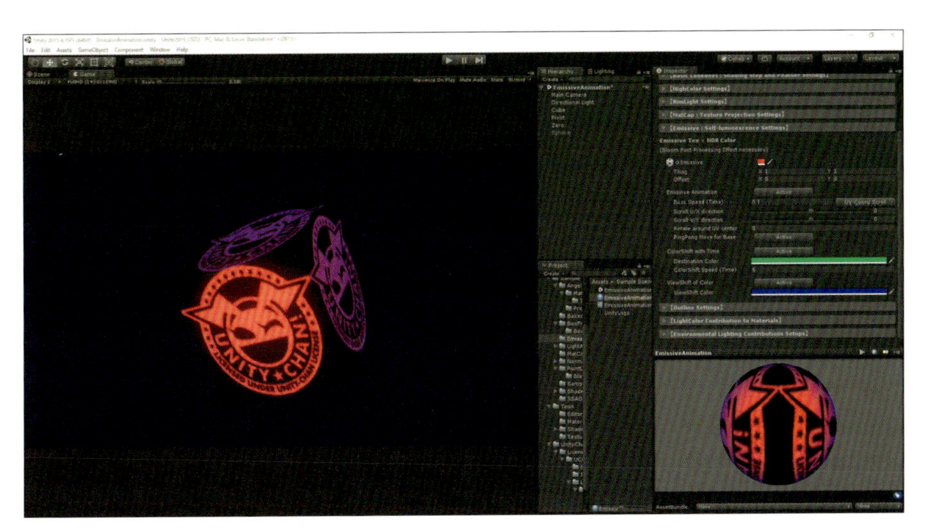

図4-48「エミッシブ」の適応例

Post Processing Stack のブルームなど、カメラにアタッチされるポストエフェクトとともに使われることで、パーツを効果的に光らせることができます。

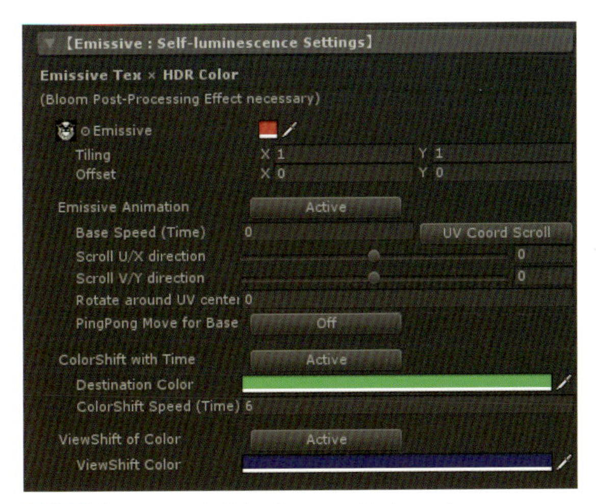

図4-49「Emissive：Self-luminescene Setings」メニュー

最初に、「Emissive」でエミッシブ用のテクスチャを設定します。グレースケールでテクスチャを作成し、それに乗算するカラーを乗せることで光らせることもできます。

右側のカラーが、テクスチャの各ピクセルカラーに乗算されます。多くの場合、HDRカラーを設定します。ほかのパーツと重ねて光って欲しくない部分は、テクスチャ上で黒（RGB：0,0,0）にしておきます。

なお、v.2.0.7より、αチャンネルがエミッシブテクスチャのマスクとして使えるようになりました。UVベースで、αチャンネルを白（RGB＝(1,1,1)）に設定した位置にエミッシブを表示します。黒（RGB=(0,0,0)）でエミッシブが表示されなくなります。

「UV Coord Scroll」および「View Coord Scroll」では、スクロールに使用する座標

系を指定します。UV Coord Scrollの場合、Emissive_TexのUV座標を基準にスクロールします。View Coord Scrollの場合、MatCapと同様のビュー座標を基準にスクロールします。

ビュー座標系でのスクロールは、テクスチャのUV座標を考慮しないで済むのでとても便利ですが、キューブのようなフラットな面を持つオブジェクトでは、うまく表示できない場合がほとんどです。一方、キャラクターなどの曲面が多いオブジェクトでは、ビュー座標系はたいへん便利に使えます。

表4-14 「Emissive：Self-luminescene Setings」メニューの設定項目

項目	機能	プロパティ
Emissive	エミッシブ用のテクスチャを設定	_Emissive_Tex.rgb、_Emissive_Color
Emissive Animation	Activeにすることで、Emissiveで指定したテクスチャのRGBチャンネル部分を、さまざまな方法でアニメーションさせる。なお、αチャンネルはマスクのため、アニメーションの対象にはならない	EMISSIVE MODE = ANIMATION
Base Speed (Time)	アニメーションの基本となる更新スピードを指定。値1の時、1秒で更新。値2を指定すると、値1の時の2倍のスピードになり、0.5秒で更新	_Base_Speed
UV Coord Scroll、View Coord Scroll	スクロールに使用する座標系を指定	_Is_ViewCoord_Scrol
Scroll U direction	アニメーションの更新で、EmissiveテクスチャをU方向（X軸方向）にどれだけスクロールさせるかを指定。－1～1範囲で指定し、デフォルトは0。スクロールアニメーションは、最終的には、Base Speed (Time)×Scroll U Direction×Scroll V Directionの結果として決まる	_Scroll_EmissiveU
Scroll V direction	アニメーションの更新にあたり、EmissiveテクスチャをV方向（Y軸方向）にどれだけスクロールさせるかを指定。－1～1範囲で指定し、デフォルトは0	_Scroll_EmissiveV
Rotate around UV center	アニメーションの更新で、EmissiveテクスチャをUV座標の中央（UV=(0.5,0.5)）を軸にどれだけ回転させるかを指定。Base Speed=1の時、値1で右まわり方向に1回転する。スクロールと組み合わせた場合は、スクロール後に回転する	_Rotate_EmissiveUV
PingPong Move for Base	Activeにすることで、アニメーションの進行方向をPingPong（行ったり来たり）にする	_Is_PingPong_Base
ColorShift with Time	Activeにすることで、Emissiveテクスチャに掛け合わせるカラーを、Destination Colorに向かう線形補間（Lerp）で変化させる。この機能を利用する時には、Emissiveテクスチャでの指定はグレースケールとし、掛け合わせるカラー側でカラー設計をしたほうがよい	_Is_ColorShift
Destination Color	カラーシフトをする際の、ターゲットとなるカラー。HDRで指定できる	_ColorShift
ColorShift Speed (Time)	カラーシフトをする際の、基準となるスピードを設定。値が1の時、1サイクルの変化はおおよそ6秒程度が目安	_ColorShift_Speed

ViewShift of Color	Activeにすることで、オブジェクトを見るカメラのビュー角に対してカラーをシフト。オブジェクトのサーフェイスに対し真っ正面から見た場合は、通常状態のEmissiveカラーが表示され、ビュー角が徐々に傾いていくにつれてシフト先のカラーに変化する	_Is_ViewShift
ViewShift Color	ビューシフトする際の、変化先となるカラー。HDRで指定	_ViewShift

αチャンネル付きテクスチャの作成

αチャンネル付きテクスチャは、Photoshop などの DCC ツールで作成します。

チャンネルタブより、新規チャンネルを追加し、できたチャンネルの上にグレースケールの画像を貼り付ければ、αチャンネルとして利用できます。Targa 形式などαチャンネルが持てる画像形式の場合は、このままセーブできます。

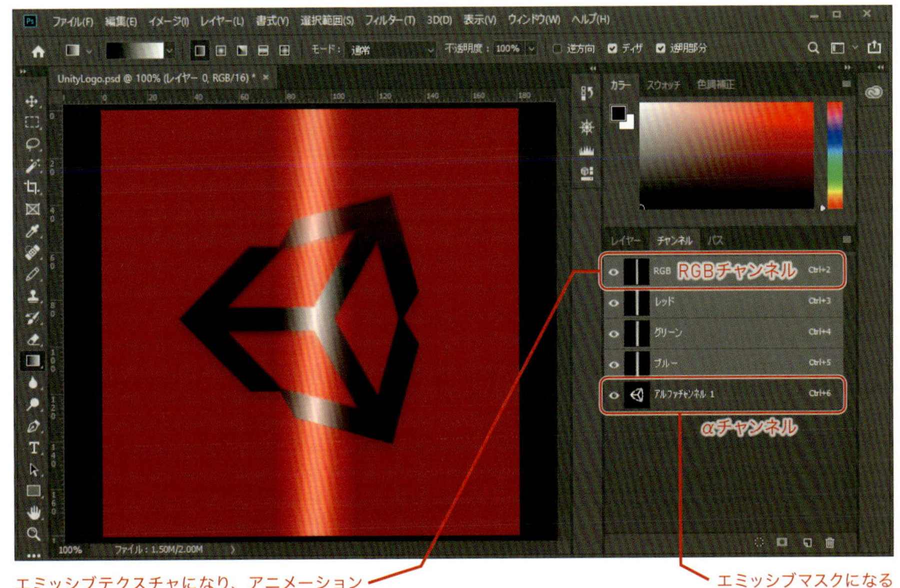

図4-50 Photoshopでのαチャンネルの追加例

Unity 上でαチャンネルを有効にするためには、各テクスチャの Import Settings で、Alpha Source を「Input Texture Alpha」にしてください。

PNG 形式の場合は画像仕様上、直接αチャンネルを持てないので、Photoshop 上でαチャンネルを選択範囲として読み込んだ後で、「レイヤーマスク→選択範囲外をマスク」で指定し、PNG 形式で保存します。

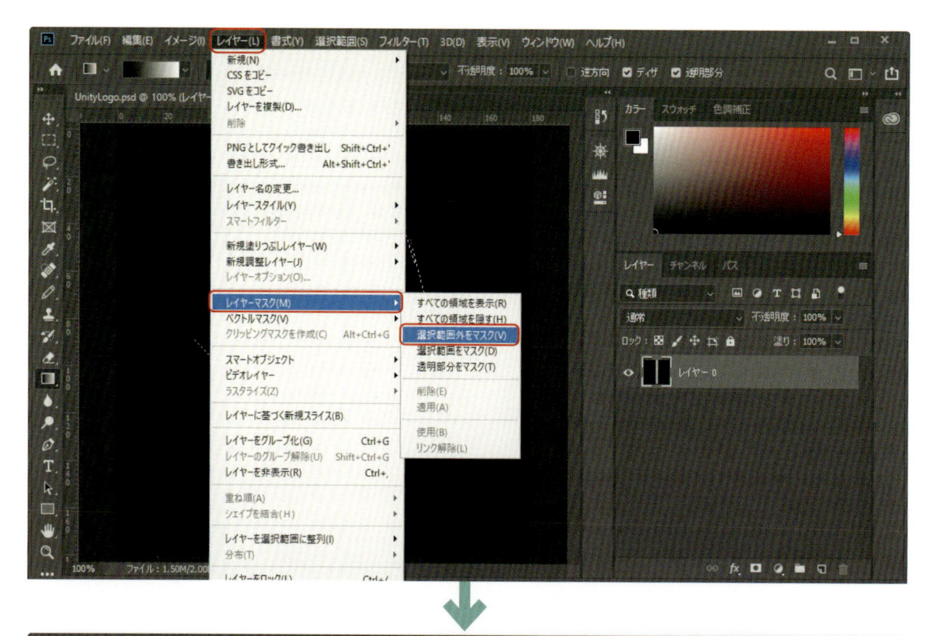

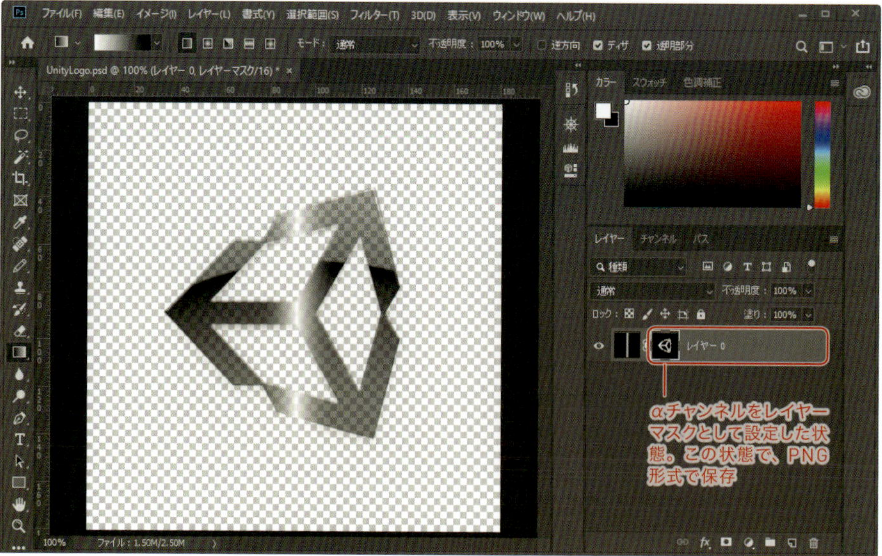

図4-51 PNGファイルでαチャンネルを扱う場合

続いてUnityに読み込み、Import Settingsで、Alpha Sourceを「Input Texture Alpha」に、「Alpha Is Transparency」をONにしてください。

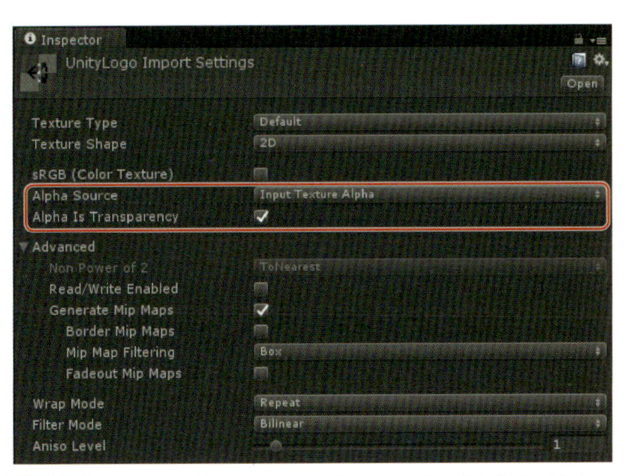

図4-52 αチャンネル付きのテクスチャをUnityで読み込む場合の設定

Destination Color 設定のポイント

カラーシフト機能を使う際に、Destination Color をターゲットに設定しますが、元のカラーとターゲットとなるカラーが同色相の場合、想定していないカラーがフレームに混じることがあります。

たとえば、図 4-53 の矢印左側のカラーから、一見見た目は同じような右側の 2 つのいずれかのカラーにシフトさせると、矢印右側 1 つ目のカラーは同色相の範囲でカラーシフトしますが、矢印右側 2 つ目のカラーは、青っぽいフレームが混じります。

これは、青っぽいフレームが混じるほうのカラーには、元のカラーの RGB と比較して見ると、値が高くなっている「B チャンネル」があるからです。

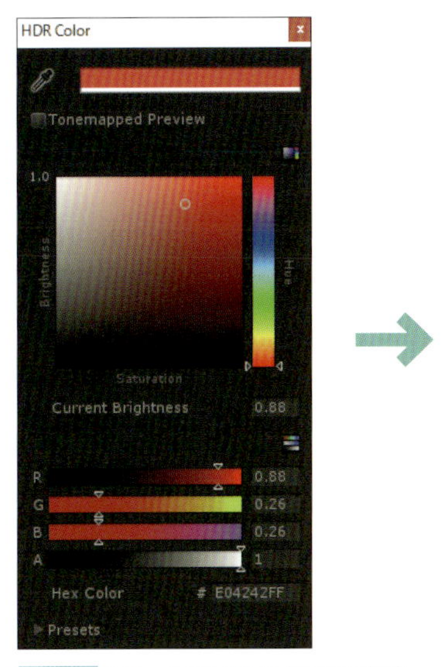

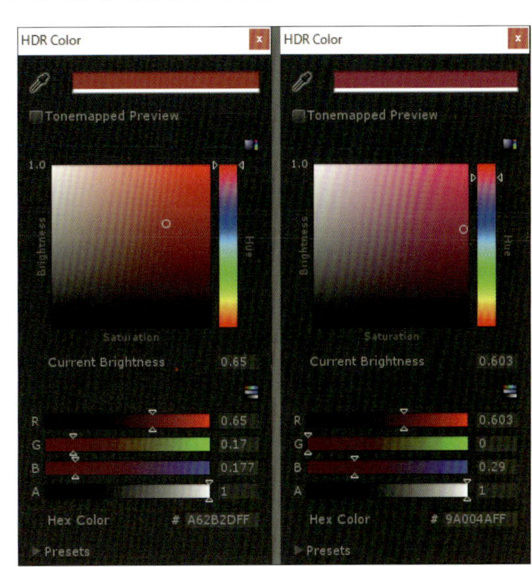

図4-53 カラーシフトを同色相で行う場合

このように、同色相内で輝度が違うカラーをターゲットにシフトさせる場合、各 RGB の変化の方向を揃えることで、想定外のカラーがフレームに混入するのを避けることができます。以下の図 4-54 では、ターゲットカラーの RGB の値は、いずれも元のカラーよりも小さくなっています。

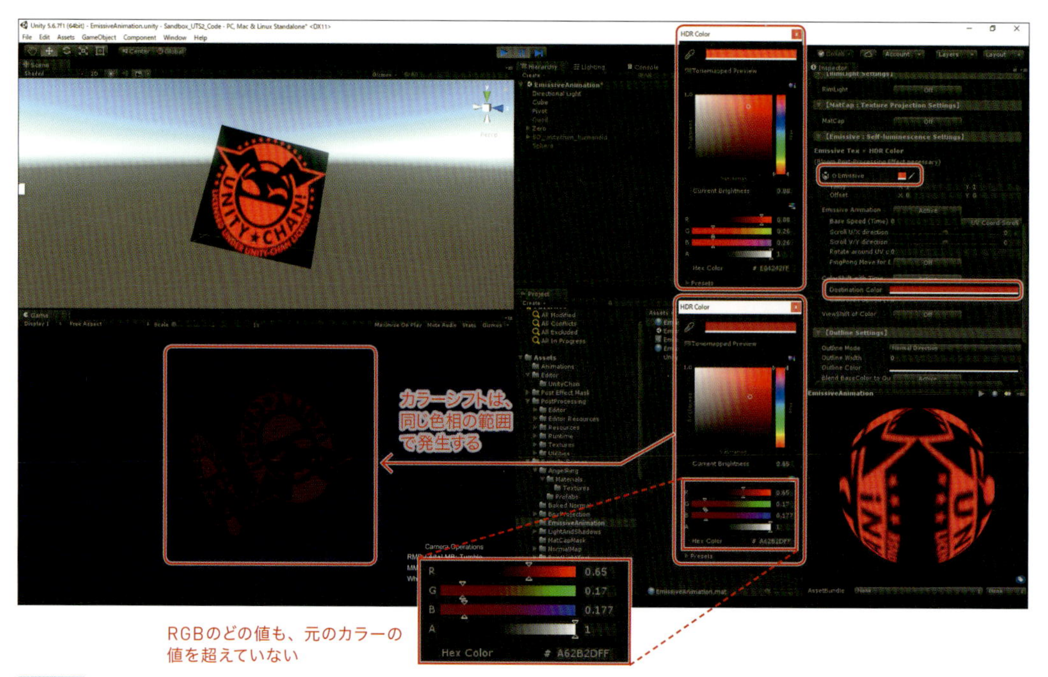

図4-54 同一色相内でカラーがシフトする例

図 4-55 の例では、ターゲットカラーの B の値が元のカラーよりも高く、かつ G 値の変化が極端に大きくなります。

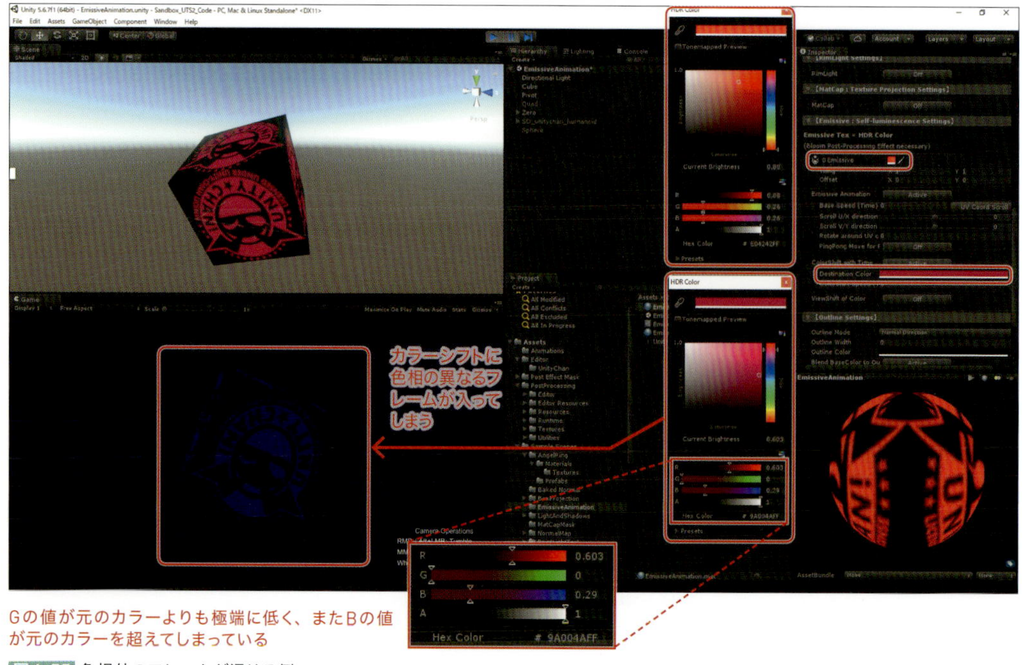

図4-55 色相外のフレームが混じる例

4-12 アウトラインの設定：「Outline Settings」メニュー

UTS2では、アウトライン機能として、マテリアルベースのオブジェクト反転方式のアウトラインを採用しています。この方式を簡単に説明すると、シェーダーで元のオブジェクトよりも少し大きめのオブジェクトを面法線だけ反転して生成します。

新たに生成したアウトライン用オブジェクトには、フロントカリングで描画されるので、元よりも少し大きめに生成した分だけ、それが元のオブジェクトによって上書きされると、はみ出した部分がアウトラインのように見えるというものです。

この方式は比較的軽い上に調整が楽にできるので、ゲーム用のアウトラインとして伝統的に使われてきました。実際にオブジェクトの周りにラインを引いているわけではないということに、注意してください。

オブジェクトの周りにラインを描画する方式もありますが、それらは主にポストプロセス（ポストエフェクト）方式のアウトラインとして知られています。

ポストプロセス方式のアウトラインは採用する方式によって、スピードもクオリティも異なります。実際のゲームでは、従来型のオブジェクト反転方式に、軽めのポストプロセス方式を加えて補正する場合が多くあります。

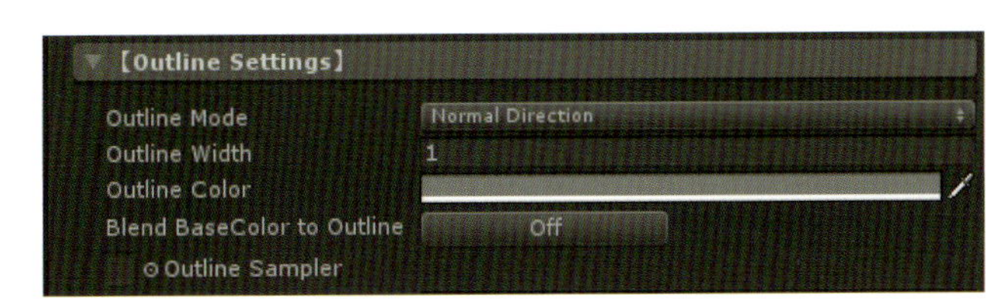

図4-56「Outline Settings」メニュー

最初に、「Outline Mode」でアウトライン用反転オブジェクトの生成方式を指定します。「Normal Direction（法線反転方式）」「Position Scalling（ポジションスケーリング方式）」から選択できます。多くの場合、法線反転方式が使われますが、ハードエッジだけで構成されているキューブのようなメッシュの場合は、ポジションスケーリング方式のほうがアウトラインが途切れにくくなります。

比較的単純な形状はポジションスケーリング方式で、キャラクターなどの複雑な形状のものは法線反転方式を使うとよいでしょう。

表4-15 「Outline Settings」メニューの設定項目

項目	機能	プロパティ
Outline Mode	アウトライン用反転オブジェクトの生成方式を指定	_OUTLINE
Outline Width	アウトラインの幅を設定。この値は、Unityへのモデルインポート時のスケールに依存するため、取り込みスケールが1でない場合には注意が必要	_Outline_Width
Outline Color	アウトラインのカラーを指定	_Outline_Color
BlendBaseColor to Outline	オブジェクトの基本カラーにアウトラインのカラーを馴染ませたい場合に、Activeに設定	_Is_BlendBaseColor
Outline Sampler	アウトラインの幅に入り抜きを入れたい場合や特定のパーツにのみアウトラインを乗せたくない場合などにアウトラインサンプラー（テクスチャ）で指定。白で最大幅、黒で最小幅になる。必要がない場合は、設定しない	_Outline_Sampler
Offset Outline with Camera Z-axis	アウトラインをカメラの奥行き方向（Z方向）にオフセット。スパイク形状の髪型などの場合、プラスの値を入れることでスパイク部分にはアウトラインがかかりにくくなる。通常は0を指定しておく	_Offset_Z

「Advanced Outline Settings」サブメニュー

「Advanced Outline Settings」サブメニューの設定項目で、アウトライン機能をさらに強化することができます。

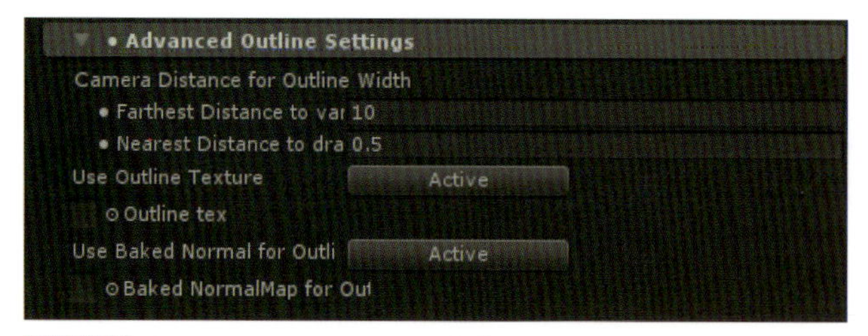

図4-57 「Advanced Outline Settings」サブメニュー

表4-16 「Advanced Outline Settings」サブメニューの設定項目

項目	機能	プロパティ
Farthest Distance to vanish	カメラとオブジェクトの距離でアウトラインの幅が変化する、最も遠い距離を指定。この距離でアウトラインがゼロになる	_Farthest_Distance
Nearest Distance to draw with Outline Width	カメラとオブジェクトの距離でアウトラインの幅が変化する、最も近い距離を指定。この距離でアウトラインがOutline_Widthなどで設定した最大の幅になる	_Nearest_Distance
Use Outline Texture	アウトライン用反転オブジェクトにテクスチャを貼りたい場合、Activeにする	_Is_OutlineTex
Outline Texture	アウトラインに特別なテクスチャを割り当てたい時に使用。テクスチャを工夫することで、アウトラインに模様を入れたりすることができるほか、フロントカリングされる反転オブジェクトに貼られるテクスチャとして、一風変わった表現が可能になる	_OutlineTex

Use Baked Normal for Outline	Activeの場合、BakedNormal for Outlineを有効する。この項目は、アウトラインの描画方式が法線反転方式の時のみ現れる	_Is_BakedNormal
Baked NormalMap for Outline	事前にほかのモデルから頂点法線を焼き付けたノーマルマップを、法線反転方式アウトラインの設定時に追加として読み込む	_BakedNormal

アウトラインの強弱を調整する：Outline Sampler

Outline Samplerの利用例を見ていきます。Outline Samplerは、黒でラインなし、白でラインの幅が100%なので、適宜Outline_Samplerを設定することで、アウトラインに入り抜き（強弱）が発生します。

Outline Samplerを複数キャラに適用する際に、各キャラのパーツのUV配置を共通化する一工夫を行うと、モデル汎用に入り抜きの制御が調整できるようになって便利です。

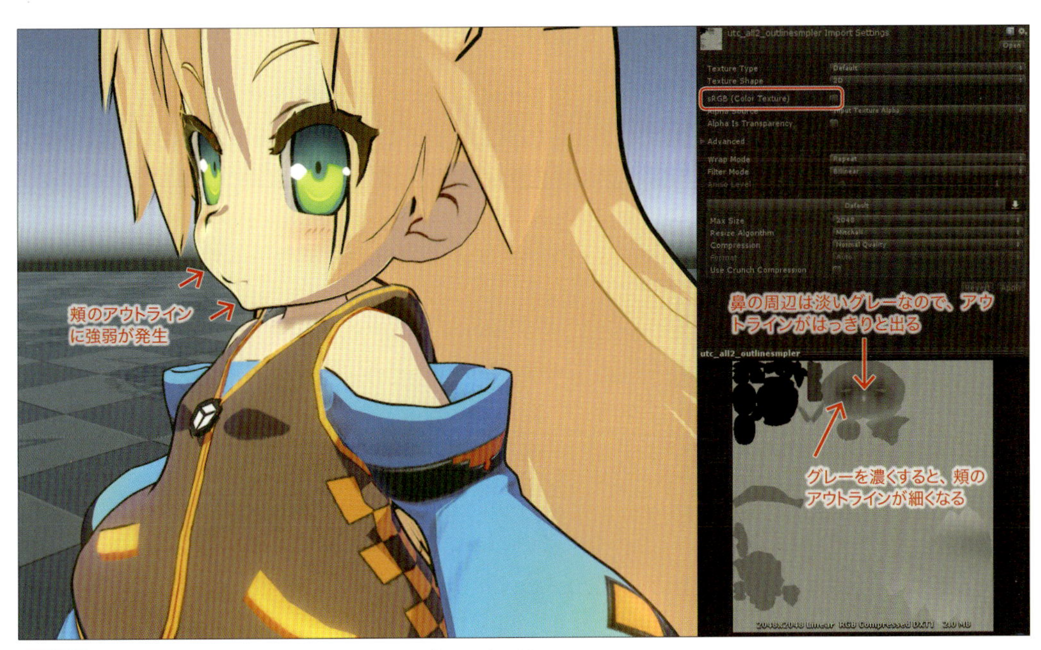

図4-58 Outline Samplerでアウトラインの強弱を調整した適用例

オブジェクト反転方式アウトラインを補う：UTS_EdgeDetection

UTS2で採用されているオブジェクト反転方式のアウトラインは、古くから使われている技術ですが、高いリアルタイム性が求められるゲームでは、今でも使われています。

その一方で、昨今ではマシンパワーも上がったので、これらのマテリアルベースアウトラインに加えて、カメラ側にアタッチするポストプロセスエフェクト型のアウトラインも同時に使われるようになりました。

両者は補完関係にあるので、適宜組み合わせることで、さらに綺麗なアウトラインが得られます。

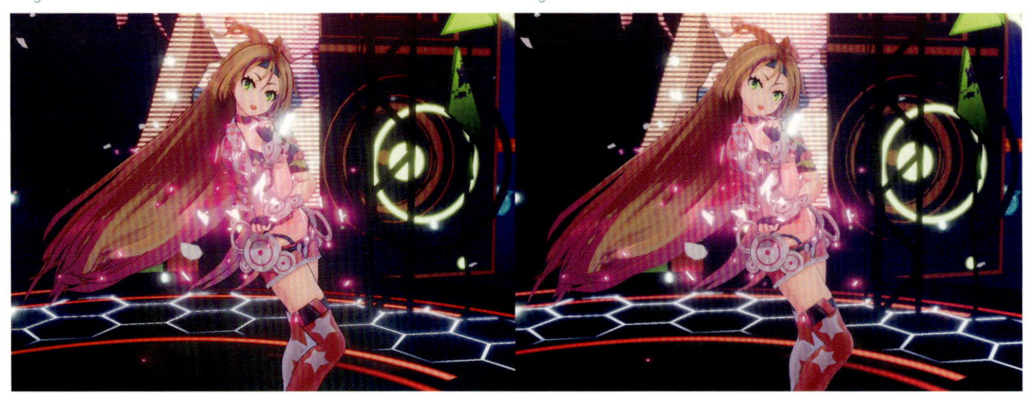

図4-59 ポストプロセスエフェクト型アウトラインのON(左)とOFF(右)の比較

UTS2にもオブジェクト反転方式アウトラインと組み合わせて使う、「UTS_Edge Detection」と呼ばれるポストエフェクトが付属しています。UTS_EdgeDetectionをメインカメラにアタッチすることで、UTS2のオブジェクト反転方式アウトラインがさらに綺麗になります。

UTS_EdgeDetectionは、UTS2プロジェクトのルートに、UTS_EdgeDetection.unitypackageで提供されています。このパッケージをUnityにドラッグ＆ドロップすることで、インストールします。

ToonShader_CelLook.unityなどがサンプルシーンになっているので、シーン内のメインカメラにアタッチされているUTS_EdgeDetectionコンポーネントを確認して見てください。

UTS_EdgeDetectionコンポーネントの設定を簡単に解説しておきます。

ポストエフェクトタイプのエッジ抽出フィルタで、元々はUnityのStandard Assetsにあったものを改造したフィルタ3つに加えて、新規に作成したソーベルカラーフィルタが追加されています。

ソーベルカラーフィルタを使うことで、効果的にトゥーンラインエッジを強調し、セル画時代の「色トレス」風の雰囲気を出すことができます。このポストエフェクトは、ポストエフェクトスタックの前に入れるとよいでしょう。

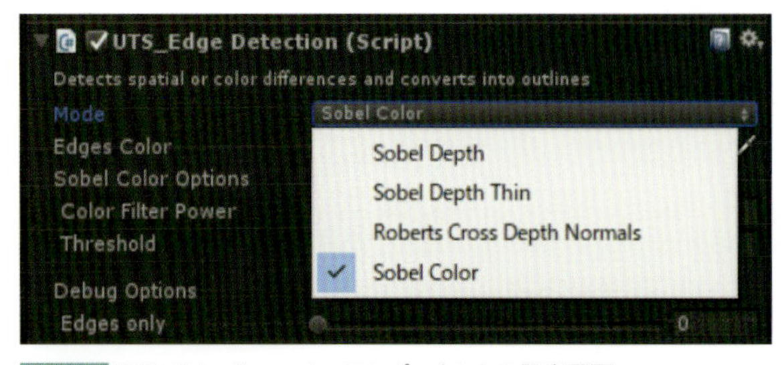

図4-60 UTS_EdgeDetectionコンポーネントの設定画面

COLUMN

Cinemachine でソーベルカラーフィルタを使うには？

Cinemachine 上でソーベルカラーフィルタを使うには、Post Processing Stack v2（PPSv2）に対応した、UTS_EdgeDetection フィルタを使います。

PPSv2 に対応した UTS_EdgeDetection フィルタは、UTS2 プロジェクトのルートフォルダにあります。使用する Unity のバージョンに合わせて、使い分けてください。

- Unity 2018.2.x 以前で使用する場合：
  UTS_ImageEffect_PPSv2_Unity2018.2.unitypackage
- Unity 2018.3.x 以降で使用する場合：
  UTS_ImageEffect_PPSv2_Unity2018.3.unitypackage

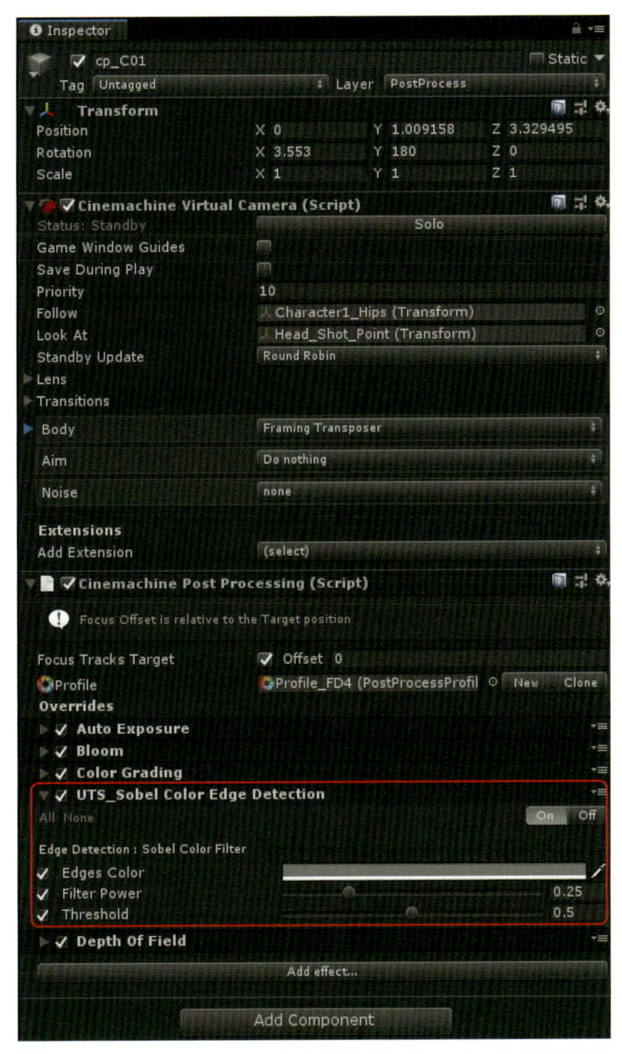

図 CinemachineのPost ProcessingにUTS_EdgeDetectionフィルタを設定

ベイクした頂点法線を転写する：Baked Normal for Outline

頂点法線を焼き付けたノーマルマップを、法線反転アウトラインの設定時に追加的に読み込むことができるようになりました。この機能を使うことで、ハードエッジのオブジェクトに、ソフトエッジのオブジェクトのアウトラインを事前にベイクしたノーマルマップを経由して、適用することができるようになります。

Baked Normal マップを使用する際には、UTS2 のアウトライン設定メニューで、以下のように設定します。

① Outline Mode を「Normal Direction」に設定
② Use Baked Normal for Outline を「Active」に設定
③ Baked Normal for Outline に使用したいマップを適用

Baked Normal for Outline として適用できるノーマルマップは、以下のような仕様となっています。詳しくは、サンプルプロジェクト内の Baked Normal フォルダ内のアセットを確認してください。

- 適用するオブジェクトの UV は重ならないこと。つまり、すべてのノーマルマップが重ならないように UV 展開がされていることが必須です。
- ノーマルマップ自体の仕様は、Unity と同じで OpenGL 準拠となります。
- 使用するノーマルマップのテクスチャ設定は、以下のようになります。
  - Texuture Type は「Default」にする（「Normal map」にしないこと）。
  - sRGB（Color Texture）を必ず「OFF」にする。

注意 この方式による頂点法線の調整は、バーテックスシェーダー側で行われますので、適用される頂点数にそのまま依存します。つまり、ピクセルシェーダー側のように頂点法線間で補正するものではありませんので、注意してください。

アウトラインをカメラの奥に移動する：Offset Outline with Camera Z-axis

「Offset Outline with Camera Z-axis」に値を入れることで、アウトラインがカメラの奥行き方向（Z 方向）にオフセットされます。

図 4-61 のように髪の毛の房がスパイク状の場合、スパイク部分のアウトラインの出方を調整するのに使用します。通常は「0」を入れておいてください。

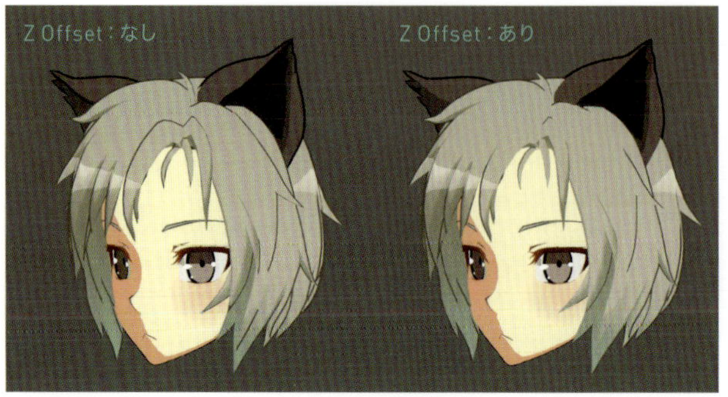

図4-61 「Offset Outline with Camera Z-axis」の設定なし（左）と設定あり（右）

4-13 テッセレーションに関する設定：「DX11 Phong Tessellation Settings」メニュー

UTS2 のテッセレーション機能は、Windows の DirectX 11 環境でのみ使用できます。テッセレーションとは、ポリゴンを分割してスムーズにする機能です。Tessellation は、使えるプラットフォームが限られている上に、かなりパワフルな PC 環境を要求しますので、覚悟して使ってください。想定している用途は、パワフルな GPU を搭載している Windows10 ／ DirectX 11 のマシンを使って、映像＆ VR 向けに使用することです。

Light 版とあるものは、ライトをディレクショナルライト 1 灯に制限した代わりに、軽量化したバリエーションになります。

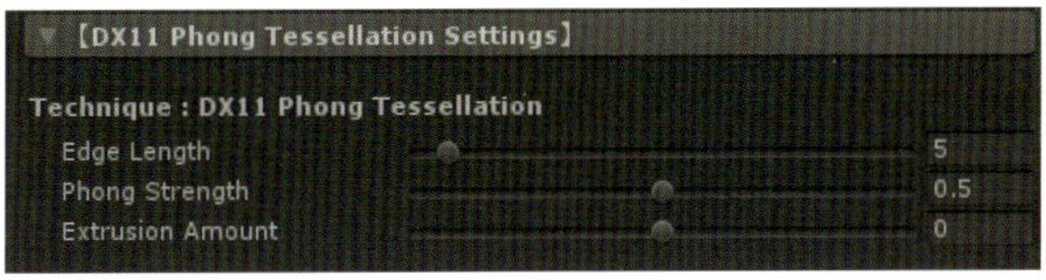

図4-62「DX11 Phong Tessellation Settings」メニュー

表4-17「DX11 Phong Tessellation Settings」メニューの設定項目

項目	機能	プロパティ
Edge Length	カメラとの距離に基づいて、よりテッセレーションを分割。同じ距離では、値が小さいほうが細分化される。デフォルトは5	_TessEdgeLength
Phong Strengh	テッセレーションによって細分化された分割面の引っ張り強度を変化させる。デフォルトは0.5	_TessPhongStrength
Extrusion Amount	テッセレーションの結果として発生する、膨張分を全体としてスケーリング。デフォルトは0	_TessExtrusionAmount

4-14 各色へのライトカラーの影響に関する設定：「LightColor Contribution to Materials」メニュー

各カラーに対する、シーン内のリアルタイムライトのカラーの影響を、個別に ON ／ OFF できるスイッチを集めたものです。Active の場合、各カラーに対するリアルタイムライトのカラーの影響が有効となり、Off の場合、インテンシティが 1 の時の各カラーの設定色がそのまま表示されます。

このメニューで、各カラーへのライトカラーコントリビューション（寄与）のあり／なしを一元的に管理できます。実際にシーン内で使用するキャラクターライトを使いながら、各カラーへの影響がライトコントリビューションのあり／なしでどう変わるかをリアルタイムで確認できます。ルックデブの仕上げに使うとよいでしょう。

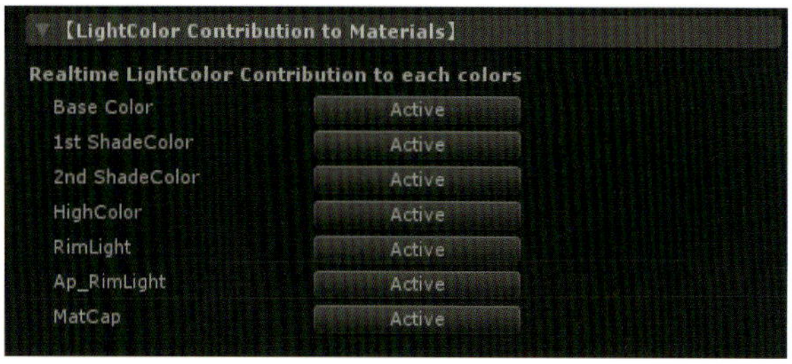

【LightColor Contribution to Materials】

Realtime LightColor Contribution to each colors

Base Color	Active
1st ShadeColor	Active
2nd ShadeColor	Active
HighColor	Active
RimLight	Active
Ap_RimLight	Active
MatCap	Active

図4-63 「LightColor Contribution to Materials」メニュー

以下の表 4-18 の「Outline」の機能に関して補足しておきます。アウトラインに対するライトカラーの寄与は、次のとおりです。

「OFF」の時は、アウトラインカラーに設定したカラーがそのまま表示されます。「Active の時でシーン中にリアルタイムディレクショナルライトが 1 灯ある」時は、リアルタイムディレクショナルライトのカラーと明るさにアウトラインカラーが反応します。

「Active の時でシーン中にリアルタイムディレクショナルライトがない」時は、Environment Lighting の Source のうち、Color の色と明るさにアウトラインカラーが反応します。この時、Skybox を使用していても Color の値が参照されることに注意してください。また、リアルタイムのポイントライトや Color 以外の環境光には、反応しませんので合わせて注意してください。

表4-18 「LightColor Contribution to Materials」メニューの設定項目

項目	機能	プロパティ
Base Color	基本色に対しライトカラーを有効	_Is_LightColor_Base
1st ShadeColor	1影色に対しライトカラーを有効	_Is_LightColor_1st_Shade
2nd ShadeColor	2影色に対しライトカラーを有効	_Is_LightColor_2nd_Shade
HighColor	ハイカラーに対しライトカラーを有効	_Is_LightColor_HighColor
RimLight	リムライトに対しライトカラーを有効	_Is_LightColor_RimLight
Ap_RimLight	APリムライト（対蹠リムライト）に対しライトカラーを有効	_Is_LightColor_Ap_RimLight
MatCap	MatCapに対しライトカラーを有効	_Is_LightColor_MatCap
AngelRing	「天使の輪」に対しライトカラーを有効	_Is_LightColor_AR
Outline	アウトラインに対しライトカラーを有効	_Is_LightColor_Outline

注意　各カラーの設定が Off の場合、シーン内のライトの強さに関わらず、「オフにされたカラーは、常にライトの Intensity が 1、ライトカラーが白の状態で照らされている状態」になります。

4-15 そのほか環境光などの影響に関する設定：「Environmental Lighting Contributions Setups」メニュー

「Environmental Lighting Contributions Setups」メニューには、シーン内の環境光設定（Skybox、Gradient、Color などの Environment Lighting）やライトプローブに対して、UTS2 がどの程度反応するかを調整したり、リアルタイムディレクショナルライトがない環境で起動するシェーダービルトインライトの明るさを調整するアイテムが含まれています。

また、VRChat ユーザーに便利な機能である、SceneLights Hi-Cut Filter のような白飛び防止機能の ON ／ OFF も、このメニューからコントロールすることが可能です。

図4-64 「Environmental Lighting Contributions Setups」メニュー

表4-19 「Environmental Lighting Contributions Setups」メニューの設定項目

項目	機能	プロパティ
GI Intensity	GI Intensityを0以上に設定することで、UnityのLightingウィンドウ内で管理されているGIシステム、特にライトプローブに対応する。GI Intensityが1の時、シーン内のGIの強度が100%となる	_GI_Intensity
Unlit Intensity	シーン内に有効なリアルタイムディレクショナルライトが1灯もない時に、Environment LightingのSource設定を元にシーンの明るさとカラーを求め、それをUnlit Intensityの値でブーストして光源として使用	_Unlit_Intensity
SceneLights Hi-Cut Filter	シーン内に極端に明るさ（Intensity）が高い、複数のリアルタイムディレクショナルライトやリアルタイムポイントライトがある場合に、白飛びを抑える	_Is_Filter_LightColor
Built-in Light Direction	ビルトインライトディレクション（シェーダー内に組み込まれているバーチャルライトの方向ベクトル）を有効にする	_Is_BLD
Offset X-Axis Direction	ビルトインライトディレクションによって生成される、バーチャルライトを左右に動かす	_Offset_X_Axis_BLD
Offset Y-Axis Direction	ビルトインライトディレクションによって生成される、バーチャルライトを上下に動かす	_Offset_Y_Axis_BLD
Inverse Z-Axis Direction	ビルトインライトディレクションによって生成される、バーチャルライトの向きを前後で切り替える	_Inverse_Z_Axis_BLD

上記の表 4-19 のいくつかの機能に関して、補足しておきます。

Unlit Intensity

シーン内に有効なリアルタイムディレクショナルライトが 1 灯もない時に、Environment Lighting の Source 設定を元にシーンの明るさとカラーを求め、それを Unlit Intensity の値でブーストして光源として使用します（この機能を「アンビエントブレンディング」と呼ぶ）。

デフォルトは「1」（アンビエントカラーをそのまま受ける）で、「0」にすると完全に消灯します。この機能は環境カラーにマテリアルカラーを馴染ませたい際に使いますが、より暗めに馴染ませたい場合は「0.5 ～ 1」程度に設定し、より明るくカラーを出したい場合は「1.5 ～ 2」程度に設定するとよいでしょう。なお、v.2.0.6 より、最大値が「4」になりました。

SceneLights Hi-Cut Filter

シーン内に極端に明るさ（Intensity）が高い、複数のリアルタイムディレクショナルライトやリアルタイムポイントライトがある場合に、白飛びを抑えます。Active にすることで、各々のライトのカラーと減衰特性を保ちつつ、マテリアルカラーが白飛びするような高いインテンシティだけをカットします。デフォルトは「Off」です。

この機能を使用する際には、「LightColor Contribution to Materials」メニュー内の、基本 3 色の設定がすべて Active になっていることを確認してください。特に、VRChat ユーザーは Active にすることをお勧めします。

この機能を使っても白飛びが発生する場合、ポストエフェクト側のブルームなどの設定をチェックして見てください。特に、ブルームのスレッショルドの値が 1 以下だと白飛びしやすくなります。

Built-in Light Direction

上級者向け機能として、ビルトインライトディレクション（シェーダー内に組み込まれているバーチャルライトの方向ベクトル）を有効にします。この機能が有効な時、ライトの明るさとカラーは、シーン内の有効なリアルタイムディレクショナルライトの値を使用します。もしそのようなライトがない場合は、アンビエントブレンディングの値を使用します。

ライトプローブの明るさを決定する：GI Intensity

「GI Intensity」の設定による作例を見てみましょう。図 4-65 の左は「GI Intensity:0」、右は「GI Intensity：1」に設定しています。

GI Intensity を 0 以上に設定することで、ライトプローブなどの加算合成系の GI システムに対応します。ベイクドライトといっしょにシーン内にベイクされたライトプローブは、環境補助色としてマテリアルカラーに加算されます。

GI Intensity が 1 の時、ライトプローブに焼き付けられたカラーを 100%加算します。0 の時は、元のマテリアルカラーのままです。

GI Intensity：0

GI Intensity：1

図4-65 GI Intensityの数値を上げると、マテリアルカラーにライトプローブのカラーが加算

図4-66は、ステージ上に配置された、ベイク用ポイントライトとライトプローブの例です。ベイクドライトは、各レンジが重なっても問題ありません。ライトプローブは、ユニティちゃんの足元から背の高さまで敷き詰めます。

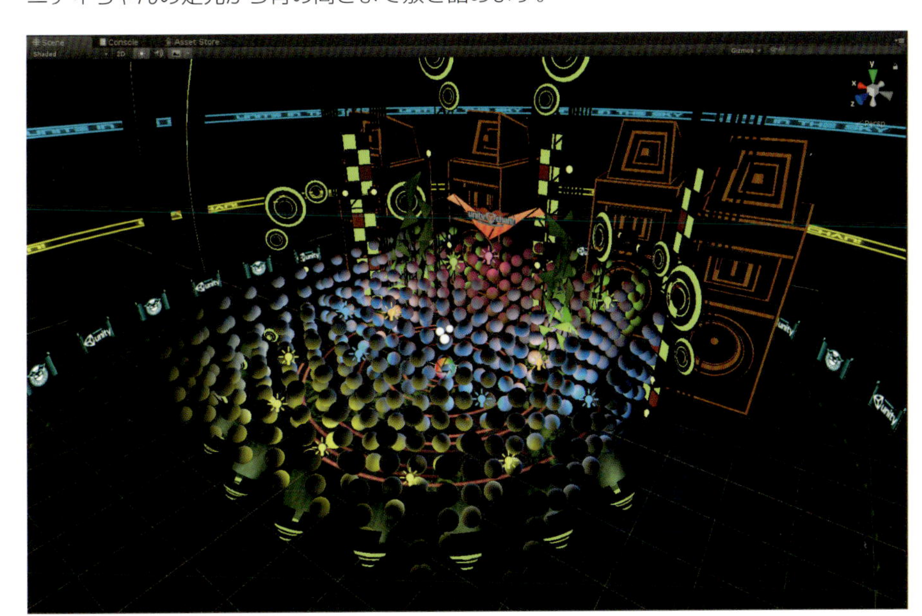

図4-66 ベイク用ポイントライトとライトプローブを使った適用例

アンビエントブレンディングを調整する：Unlit Intensity

「Unlit Intensity」の設定による作例を見てみましょう。図4-67は、すべてディレクショナルライトがないシーンです。

左上では、アンビエントライトが完全な黒でも最低限キャラクターが見えます。右上のように、アンビエントライトが明るくなると、それに応じてキャラクターを照らす光も明るくなります。

一方、左下ではアンビエントライトに色が入るとそれに応じて、キャラクターを照らす光にも色が入ります。最後に、右下はアンビエントライトが完全な黒であっても、Unlit Intensityの値を上げることで、キャラクターを照らす光もブーストすることができます。

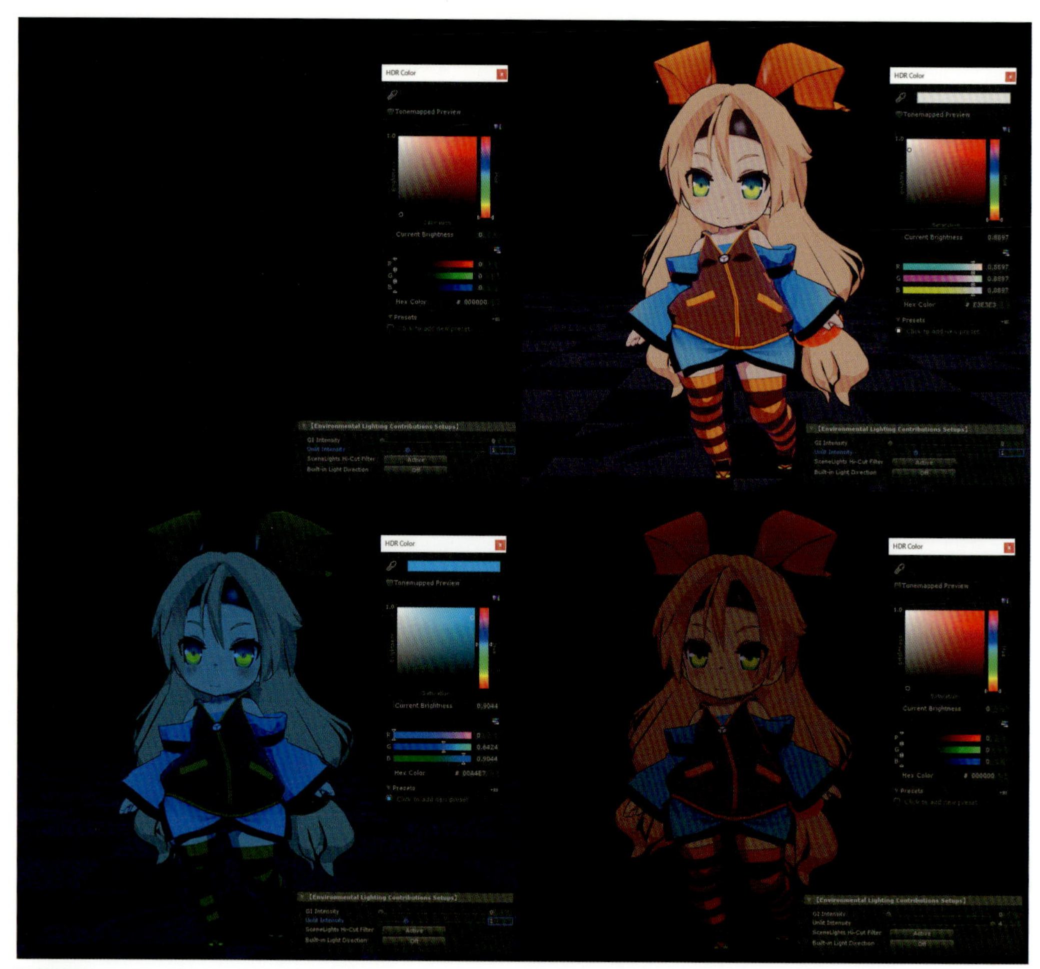

図4-67 「アンビエントブレンディング」の適用例

アンビエントライトの設定をライトカラーが反映します。その結果として、ディレクショナルライトのインテンシティの下限が、シーンのアンビエントライトの設定となります。VRChatで、アンビエントライトの設定に基づくワールドごとの明るさの差異を自動で調整できます。

なおアンビエントライトからの明るさは、Unlit_Intensityスライダーで調整することができます。Unlit_Intensityは、アンビエントライトの明るさをブーストします。デフォルトは「1」（そのまま）になっています。

アンビエントライトは、シーン内に有効なディレクショナルライトがない時に機能するデフォルトライトとして機能します。図4-68にあるように、カメラから見てよい感じにシェーディングしてくれます。

図4-68 ディレクショナルライトがない場合も、アンビエントライトで調整できる

有効なディレクショナルライトがシーン中にない場合、シェーダーに組み込まれたデフォルトライトが有効になりますが、その向きが常にカメラが見る方向に追従します。

結果として、カメラから見て常によい感じにライティングされていることがわかるかと思います。このライトは、アンビエントライトブレンディング動作中に機能します。

極めて明るいライトが複数存在するシーンでの白飛びを抑える：SceneLights Hi-Cut Filter

「SceneLights Hi-Cut Filter」は、VRChat ユーザーにはたいへん便利な機能です。VRChat の各ワールドでは、さまざまなライティング設定がなされています。しかも多くの場合、どのようなライティング設定がなされているかが、アバター側からはわからないのが通例です。

SceneLights Hi-Cut Filter は、そのような環境に対して、一定以上の明るさのライトからの影響をカットするような機能を提供します。各ライトがもたらすハイレベルの明るさのみをカットすることで、白飛びを避けて、マテリアルの見た目やカラーを保つことができます。

なお、この機能は、VRChat だけでなくゲームシーンでもとても便利に使えます。

図 4-69 の例は、ライティング条件はまったく同じです。高いインテンシティのライトが複数あるために、左はマテリアルが白飛びをしてしまっていますが、右は SceneLights Hi-Cut Filter の機能で、マテリアルの白飛びが抑えられています。

SceneLights Hi-Cut Filter：OFF　　SceneLights Hi-Cut Filter：ON

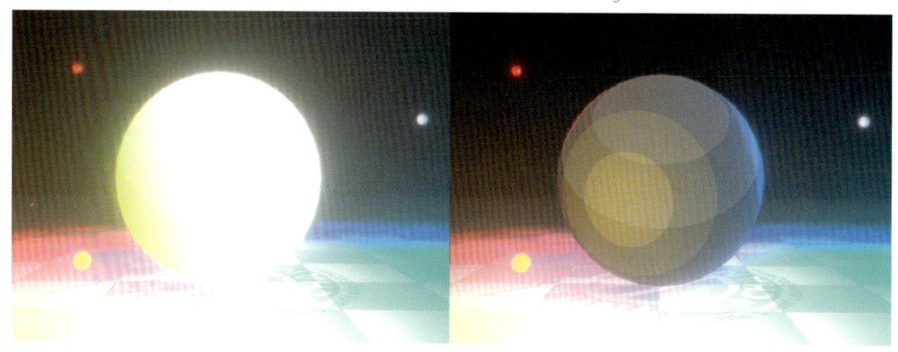

図4-69「SceneLights Hi-Cut Filter」の適用例

上級者向け機能：Built-in Light Direction

シェーダー内にビルトインされているライトディレクションベクトルを任意の方向に設定できます。

「Built-in Light Direction」を有効にしたマテリアルは、それが適用されるメッシュのオブジェクト座標に対して、独自のシェーディング用ライトディレクションベクトルを持つことができるので、専用の固定ライトを持つことと同じ効果が得られます。

そのパーツが落とすドロップシャドウは、シーン中のディレクショナルライトを使うので、シェーディングの落ち方とドロップシャドウの落ち方を変えることもできます。Built-in Light Direction のライトカラーは、シーン中のメインとなるディレクショナルライトの設定を使います。

図 4-70 にあるセルルックの場合、顔とそれ以外のパーツとではライトを変えたいことがしばしばあります。その場合、顔のマテリアルの Built-in Light Direction を有効にすることで、顔専用ライトを持つのと同じ効果が得られます。

顔のマテリアルのBuilt-in Light Direction：OFF　　顔のマテリアルのBuilt-in Light Direction：ON

顔に専用のライトリギングを持つのと同じ効果が得られる

SceneLights Hi-Cut Filter　Off
Built-in Light Direction　Active
Built-in Light Direction Settings
• Offset X-Axis Directi　-0.057
• Offset Y-Axis Directi　-0.04
• Inverse Z-Axis Direc　Off

図4-70 Built-in Light Directionを顔のマテリアルに設定

UTS2のライセンスについて

「ユニティちゃんトゥーンシェーダー Ver.2.0」は、UCL2.0（ユニティちゃんライセンス2.0）で提供されます。ユニティちゃんライセンスについては、以下を参照してください。

- ユニティちゃんライセンス条項
  http://unity-chan.com/contents/guideline/

COLUMN

UTS2を3Dモデルに同梱して配布してよいですか？

しばしば質問されることですが、UCL2.0で配布されるUTS2のシェーダーファイル（.shader）およびそのインクルードファイル（.cginc）は、これらのファイルを自作の3Dモデルなどに同梱し、商用／非商用を問わず再配布するのは自由です。また、どのようなタイプ／デザインの3Dモデルやコンテンツ（アダルト向けも含みます）に適用しても構いません。

再配布を受けるユーザーの便宜のために、「UTS2 v.2.0.5を使用している」などの後のバージョンアップのために便宜を図る情報を記載することはお願いしたいですが、それ以外には特に掲示すべきものはありません。

各ファイルのヘッダー部には、UCL2.0のライセンス表記がありますので、そちらは修正しないでそのまま同梱することをお願いします。

UTS2を使ったステキなモデルやコンテンツができましたら、ぜひUnity Technologies Japan（@unity_japan）にまでご連絡ください。みなさんの力作のご報告を、スタッフ一同、楽しみに待ってます！

UTS2 作品ギャラリー

作者：はむけつ

本能と欲望のままに創作活動をしています。主にVRChatで使える幼女アバターを作っています。もっと精進して表現の幅を広げていきたいと思っています！

Twitter @ganbaru_sisters
https://booth.pm/ja/items/1456052

Marry Blueberry［マリー・ブルーベリー］
UTS2のバージョン：2.0.7

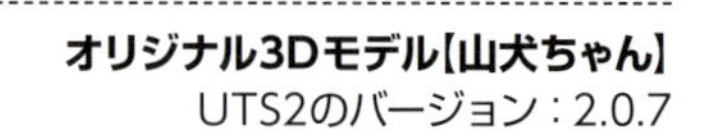

オリジナル3Dモデル【山犬ちゃん】
UTS2のバージョン：2.0.7

作者：みなかみれい

現在、独学でキャラクターデザインやモデリングを勉強中です。VRChatのオリジナルアバターをデザイン、制作しています。映画とゲームが好き。

https://minakamiya.booth.pm/
https://twitter.com/Minakami_Ray

「戦闘司書 ティアナ」
UTS2のバージョン：2.0.7.5

作者：心優しき坊主
ゲームグラフィックなら2D3D問わず何でもやります。現在は、自作ゲームINFINITYBULLETを製作中です。

https://kokorobouzu.booth.pm/

アインちゃん
UTS2のバージョン：2.0.7

作者：ジョー太郎
モデリング歴1年。VRChatがきっかけで、3Dモデルに興味を持ちました。現在は、VRChat向け3Dアバターの製作、販売を行っています。UTS2で、イラストのような3Dモデルを作るのが目標です！

https://jotaro13.booth.pm/

VRC向けアバター
「Rachel」Ver.1.0
UTS2のバージョン：2.0.7

作者：SakuSaku
駆け出し3Dモデラー、経験は1年ちょっと。そろそろ2次創作やフィギュアに手を出したいなと考え中。創作活動に目覚めた引きこもりトラベラーです。

https://twitter.com/ssaku530
https://sakusaku-solid.booth.pm/

幻兎族のふんわりうさ姫さま
UTS2のバージョン：2.0.7

作者：45°
UTSを使用したアバターを制作しております。最近作り始めたばかりの初心者ですが、好みがケモミミや悪魔っ娘などに偏っており、その方面のモデルを制作していく予定です。

https://twitter.com/diagonal45angle
https://diagonal45angle.booth.pm/

弁天
UTS2のバージョン：2.0.4.2以降

作者：KMBL
キャラクターをメインに3Dモデリング製作をしています。本業ではディレクション業務、個人依頼ではデザインなども行っています。Blender、Maya、3DCoatなどを使用。

https://kmbl.booth.pm/

【ミケ(幸霊)】VerRefine_オリジナル3Dモデル
UTS2のバージョン：2.0.5

作者：くろちゃんのおじさん
VRChat向けに、くろちゃん(分霊)モデルを配布しているおじさん。【ミケ(幸霊)】のデザインをヤス(@yasu895)先生が担当し、おじさんが3D化を担当しています。和風ケモミミとUTS最高☆

https://allaloneconnect.booth.pm/items/1319111

作者：まわり道
主に3D関係の作品を制作していて、今は3Dアバターなどを作っています。ケモミミやフリルなどのかわいいアバターをたくさん作っていきたいです。

https://mawarimichi.booth.pm/

うさみみウェイトレスさん
UTS2のバージョン：2.0.5

プラン
UTS2のバージョン：2.0.7.1

作者：かでん／uui
ひょんなことから3Dモデリングをはじめました。普段はエンジニアやってます(かでん)。／デザイン担当(uui)。普段はメロンソーダやってます。

https://sporadic-e.booth.pm/items/1295846

作者：黒井
Vtuberさんや VRChatユーザー向けに、3Dアバターの製作販売・オーダーメイドの受注をしているフリーランスです。兼業3Dモデラーで、イラストレーターでもあります。

https://www.k-youhinten.com/
https://twitter.com/K_youhinten

クロイニャン(店主)
UTS2のバージョン：2.0.7

2A-7/2ERO(ニアナ/ニエロ)
UTSのバージョン：2.0.6

作者：NEFCO
VR関係で何か面白いことができないか、日々モノづくりをしています。

https://hiroiheya.booth.pm/
https://twitter.com/gaku2_sigehiro

アーミリィ
UTS2のバージョン：2.0.5

作者：すがきれもん
ロボとラーメンが好きなモデラーです。MMDモデルやVRChatアバターなど作っています。CMYKにすると劣化してしまうような色に包まれて生きたいです。

https://astromint.booth.pm/
https://twitter.com/Lm_sgk

シルヴィア
UTS2のバージョン：2.0.6

作者：ぱるあき
自分の好きなものを形にしていくのが趣味です。たとえば、好きなキャラクターをただ見るだけでなく、その絵を描いたり何かしら形に残すことが大好きです。

https://paruaki.booth.pm/

作者：おいたん
フリーランスの3Dモデラーです。主にキャラクターモデルの作成などのお仕事をしております。前職では、ゲーム会社で4年ほどエフェクトや3Dモデル作成などを担当しておりました。モデル作成のご相談などございましたら、お気軽にお声掛けください。

https://twitter.com/Oitan_04158
https://oitan.booth.pm/items/1229684

小鬼ちゃん
UTS2のバージョン：2.0.7

戸森ひかげ＆戸森美影
UTS2のバージョン：2.0.7

作者：戸森美影
サークル『⊿S.I.N』でほんわかとモデリングしてます。2D担当のだるだな、エンジニアのひかげ、その他メンバーとほのぼのと創作に勤しんでます。

https://twitter.com/tomori_mikage
https://tomori-hikage.booth.pm/

作者名：ぴかお
普段は、漫画を描くお仕事をしています。趣味で、3Dモデル制作をのんびり楽しくやっております^ ^

https://twitter.com/picaosan

SUTOKAZI_Girl
UTS2のバージョン：2.0.5

VRChat向けオリジナルアバター『ツィスカ(Ziska)』
UTSのバージョン：2.0.5

作者：ケト中佐
15年ほど前から、ほぼ独学とたたき上げで3D CGを学習。Metasequoia、Maya、3dsmax、Blenderなどでのキャラやメカモデリングを主に行っている。動力機関は、いいぞ。

https://twitter.com/Keto_LC
https://6-steel-division.booth.pm/

作者：香坂もち
フリーランスの3Dキャラクターモデラー。ゲーム系のキャラクターモデルが得意。最近は、可愛い女の子を作るのが趣味です。

https://nyahuuu.booth.pm/
https://twitter.com/mzk563

狐鈴
UTS2のバージョン：2.0.7.5

作者：友藤ルピナ
イラストを主とした活動をしていたが、興味が湧き2018年ごろから3Dモデリングをはじめる。「かっこいい×かわいい」が好き。

https://lupinalaboratory.booth.pm/items/1252499

オリジナルメカ少女3Dモデル『Lita』ーリター
UTS2のバージョン：2.0.7.5

作者：なるか
主にイラストを描いたりしています。最近は、VRChatなどで使用できる3Dモデルの制作も行っております。

https://twitter.com/naruka_ruka

オリジナル3Dモデル Tio～ティオ～
UTS2のバージョン：2.0.7

響狐リク(Hibitune Liqu)
UTS2のバージョン：2.0.7

作者：KarakuriPower
xR系の3DCGデザイナー。SoftimageとZBrush使い。Boothにて、ゲームや映像制作に使えるアセットを配布しています。

https://twitter.com/KarakuriPower
https://kar.booth.pm/

作者：暫時

はじめまして。普段は商業、同人で漫画家をしております暫時と申します。3Dに触れ始めて日が浅いのですが、モデリングが楽しすぎて本業放置気味です。

https://asgozanji.booth.pm

結衣川アーリャ

UTS2のバージョン：2.0.6

作者名：pfy（ぴーえふわい）

Unityを理解（わかり）たくて、Vチューバーを作りたくて、そんな気持ちで作った聖女スモアさんです。UTS2の設定は、先人の方々を参考にしてます。マップやマスクにも使えたりするので、レイヤー分けって大事！

https://pfy.booth.pm/

聖女スモアさん

UTS2のバージョン：2.0.7.5

8mond
（第八端末監視プログラム）
UTS2のバージョン：2.0.7

松梅魂
VRChat向けにアバターを自作しているうちに、気がついたらUTS2のCameraRollingStabilizerの原型を作っていた人。

https://showbuyspirit.booth.pm/
https://twitter.com/ShowBuyS

たそがれ
UTS2のバージョン：2.0.7

らげたけ
フリーのモデラー。キャラクターデザイナー。刺激を求めてお酢を原液で飲む。

https://twitter.com/ragetake

わさび
Blender、3D-Coat、Substance Painterなど勉強中。もふもふ好き、ぬいぐるみ好き、クリーチャーも好き。

https://wasabinosato.booth.pm/

ルルムゥーLulumuuー
UTS2のバージョン：2.0.7

projectTACHIBANA
UTS2のバージョン：2.0.5以降

zen&二月
それぞれアマチュアモデラーとして、男性モデリングを中心に活動しています。zenの好きな肉はラム肉、二月の好きなかき氷は宇治金時。

https://feelzenvr.booth.pm/items/1264356

くるーらー
UTS2のバージョン：2.0.7.5

せう
「なんか作ろうよ」というディーラーで、ガレージキットやVR Chat向けの3Dモデルを趣味で制作しています。モデリングやテクスチャは、Z brushをメインで使用しています。

https://nanka-tsukurouyo.booth.pm/
https://twitter.com/thw_VRC

TOONY FOX
UTS2バージョン：2.0.6

作者：渡篠那間江（わたしのなまえ）
ゲームと3Dモデルをつくってます。ザコ敵を蹴散らしてボスを倒すレースゲーム、Android向けα版制作中。

https://watashino.me
Twitter：@NamaeWatashino

あくまっこミウ
バージョン：2.0.7_Release

作者：わこー
モデリング1年ちょいくらいの新米もでらーです。基本的には、VRChat用の3Dモデルの販売などをしています。UTS2は、VRChatの雑多なライティングや透過順に強いので好き。

https://twitter.com/wako_VRchat

コレット
UTS2のバージョン：2.0.6

作者：かのはら
3DCGデザイナー。Vtuberがきっかけでモデリングを始める。moguraVR、ambrのアバター制作など。

https://gnmdki.booth.pm/

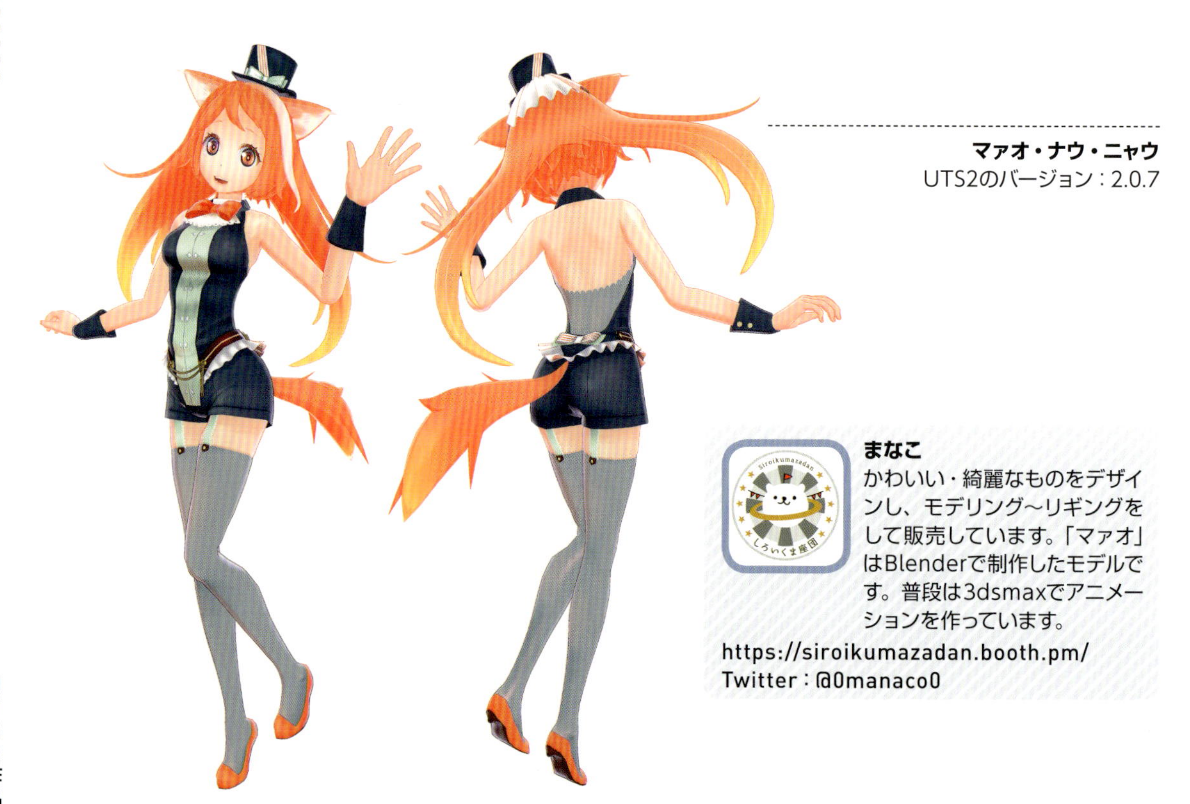

マァオ・ナウ・ニャウ
UTS2のバージョン：2.0.7

まなこ
かわいい・綺麗なものをデザインし、モデリング～リギングをして販売しています。「マァオ」はBlenderで制作したモデルです。普段は3dsmaxでアニメーションを作っています。
https://siroikumazadan.booth.pm/
Twitter：@0manaco0

【電脳世界のアリス】黒ウサギ
UTS2バージョン：2.0.7.5

作者：黒宇佐クルル
VR環境向けアバター・アクセサリー制作や、キャラクターデザインをしているアマチュアクリエイターです。
https://atelier-krull.booth.pm/

作者：茶巾くん
VRCを始めた時にモデリングの楽しさに目覚め、販売などもしつつ勉強中。本業では、イラストや漫画等を描いています。

https://twitter.com/Lorica002
https://frankfactoryplus.booth.pm/items/1242305

『闘鬼』
UTS2の
バージョン：2.0.7

VRChat用アバター 魔法剣士
紅乃瀬アキノVer2
UTS2のバージョン：2.0.6

アノマロP
主に2次創作で活動してましたが、VRChatをきっかけにオリジナルアバター制作をするようになりました。トゥーン調の女の子や、フォトリアル調のロボ、クリーチャー等を主に販売しています。
https://anomarokoubou.booth.pm/items/1149621

フェザー オリジナル3Dモデル
UTS2のバージョン：2.0.7.5

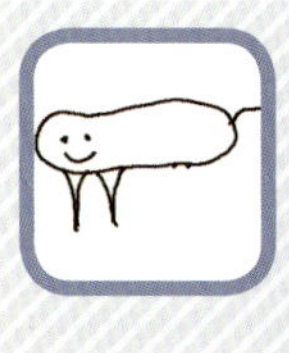

作者：かんにゃん(kan_pc)
完全独学の3Dモデラー。自作の3DモデルをVRで自分の体として動かした経験に感動し、モデリングを学び始める。ニコニコ立体などで二次創作モデルを公開しつつ、オリジナルの3Dモデルの販売もしています。

https://twitter.com/kan_FPS

アングラの子
UTS2のバージョン：2.0.7

作者：電脳のノラタマ
バーチャルアーティストとして、創作やアバター、およびファッションアイテムを制作しています。

https://twitter.com/dennou_noratama
https://skd-noratama.booth.pm/items/1314546

[Unity：Humanoidリグ対応3Dモデル]アカネ
UTS2のバージョン：2.0.7.5

作者：御桜
趣味モデラー。VRChatに興味を持ち、2018年4月からモデリングを始める。主にBoothでアバター販売を行っています。

https://misakurayasan.booth.pm/items/1463410

COLUMN

UTS2をバージョンアップするには？

BOOTHなどで購入したモデルには、UTS2の特定のバージョンが同梱されている場合があります。もしそれらのモデルに同梱されているUTS2を最新バージョンにしたい場合には、以下のようにやってみてください。

- **v.2.0.5 以降**
  そのままシェーダーのみ上書きアップデートをして大丈夫です。『シェーダーをほかのプロジェクトにインストールする』（リファレンス編の2-2節）の項目に従って、インストールしてください。
- **v.2.0.4.3p1 以前**
  シェーダーを上書きアップデートした後で、各マテリアルをプロジェクトウィンドウ内から再度選択することで、マテリアルを更新してください。BaseMapが元通りに修復されます。

UTS2は、過去バージョンとの互換性を重要視して開発されていますので、もし複数のUTS2のバージョンがある場合には、必ず最新バージョンのUTS2のみをプロジェクト内にインストールするようにしてください。同一プロジェクト内にUTS2が複数インストールされていると、不具合の原因になる場合があります。

なお、どのバージョンのUTS2を使ったらいいか迷った時には、必ず現在の最新バージョンを入れるようにしましょう。

INDEX

ユニティちゃんトゥーンシェーダー 2.0 v.2.0.7 リファレンス編

数字・記号

A

B

C、D

E、F、G、H、I

L、M

N、O

P、R

S

T

U

V

あ行

か行

さ行

た行

な行

は行

ま行

や行

ら行

わ行

■ Special Thanks

「UTS2 作品ギャラリー」に作品を掲載いただいた作家のみなさま

はむけつ／みなかみれい／心優しき坊主／ジョー太郎／ SakuSaku ／ 45° ／ KMBL ／くろちゃんのおじさん／まわり道／かでん・uui ／黒井／ NEFCO ／すがきれもん／ぱるあき／おいたん／戸森美影／ぴかお／ケト中佐／香坂もち／友藤ルピナ／なるか／ KarakuriPower ／暫時／ pfy（ぴーえふわい）／松梅魂／らげたけ／わさび／ zen& 二月／せう／渡篠那間江（わたしのなまえ）／わこー／かのはら／まなこ／黒宇佐クルル／茶巾くん／アノマロ P ／かんにゃん（kan_pc）／電脳のノラタマ／御桜

「応用編」の VRChat のワールドの取材に協力していただきましたみなさま

RootGentle
坪倉 輝明

■ カバー・本文デザイン：宮嶋 章文
■ 本文 DTP：辻 憲二

実践！ユニティちゃんトゥーンシェーダー 2.0
スーパー使いこなし術

2019 年 9 月 25 日　初版第 1 刷発行
2019 年 11 月 25 日　初版第 2 刷発行

著者　ntny、浦上 真輝、前島、あいんつ、ぽんでろ、小林 信行
発行人　村上 徹
編集　佐藤 英一
発行　株式会社ボーンデジタル
〒 102 － 0074
東京都千代田区九段南 1 丁目 5 番 5 号 九段サウスサイドスクエア
Tel : 03-5215-8671　Fax : 03-5215-8667
https://www.borndigital.co.jp/book/
E-mail : info@borndigital.co.jp

印刷・製本　シナノ書籍印刷株式会社

ISBN978-4-86246-460-6
Printed in Japan